# Maßstab 9

## Mathematik

Herausgegeben von

Max Schröder

Bernd Wurl

Alexander Wynands

Schroedel

# Maßstab 9

Mathematik

Herausgegeben und bearbeitet von

Kerstin Cohrs-Streloke, Klaus Frankenberg, Dr. Martina Lenze, Anette Lessmann, Hartmut Lunze, Ludwig Mayer, Jürgen Ruschitz, Dr. Max Schröder, Prof. Bernd Wurl, Prof. Dr. Alexander Wynands
sowie
Jost Baier, Erich Fischer, Monika Mattern, Elisabeth Pirsch, Peter Ploszynski, Dirk Schemberg, Christa Spring

in Zusammenarbeit mit der Verlagsredaktion

| | | |
|---|---|---|
| Zum Schülerband erscheinen: | Lösungen: | Best.-Nr. 84269 |
| | Materialien: | Best.-Nr. 84279 |
| | CD Rund um ...: | Best.-Nr. 84289 |

ISBN 978-3-507-**84259**-5



Druck A [2] / Jahr 2007

Alle Drucke der Serie A sind im Unterricht parallel verwendbar.

Illustration: Hans-Jürgen Feldhaus
Zeichnungen: Michael Wojczak
Satz: More*Media* GmbH, Dortmund
Druck und Bindung: westermann druck GmbH, Braunschweig

# Hinweise zum Umgang mit dem Buch

## Merksätze
Merksätze stehen auf einem grauen Hintergrund und sind durch rote Balken gekennzeichnet.

## Beispiele
Musterbeispiele als Lösungshilfen stehen auf einem grauen Hintergrund und sind durch einen gelben Balken gekennzeichnet.

## Tipp
Nützliche Tipps und Hilfen sind besonders gekennzeichnet.

## Testen, Üben, Vergleichen (TÜV)
Jedes Kapitel endet mit einer TÜV-Seite, bestehend aus den wichtigsten Ergebnissen und typischen Aufgaben dazu. Die Lösungen dieser Aufgaben sind zur Selbstkontrolle für die Schülerinnen und Schüler am Ende des Buches angegeben.

## Diagnosetest
Zur Vorbereitung auf Klassenarbeiten gibt es nach jeder TÜV-Seite eine Seite mit Grund- und Wahlaufgaben zu Inhalten des jeweiligen Kapitels. Die Lösungen sind zur Selbstkontrolle im Anhang angegeben.

## Diagnose: Schon fit für eine Abschlussprüfung?
Am Ende enthält der Schülerband eine umfangreiche Sammlung von Aufgaben zur Vorbereitung auf die Abschlussprüfung in Klasse 10.
Im ersten Teil werden Aufgaben zum Basiswissen angeboten, dann folgen Seiten mit komplexen Aufgaben zur Auswahl, in denen besonders die prozessbezogenen Kompetenzen angesprochen werden. Die Lösungen dieser Aufgaben befinden sich ebenfalls im Anhang.

## Prozessbezogene Kompetenzen
Bei den mit diesem Logo versehenen Seiten oder Aufgaben steht die Schulung der prozessbezogenen Kompetenzen Argumentieren, Problemlösen, Modellieren und Verwenden von Werkzeugen besonders im Vordergrund. Aber auch bei der Bearbeitung nicht gekennzeichneter Aufgaben, bei denen das Augenmerk vorwiegend auf inhaltlichen Kompetenzen liegt, werden diese Kompetenzen benötigt und gefestigt.

## Bleib fit
Zum Wiederholen gibt es regelmäßig Aufgabenseiten zu Inhalten aus früheren Kapiteln.

## Differenzierung
Bei besonders schwierigen Aufgaben ist die Aufgabennummer mit einem gelben Quadrat unterlegt.

INHALTSVERZEICHNIS

INHALTSVERZEICHNIS

# 1 Wiederholungen

## Reise durch Nordrhein-Westfalen

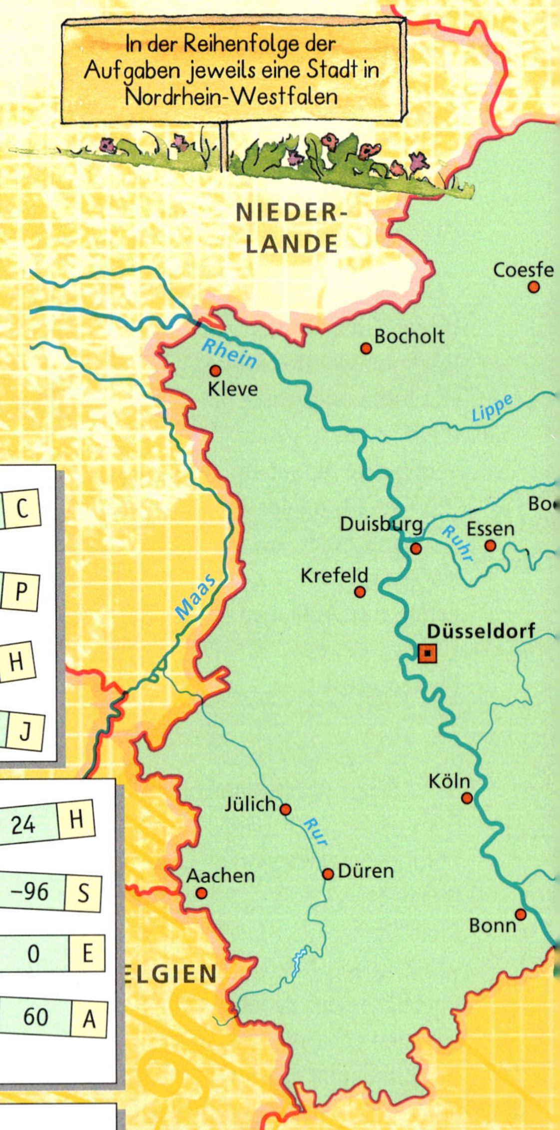


**1.** Überschlage, runde zuerst auf Zehner genau.

a) 2,35 + 120 + 810,4 + 0,0075

b) 142,6 − 13,2 − 115,5 + 32,2

c) 12,5 + 142,25 − 89,9 + 99,0

d) (1 599 : 38) · (20 : 43)

820 J | 150 H | 160 L | 70 M | 930 K | 40 Ö | 50 S | 20 N

**2.** Vorzeichen beachten

a) 376 + (−536)

b) 350 − (−250)

c) 26 − (−12 + 4)

d) − 1,5 · (−40) : 2

e) $-16 \cdot (-\frac{1}{2}) \cdot (-\frac{3}{4})$

f) 270 : (−60) − 2,5

18 E | 30 I | 0,625 C | 600 Ü | −6 C | 6 P | −30 M | 34 L | −7 H | 100 K | −240 S | −160 J | 2 A

**3.** Punktrechnung vor Strichrechnung

a) 4 · 5 + (−4) · 10 + 80

b) 20 · (−35) − 300 : (−2)

c) 12,8 − 3,2 · 4 − 5

d) −1,5 · 24 − (−1,2) · 50

e) 120 : 16 + 150 : (−20)

f) $3\frac{1}{2} \cdot (-6) - 8 \cdot (-\frac{5}{2})$

−5 C | 140 M | 24 H | −1 N | −850 K | −96 S | −550 A | 1740 B | 0 E | 33,4 T | −41 O | 60 A | 15 R

**4.** Klammern beachten

a) $4 \cdot (12 + 18) \cdot \frac{1}{3}$

b) (18 − 6) · 4 + 12

c) 75 − 6 · (17 − (−3))

d) 27 − 81 : (−20 − 7)

e) 4 · (12,8 + 4,2) − (60,3 − 8,8)

f) $(\frac{1}{8} - \frac{1}{4}) \cdot 2 - (\frac{1}{4} + \frac{1}{2})$

−1,1 K | 30 H | 994 E | 54 A | 60 O | −1 M | $\frac{1}{2}$ N | 6 L | −2 T | 2 S | 1420 S | 16,5 U | −45 C | 40 B

**5.** Umwandeln in die benachbarten Einheiten

| | kleinere Einheit | | größere Einheit |
|---|---|---|---|
| Längen | ■ | 3 dm | ■ |
| | ■ | 300 cm | ■ |
| Flächen | ■ | 30 a | ■ |
| | ■ | 3 m² | ■ |
| Volumen | ■ | 300 dm³ | ■ |
| | ■ | 30 cm³ | ■ |

30/0,3 S | 300/0,03 G | 0,03/3 000 R | 3 000/0,3 E | 3 000/30 I | 300 000/0,3 E | 0,003/300 H | 30 000/0,03 N

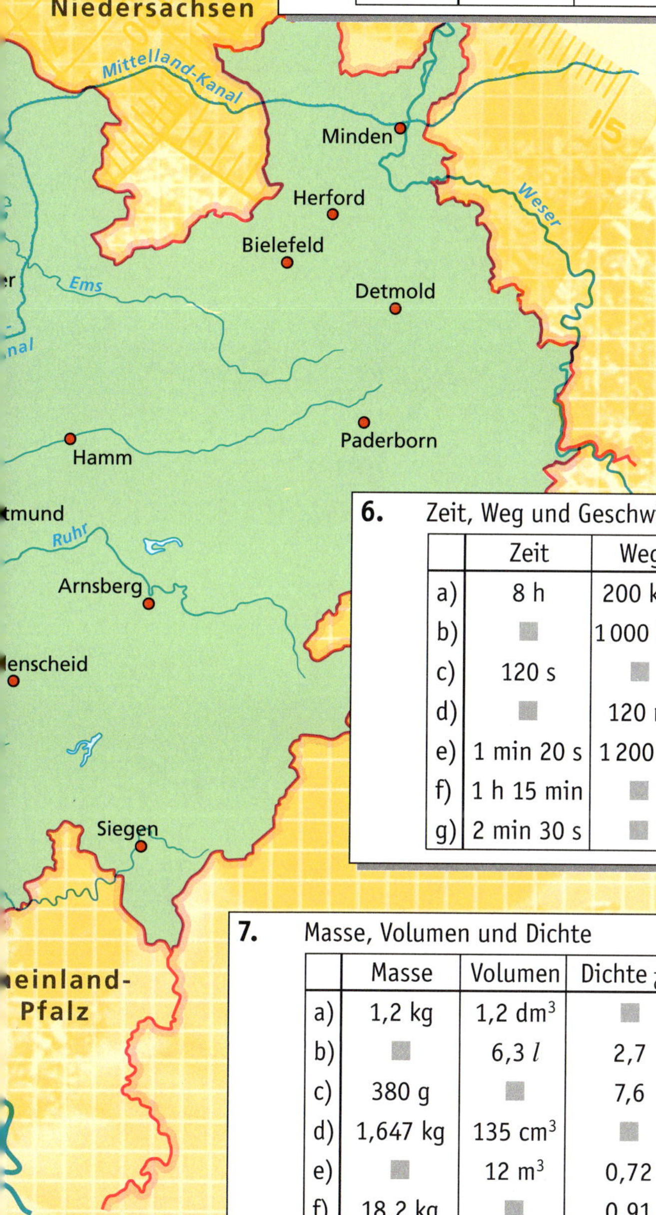


Geschwindigkeit = $\frac{\text{Weg}}{\text{Zeit}}$

**6.** Zeit, Weg und Geschwindigkeit

| | Zeit | Weg | Geschwindigkeit |
|---|---|---|---|
| a) | 8 h | 200 km | ■ |
| b) | ■ | 1 000 km | 100 $\frac{km}{h}$ |
| c) | 120 s | ■ | 30 $\frac{m}{s}$ |
| d) | ■ | 120 m | 12 $\frac{m}{s}$ |
| e) | 1 min 20 s | 1 200 m | ■ |
| f) | 1 h 15 min | ■ | 108 $\frac{km}{h}$ |
| g) | 2 min 30 s | ■ | 333,$\bar{3}$ $\frac{m}{s}$ |

135 km E | 15 $\frac{m}{s}$ T | 50 $\frac{km}{h}$ B | 25 $\frac{km}{h}$ M | 10 h Ü | 10 s S | 3,6 km N | 50 km R

**7.** Masse, Volumen und Dichte

| | Masse | Volumen | Dichte $\frac{g}{cm^3}$ |
|---|---|---|---|
| a) | 1,2 kg | 1,2 dm³ | ■ |
| b) | ■ | 6,3 l | 2,7 |
| c) | 380 g | ■ | 7,6 |
| d) | 1,647 kg | 135 cm³ | ■ |
| e) | ■ | 12 m³ | 0,72 |
| f) | 18,2 kg | ■ | 0,91 |
| g) | 1,12 kg | 22,4 l | ■ |

1 $\frac{g}{cm^3}$ D | 20 dm³ L | 17,01 kg E | 8,64 t O | 0,05 $\frac{g}{cm^3}$ D | 12,2 $\frac{g}{cm^3}$ M | 50 cm³ T | 2 $\frac{kg}{dm^3}$ S

Dichte = $\frac{\text{Masse}}{\text{Volumen}}$

!!!!

## Reise durch Deutschland

**1.** Produkte

a) $\frac{1}{2}x \cdot (-10y)$

b) $0{,}6x \cdot 0{,}3y$

c) Multipliziere das 3-Fache einer Zahl mit einer anderen Zahl und dem Doppelten einer dritten Zahl.

d) $-x \cdot 18y$

e) $-x \cdot (-3y) \cdot (-14z)$

$-18xy$ E | $1{,}8xy$ K | $0{,}18xy$ M | $6xyz$ D | $-5xy$ E | $-42xyz$ N | $56xyz$ T | $0{,}48xy$ H

**2.** Produkte und Quadrate

a) Das Produkt einer Zahl mit derselben Zahl.

b) Das Produkt einer Zahl mit der Zahl, die denselben Betrag, aber ein anderes Vorzeichen hat.

c) Das Produkt aus dem Doppelten einer Zahl mit dem 5-Fachen derselben Zahl.

d) $24x^2 - 6x^2$

e) $2x^2 + x$ für $x = 2$

$xy$ S | $10x$ A | $x^2$ T | $-x^2$ R | $10x^2$ I | $-xy$ U | $18x^2$ E | $12$ M | $10$ R

**3.** Klammern in Summen und Differenzen:
Achte auf Minuszeichen vor der Klammer.

a) $3x + (2x + 5)$

b) Von 7 wird die Summe aus dem 3-Fachen einer Zahl und 8 subtrahiert.

c) $6 - (-x + 2\frac{1}{3})$

d) $5x - (2x - 3y)$

e) $-x - (4x - 2y)$

f) $4x - (2x - 3y) - 2y$

g) $(3x + 4y) + (4x + 2y)$

h) $(7x + 5y) - (4x + y)$

i) $(2x - 4y) - (6x - 5y)$

$\frac{2}{5}x - 2$ F | $7x + 6y$ A | $-5x + 2y$ T | $3\frac{2}{3} + x$ U | $-1 - 3x$ T | $5x + 5$ S | $-4x + y$ T | $3x + 3y$ T | $2x + y$ G | $3x + 4y$ R

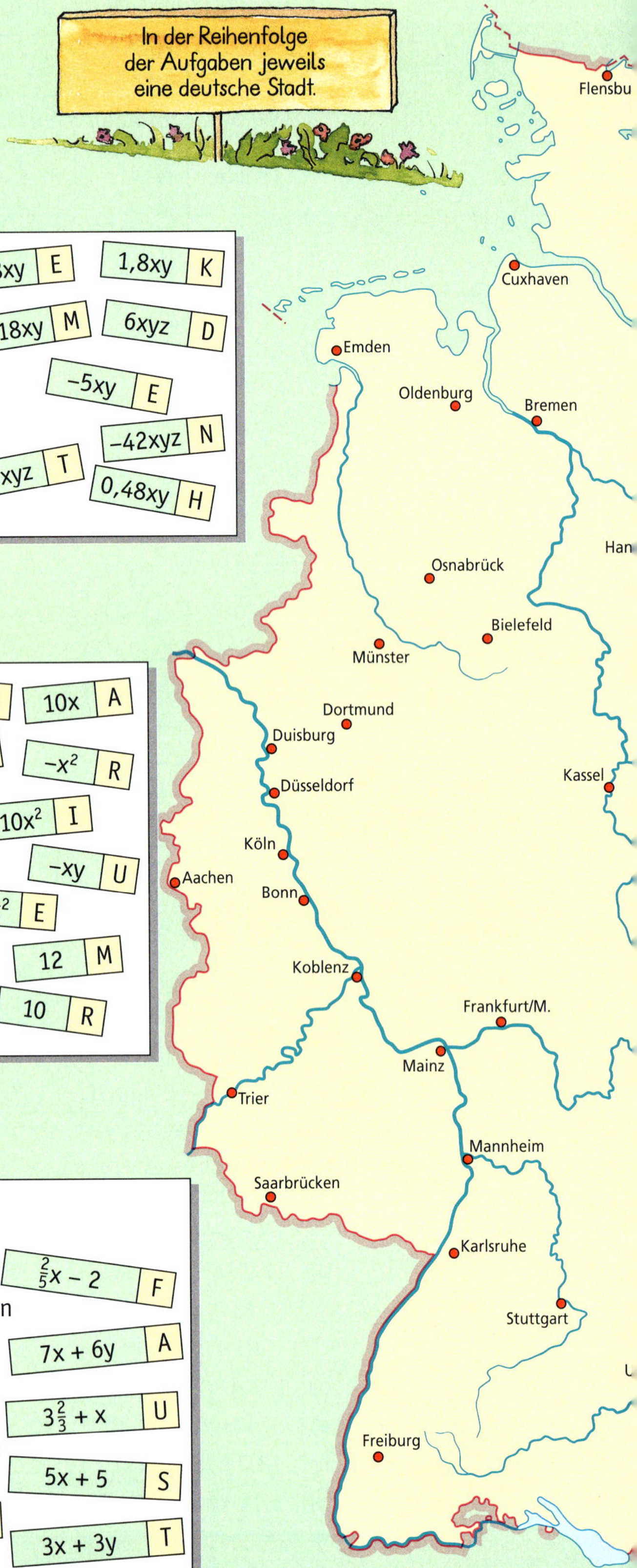

!!!!

**4.** Ausmultiplizieren

a) $4(8 + x)$

b) $(16 + x) \cdot \frac{1}{2}$

c) Addiere zu einer Zahl 12 und verdopple die Summe.

d) $-12x(7x + \frac{1}{3}y)$

e) $-3(x + 4) + 5(6 + x)$

f) $5x(x - 4)$

g) $-3x(-2x - 5y)$

h) $2(3x + 2y) - 4(6x - 3y)$

| | |
|---|---|
| $0,8x - 3,2$ | F |
| $6x^2 - 15xy$ | T |
| $2x + 18$ | B |
| $-18x + 16y$ | G |
| $6x^2 + 15\,xy$ | R |
| $8 + 0,5x$ | Ü |
| $-84x^2 - 4xy$ | N |
| $2x + 24$ | R |
| $5x^2 - 20x$ | E |
| $32 + 4x$ | N |

**5.** Produkte von Summen und Differenzen

a) $(x + 4)(y + 3)$

b) Subtrahiere von einer Zahl die Zahl 2 und multipliziere die Differenz mit der Summe aus einer zweiten Zahl und 7.

c) $(x - 2)(y - 7)$

d) $(y + 6)(2 + y)$

e) $(y - 2)(6 - y)$

f) $(3x + 2y)(7x + 4y)$

g) $(9x + 2y)(6x - 5y)$

| | |
|---|---|
| $xy - 7x - 2y + 14$ | T |
| $xy + 3x + 4y + 12$ | C |
| $54x^2 - 33xy - 10y^2$ | S |
| $21x^2 + 26xy + 8y^2$ | U |
| $xy + 7x - 2y - 14$ | O |
| $-y^2 + 6y + 12$ | M |
| $-y^2 + 8y - 12$ | B |
| $y^2 + 8y + 12$ | T |

**6.** Binomische Formeln

a) $(x + 8)^2$

b) $(9 - x)^2$

c) $(2x - 3)^2$

d) $(-3x + 6)^2$

e) $(-8x - 4)^2$

f) $(9x + 3y)^2$

g) $(x + \frac{1}{8})(x - \frac{1}{8})$

h) $(-x + 6)(-x - 6)$

i) $(3x + 2y)(3x - 2y)$

| | |
|---|---|
| $9x^2 - 36x + 36$ | T |
| $81 - 18x + x^2$ | Ö |
| $81x^2 + 54xy + 9y^2$ | N |
| $9x^2 - 4y^2$ | N |
| $x^2 - 36$ | E |
| $x^2 + 16x + 64$ | G |
| $4x^2 - 12x + 9$ | T |
| $36x^2 - 48\,xy + 16y^2$ | H |
| $x^2 - \frac{1}{64}$ | G |
| $6x^2 - 4y^2$ | O |
| $64x^2 + 64x + 16$ | I |
| $x^2 - \frac{1}{16}$ | T |

!!!!

## Reise durch Europa

In der Reihenfolge der Aufgaben jeweils eine europäische Stadt.

**1.** Prozentrechnung

| | | | |
|---|---|---|---|
| a) | G = 700 kg | p% = 8% | W = ▢ |
| b) | G = 385 kg | W = 65,45 kg | p% = ▢ |
| c) | W = 46 kg | p% = 25% | G = ▢ |
| d) | G = 26,80 kg | p% = 35% | W = ▢ |
| e) | W = 86,40 kg | p% = 12% | G = ▢ |
| f) | G = 58,40 kg | W = 37,96 kg | p% = ▢ |
| g) | W = 293,75 kg | p% = 47% | G = ▢ |
| h) | G = 345 kg | p% = 14% | W = ▢ |
| i) | G = 286,30 kg | W = 57,26 kg | p% = ▢ |

8,46 kg S · 56 kg L · 625 kg O · 20% L · 17% I · 184 kg V · 48,30 kg O · 21% A · 720 kg R · 9,38 kg E · 65% P

**2.** Zinsrechnung

| | | | | |
|---|---|---|---|---|
| a) | K = 3 000 € | Z = 60 € | p% = 4% | t = ▢ |
| b) | Z = 20 € | p% = 5% | t = 60 | K = ▢ |
| c) | K = 3 200 € | p% = 3,5% | t = 90 | Z = ▢ |
| d) | K = 5 400 € | Z = 45 € | t = 100 | p% = ▢ |
| e) | K = 2 500 € | Z = 80 € | p% = 3% | t = ▢ |
| f) | K = 3 800 € | Z = 57 € | t = 120 | p% = ▢ |
| g) | Z = 10,50 € | p% = 4,5% | t = 30 | K = ▢ |
| h) | K = 2 800 € | p% = 2,5% | t = 90 | Z = ▢ |

3% S · 2 400 € I · 225 Tage K · 28 € S · 4% T · 180 Tage L · 280 Tage E · 2 800 € O · 384 Tage A · 17,50 € N · 4,5% B

**3.** Rechteck

| | | | |
|---|---|---|---|
| a) | $A = 63{,}75\ m^2$ | a = 7,5 m | b = ▢ |
| b) | u = 78 m | b = 13,8 m | a = ▢ |
| c) | u = 56 m | a = 12,4 m | b = ▢ |
| d) | $A = 68{,}82\ m^2$ | b = 9,3 m | a = ▢ |

6,9 m E · 22,5 m K · 7,4 m G · 15,6 m A · 25,2 m R · 14,6 m B · 8,5 m P

!!!!

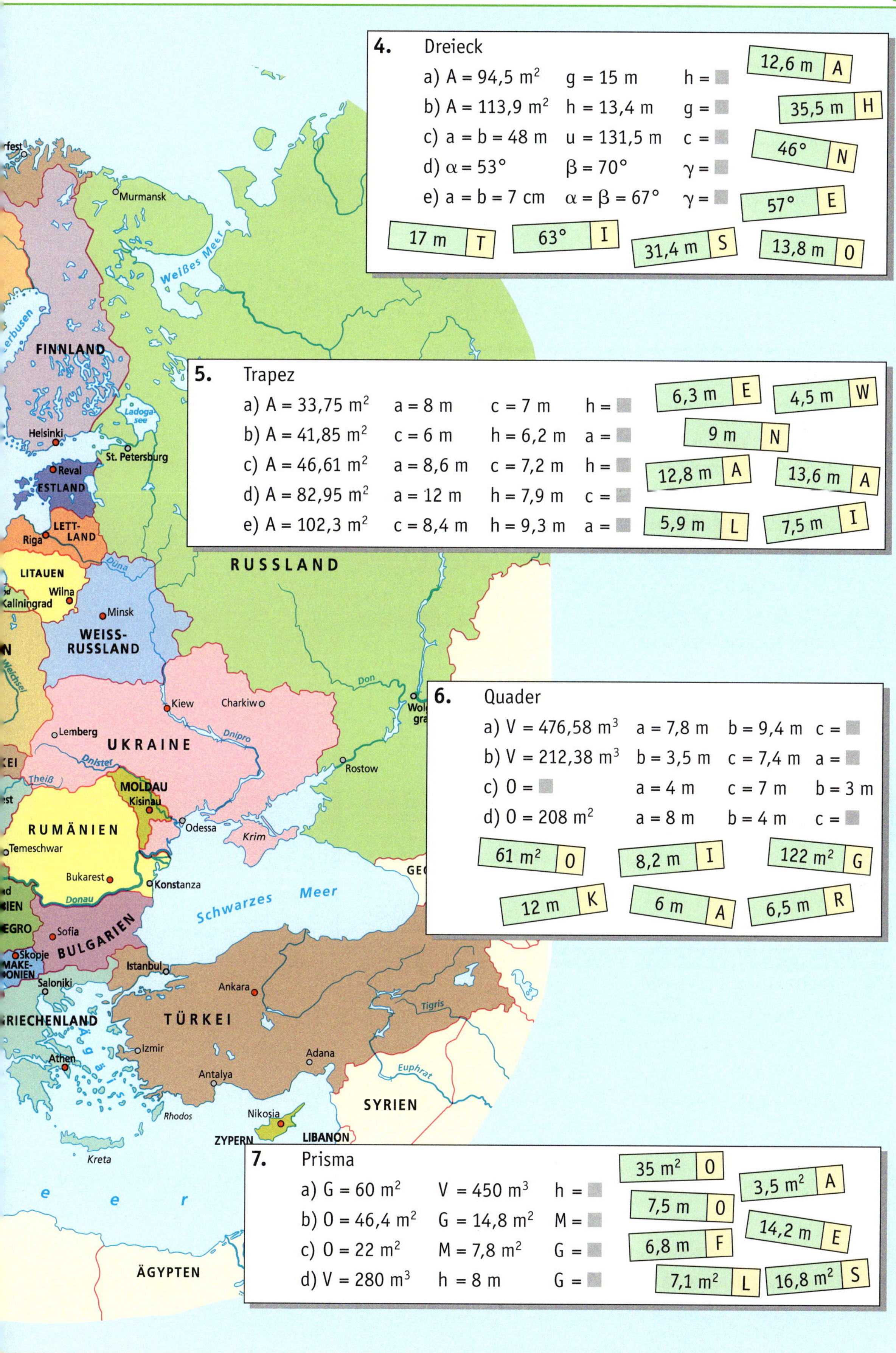


**4.** Dreieck

| | | |
|---|---|---|
| a) A = 94,5 m² | g = 15 m | h = ▒ |
| b) A = 113,9 m² | h = 13,4 m | g = ▒ |
| c) a = b = 48 m | u = 131,5 m | c = ▒ |
| d) α = 53° | β = 70° | γ = ▒ |
| e) a = b = 7 cm | α = β = 67° | γ = ▒ |

12,6 m A | 35,5 m H | 46° N | 57° E | 17 m T | 63° I | 31,4 m S | 13,8 m O

**5.** Trapez

| | | | |
|---|---|---|---|
| a) A = 33,75 m² | a = 8 m | c = 7 m | h = ▒ |
| b) A = 41,85 m² | c = 6 m | h = 6,2 m | a = ▒ |
| c) A = 46,61 m² | a = 8,6 m | c = 7,2 m | h = ▒ |
| d) A = 82,95 m² | a = 12 m | h = 7,9 m | c = ▒ |
| e) A = 102,3 m² | c = 8,4 m | h = 9,3 m | a = ▒ |

6,3 m E | 4,5 m W | 9 m N | 12,8 m A | 13,6 m A | 5,9 m L | 7,5 m I

**6.** Quader

| | | | |
|---|---|---|---|
| a) V = 476,58 m³ | a = 7,8 m | b = 9,4 m | c = ▒ |
| b) V = 212,38 m³ | b = 3,5 m | c = 7,4 m | a = ▒ |
| c) O = ▒ | a = 4 m | c = 7 m | b = 3 m |
| d) O = 208 m² | a = 8 m | b = 4 m | c = ▒ |

61 m² O | 8,2 m I | 122 m² G | 12 m K | 6 m A | 6,5 m R

**7.** Prisma

| | | |
|---|---|---|
| a) G = 60 m² | V = 450 m³ | h = ▒ |
| b) O = 46,4 m² | G = 14,8 m² | M = ▒ |
| c) O = 22 m² | M = 7,8 m² | G = ▒ |
| d) V = 280 m³ | h = 8 m | G = ▒ |

35 m² O | 3,5 m² A | 7,5 m O | 14,2 m E | 6,8 m F | 7,1 m² L | 16,8 m² S

!!!!

## Reise durch Afrika

**1.** Gleichungen zum Aufwärmen

a) $4x - 9 = 23$

b) $8 - 3x = 14$

c) Subtrahiert man vom 3-Fachen einer Zahl 4, so erhält man 11.

d) $17x - 13 = 106$

e) Die Summe aus dem 7-Fachen einer Zahl und 9 ist −19.

−8 U | 5 B | −2 A | 8 R | 7 A | −4 T | 12 S

**2.** Zuerst Klammern auflösen

a) $18x + (7 - 4x) = 77$

b) Vermindert man das 8-Fache einer Zahl um die Summe aus dem Doppelten der Zahl und 3, erhält man −9.

c) $17 - (8 - 3x) = 30$

d) $4x - (-6x + 3) = 27$

e) $(3x - 5) + (7x - 3) = 52$

f) $(2x - 4) - (3x + 2) = 3$

g) $(9x + 8) - (-2x - 4) = 56$

h) $(9 - 7x) - (7 - 9x) = -8$

−5 T | −9 A | 8 C | −1 A | 7 P | 3 S | 4 D | 6 T | 5 K | −3 E

**3.** Zuerst ausmultiplizieren

a) $5(3x + 3) = 4x + 48$

b) $6(2 - 7x) = 88 - 4x$

c) $-3(4x + 2) = 22 - 5x$

d) $3(2x - 7) - 9x = -6$

e) $9(3x + 8) + 3x = 132$

f) $4(2{,}6x + 6{,}1) = 34 + 8x$

g) $2(5 - 4x) = 4(9 - 3x)$

h) $-6(5 + 3x) = 62 - 8(4 + x)$

i) $3(0{,}8x - 1{,}4) + 4{,}7x = 37{,}69$

j) $7(-2x - 3) = -8(-8x - 1) - 731$

7 P | 2 S | −2 A | 5,9 A | −6 L | −5 E | 4 S | 3 D | 6,5 A | −4 R | 9 M

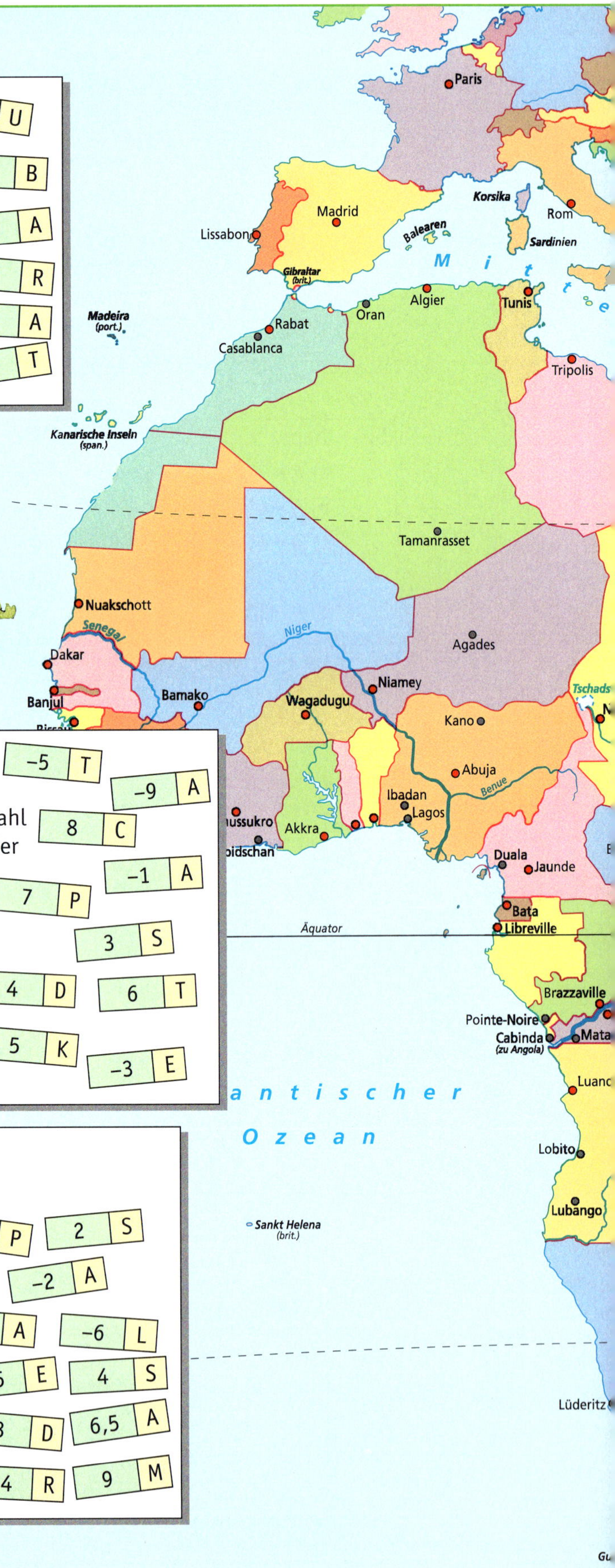

**4.** Zuerst Summen multiplizieren !!!!

a) $(2 + x)(x - 3) = x^2 - 10$

b) $(4 - x)(5 - x) = x^2 + 38$

c) $(x + 9)(x - 7) = x^2 - 53$

d) $(2x + 3)(3x - 4) = 6x^2 - 15$

e) $(5x + 3)(3x - 4) = 15x^2 - 23$

f) $(3x + 7)(2x - 4) = 6x^2 - 8$

g) $(3x + 2)(4x - 3) = 2(6x^2 - 1)$

h) $(x + 3)(7 - 2x) = x(-2x - 20)$

i) $(x + 3)(x + 4) = (x + 6)(x + 5)$

j) $(x + 4)(6x - 5) = (2x + 3)(3x + 4)$

| | |
|---|---|
| −4 | B |
| 1 | S- |
| 12 | T |
| −1 | E |
| −2 | D |
| 5 | D |
| 16 | A |
| −4,5 | B |
| −3 | I |
| 4 | A |
| 10 | A |

**5.** Zuerst binomische Formeln anwenden

a) $(6 - x)^2 = x^2$

b) $(x + 8)^2 = x^2$

c) $(2x + 5)^2 = 4x^2 + 145$

d) $(7 + 3x)^2 = 9x^2 + 259$

e) $(3x + 1)^2 = (3x - 2)^2 - 57$

f) $(5x - 3)^2 = (5x - 8)^2 + 45$

g) $(4x - 8)^2 = (4x + 3)^2 - 33$

h) $9(2x + 4)^2 = 4(3x - 2)^2 + 1664$

i) $2x - (3x + 2)^2 = -104 - 9x^2$

j) $8 - (5x - 6)^2 = -25x^2 + 392$

| | |
|---|---|
| 5 | X |
| 10 | I |
| 1 | D |
| −4 | L |
| 2 | N |
| −7 | O |
| 6 | E |
| −3 | A |
| 9 | P |
| 3 | A |
| 7 | A |
| 8 | R |

## Body-Mass-Index (BMI)

**Durch Dick und Dünn – Jugendliche kämpfen ums Abnehmen**

Übergewicht ist in Deutschland wie in anderen Industrieländern zunehmend verbreitet und stellt ein großes gesundheitliches Risiko dar. Besonders problematisch ist Fettleibigkeit (medizinisch: Adipositas) im Kindes- und Jugendalter. Viele chronische Erkrankungen (Diabetes, Bluthochdruck, Kreislauferkrankungen) werden in dieser Entwicklungsphase angelegt. Da ein extremes Übergewicht in aller Regel durch eine Verhaltensänderung (Essgewohnheiten) abgebaut werden kann, kommt der Aufklärung über sinnvolle Ernährungsgewohnheiten große pädagogische Bedeutung zu.

Den *Body Mass Index* **BMI,** zu deutsch: Körpermassenindex, berechnet man nach folgender Formel:

$$\text{BMI} = \frac{\textbf{Körpergewicht in kg}}{(\textbf{Körpergröße in m})^2}$$

Recherchiert im Internet über die Verwendung des BMI und anderer Indizes zur Messung von Über- und Untergewicht.

Angaben der Weltgesundheitsorganisation WHO für 20-jährige Erwachsene:

| **Bewertung** | **BMI** |
|---|---|
| kritisches Untergewicht | < 16 |
| Untergewicht | 16 – 20 |
| **Normalgewicht** | **20 – 25** |
| Übergewicht | 25 – 30 |
| kritisches Übergewicht | > 30 |

**1.** Zu welcher Kategorie eine Person gehört, lässt sich in der Grafik ablesen, indem man den Punkt (▒ m|▒ kg) markiert. *Gruppenarbeit:*

a) Berechnet den BMI der zum markierten Punkt gehörenden Person.

b) Wie viel kg wiegt eine 1,60 m große Person, deren BMI genau 30, 25, 20 oder 16 ist?

c) Notiert die Gleichungen der Kurven, die die Bereiche trennen. Kontrolliert diese Gleichungen mit einer Körpergröße von 1,75 m.

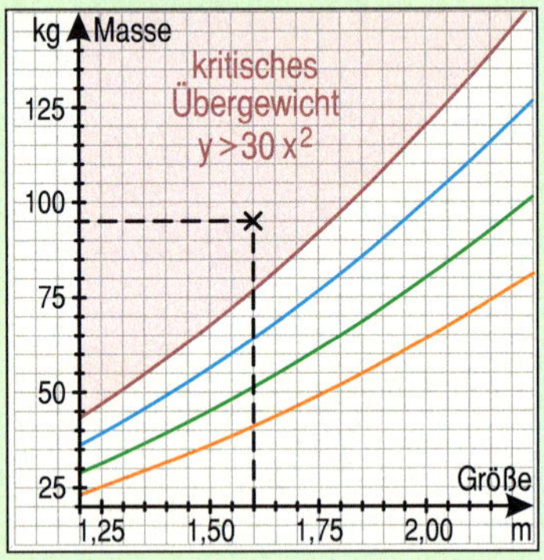


**2.** *Gruppenarbeit:* Die beiden unteren Tabellen enthalten Körpergröße (m) und Gewicht (kg) von Personen zweier Gruppen. Wählt eine der Gruppen I oder II und bearbeitet die Daten mit einer Tabellenkalkulation: BMI´s berechnen, nach Größe sortieren, Mittelwert, Median und Spannweite bestimmen, Ergebnisse grafisch darstellen und präsentieren. Dann vergleicht beide Gruppen.

Daten: Sortieren

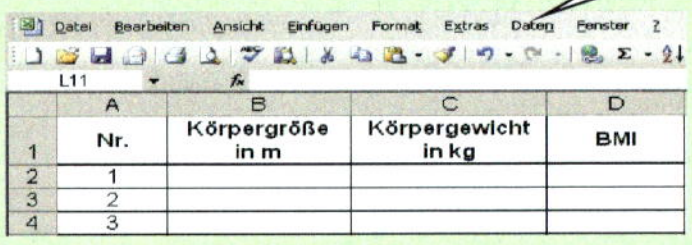


| I | m | kg | m | kg | m | kg |
|---|---|---|---|---|---|---|
| | 1,58 | 60 | 1,54 | 50 | 1,66 | 63 |
| | 1,83 | 67 | 1,88 | 49 | 1,79 | 84 |
| | 1,49 | 49 | 1,92 | 118 | 1,56 | 86 |
| | 1,60 | 71 | 1,85 | 86 | 1,52 | 48 |
| | 1,48 | 39 | 1,73 | 39 | 1,67 | 53 |
| | 1,71 | 73 | 1,80 | 68 | 1,89 | 79 |
| | 1,69 | 99 | 1,56 | 59 | 1,46 | 62 |
| | 1,89 | 82 | 1,74 | 109 | 1,54 | 57 |
| | 1,90 | 76 | 1,93 | 78 | 1,86 | 94 |
| | 1,56 | 56 | 1,81 | 49 | 1,66 | 66 |

| II | m | kg | m | kg | m | kg |
|---|---|---|---|---|---|---|
| | 1,46 | 60 | 1,65 | 46 | 1,48 | 45 |
| | 1,66 | 60 | 1,49 | 47 | 1,48 | 48 |
| | 1,65 | 49 | 1,66 | 64 | 1,83 | 97 |
| | 1,85 | 99 | 1,79 | 67 | 1,53 | 85 |
| | 1,51 | 61 | 1,66 | 75 | 1,77 | 81 |
| | 1,94 | 79 | 1,85 | 92 | 1,63 | 56 |
| | 1,51 | 34 | 1,64 | 78 | 1,81 | 85 |
| | 1,57 | 59 | 1,83 | 74 | 1,52 | 51 |
| | 1,49 | 49 | 1,55 | 48 | | |
| | 1,70 | 81 | 1,89 | 79 | | |

# Zehnerpotenzen und Wurzeln

# 2

Sammle Jnformationen über Leistungen von Rechenkünstlern und Rekorde im Schnellrechnen und Wurzelziehen.

Schneller im Kopf als Taschenrechner mit Mikrochip: Gert Mittring (30) verblüfft mit seinem Superhirn die Fachwelt. Foto: Thomas Frey

## Superhirn schlägt jeden Mathecomputer

### Gert Mittring: Schneller als die Chips – Übungen mit dem Kopfrechnen-Weltmeister

KOBLENZ. CHM. Gert Mittring ist schneller als jeder Taschenrechner und zieht die Wurzeln aus den unglaublichsten Zahlen. Da kapitulieren sogar Hochleistungscomputer.

Die 9 875. Wurzel aus einer 39 413-stelligen Zahl zu ziehen, ist kein Problem für den gebürtigen Stuttgarter mit Wohnsitz in Bonn. Nach maximal 40 Sekunden präsentierte er die richtige Lösung. Ein Computer benötigt dafür rund eineinhalb Stunden.

Rechnen Sie mal mit!

Rechenbeispiele und die Lösungszeiten von Gert Mittring:

1. 4 473,29 + 2 944,91 + 188,47 + 17 961,99 + 20 018 532,44 =
   (Lösungszeit: 10 Sekunden)
2. 3 094 876 geteilt durch 4 751 =
   (Lösungszeit: 11 Sekunden)
3. Welche Zahl mit 3 potenziert ergibt 259 694 072?
   (Lösungszeit: 6 Sekunden)
4. 1 418 mal 997 =
   (Lösungszeit: 2 Sekunden)
5. Welche Zahl mit sich selbst multipliziert ergibt 6 167 275 024?
   (Lösungszeit: 7 Sekunden)

---

Die Lösungen:

Aufgabe 1: 20 044 101,1; Aufgabe 2: ≈ 651,42; Aufgabe 3: 638;
Aufgabe 4: 1 413 746; Aufgabe 5: 78 532

Rhein-Zeitung (Frühjahr 1997)

## Potenzen

**1.** Wie viele Ahnen hat Felix M. in der 5. Generation? Wann ungefähr haben sie gelebt?

---

Ein Produkt mit gleichen Faktoren kann man kürzer als **Potenz** schreiben.

$\underbrace{3 \cdot 3 \cdot 3 \cdot 3}_{\text{4 gleiche Faktoren}} = 3^4$

$3^4$ ← Hochzahl (Exponent) (4), Basis (3)

---

**2.** Schreibe das Produkt als Potenz.

a) $8 \cdot 8 \cdot 8 \cdot 8 \cdot 8$ b) $3 \cdot 3 \cdot 3 \cdot 3 \cdot 3 \cdot 3$ c) $5 \cdot 5 \cdot 5 \cdot 5$ d) $2{,}5 \cdot 2{,}5 \cdot 2{,}5 \cdot 2{,}5 \cdot 2{,}5$
e) $6{,}7 \cdot 6{,}7 \cdot 6{,}7$ f) $0{,}9 \cdot 0{,}9 \cdot 0{,}9 \cdot 0{,}9$ g) $\frac{1}{2} \cdot \frac{1}{2} \cdot \frac{1}{2} \cdot \frac{1}{2}$ h) $\frac{3}{8} \cdot \frac{3}{8} \cdot \frac{3}{8}$

**3.** Schreibe die Potenz als Produkt und berechne es.

a) $4^3$, $4^4$ b) $10^3$, $10^4$ c) $9^2$, $9^3$ d) $6^3$, $6^4$ e) $2^9$, $2^{10}$ f) $0{,}2^2$, $0{,}2^3$ g) $(\frac{1}{2})^5$, $(\frac{1}{2})^6$ h) $(\frac{2}{3})^3$, $(\frac{2}{3})^4$

**4.** Ist die Aussage wahr oder ist sie falsch? Begründe deine Antwort.

a) 2 ist das Doppelte von $2^2$. b) $2^{10}$ ist das Zehnfache von 2. c) 2 ist die Hälfte von $2^2$.
d) 2 ist der zehnte Teil von $2^{10}$. e) $10^3$ ist das Zehnfache von $10^2$. f) 10 ist ein Zehntel von $10^2$.
g) $5^3$ ist das Fünffache von $5^2$. h) $7 \cdot (3)^2$ ist kleiner als $(7 \cdot 3)^2$. i) $2^2$ ist das Gleiche wie $(-2)^2$.

**5.** Beachte die Reihenfolge, in der du rechnen sollst.

a) $(3 + 1{,}5)^3$ b) $4 + 5 \cdot 6^2$ c) $3 \cdot (1{,}2 + 2{,}8)^3$
d) $4^3 \cdot 3^4$ e) $4^2 + 5^2$ f) $2 \cdot 3^2 \cdot (6 - 4)^3$
g) $7^3 - \frac{1}{2} \cdot 4^2$ h) $10 \cdot (\frac{2}{5} + \frac{1}{2})^3$ i) $\frac{2}{3} \cdot 6^3 - \frac{1}{2} \cdot 4^3$

$(4 + 3)^2 = 7^2$
$4 + 3^2 = 4 + 9$
$2 \cdot 4^2 \cdot 3^2 = 2 \cdot 16 \cdot 9$
$(4 \cdot 3)^2 = 12^2$

**TIPP**
Zuerst Klammern, dann Potenzen, dann Punkt- und Strichrechnung.

**6.** Berechne und vergleiche. Setze <, = oder > ein.

a) $3 \cdot 2^5$ □ $(3 \cdot 2)^5$ b) $2 \cdot 5^2$ □ $2 + 5^2$ c) $2 \cdot 2^2$ □ $(2 \cdot 2)^2$ d) $(2 + 3)^2$ □ $5^2$ e) $1 + 3^3$ □ $(1 + 3)^3$

**7.** Wer hat recht?

a) Peter: $2^3 \cdot 3^3 = 5^3$
Julia: $2^3 \cdot 3^3 = 6^3$
Ayla: $2^3 \cdot 3^3 = 6^9$

b) Anna: $2^3 + 3^3 = (2 + 3)^3$
Kai: $2^3 + 3^3 = 35$
Paula: $2^3 + 3^3 = 9 + 27$

c) Ephraim: $2 \cdot 2^5 = 2^{10}$
Joachim: $2 \cdot 2^5 = 4^5$
Marion: $2 \cdot 2^5 = 2^6$

**8.** Eine Stubenfliege legt etwa 120 Eier, aus der Hälfte davon werden Weibchen. Jedes Weibchen legt nach etwa 20 Tagen selbst wieder Eier. Bei Temperaturen um 30 °C dauert die Entwicklung vom Ei bis zur fertigen Fliege nur 7 Tage. Wie vermehren sich die Fliegen im Verlauf von 100 Tagen, wenn in dieser Zeit keine Fliege stirbt? Überlege mit deinem Nachbarn oder deiner Nachbarin und berechne die Lösung.

## Zehnerpotenzen

**1.** *Gruppenarbeit:* Informiert euch über die Zahlwörter und setzt die Zahlenfolge fort.

Bei einer **Zehnerpotenz** gibt die Hochzahl die Anzahl der Nullen an.
Beispiele: $10^8 = 100\,000\,000$ (8 Nullen) $56 \cdot 10^7 = 56 \cdot 10\,000\,000 = 560\,000\,000$

**2.** Schreibe die Zahl als Zehnerpotenz.
a) 10 000 000 b) 1 000 000 000 c) 10 Mio. d) 100 Mrd. e) 10 Bio.

**3.** Schreibe die Zehnerpotenz als Zahl: a) $10^3$ b) $10^5$ c) $10^8$ d) $10^9$ e) $10^{12}$

**4.** Schreibe mit Worten: a) $10^2$ b) $10^4$ c) $10^7$ d) $10^8$ e) $10^{10}$ f) $10^{12}$

**5.** Schreibe die Zahl mit einer Zehnerpotenz als Faktor.
a) 700 000; 2 000 000 b) 120 000 000; 12 000 000 c) 250 000 000; 52 000 000 d) 23 000 000 000; 230 000 000

$1\,600\,000 = 16 \cdot 100\,000 = 16 \cdot 10^5$

**6.** Schreibe die Zahl einmal mit allen Nullen und einmal mit einer Zehnerpotenz als Faktor.
a) Siebenhunderttausend b) 13 Millionen c) 7 Milliarden d) 1 Milliarde 600 Millionen

**7.** Rechne aus und schreibe dann als Zehnerpotenz.
a) $1000 \cdot 100$ b) $10\,000 \cdot 10\,000$ c) $1000 \cdot 1\,000\,000$ d) $100\,000 \cdot 10\,000$ e) $100 \cdot 100\,000$

**8.** Fasse wie im Beispiel zusammen. Formuliere und begründe eine Regel mit den Begriffen Multiplizieren, Addieren, Potenzen und Exponenten.
① $10^3 \cdot 10^4$ ② $10^2 \cdot 10^6$ ③ $10^3 \cdot 10^7$ ④ $10^4 \cdot 10^5$ ⑤ $10^8 \cdot 10^4$
⑥ $10^5 \cdot 10^1$ ⑦ $10^3 \cdot 10^5$ ⑧ $10^2 \cdot 10^9$ ⑨ $10^5 \cdot 10^6$ ⑩ $10^7 \cdot 10^6$

$10^2 \cdot 10^5 = 100 \cdot 100\,000 = 10\,000\,000 = 10^7$

**9.** Rechne wie im Beispiel und formuliere anschließend eine Regel dazu.
① $40\,000 \cdot 300\,000$ ② $6\,000\,000 \cdot 200\,000$ ③ $800 \cdot 70\,000$
④ $8\,000 \cdot 3\,000\,000$ ⑤ $500\,000 \cdot 60\,000$ ⑥ $80 \cdot 90\,000\,000$

$3\,000 \cdot 700\,000 = 3 \cdot 10^3 \cdot 7 \cdot 10^5 = 21 \cdot 10^8$

**10.** In Tinas Heft steht: $10^4 + 10^3 = 10^7$. Ist das richtig? Begründe deine Meinung vor der Klasse.

**11.** Berechne die Ergebnisse und vergleiche sie mit Mitschülerinnen und Mitschülern. Argumentiere bei unterschiedlichen Ergebnissen mit der ausführlichen Schreibweise.
① die Summe von $10^6$ und $10^4$ ② das Produkt von $10^3$ und $10^5$
③ die Differenz zwischen $5 \cdot 10^4$ und $4 \cdot 10^4$ ④ die Summe von $3{,}1 \cdot 10^7$ und $0{,}9 \cdot 10^3$

## Zehnerpotenzen mit negativen Hochzahlen

| | | | | | | | |
|---|---|---|---|---|---|---|---|
| ⇄ | $10^{-3}$ ⇄ (· 10 / : 10) | $10^{-2}$ ⇄ (· 10 / : 10) | $10^{-1}$ ⇄ (· 10 / : 10) | $10^{0}$ ⇄ (· 10 / : 10) | $10^{1}$ ⇄ (· 10 / : 10) | $10^{2}$ ⇄ (· 10 / : 10) | $10^{3}$ ⇄ (· 10 / : 10) |
| | = ? | = ? | = ? | = ? | = 10 | = 10 · 10 | = 10 · 10 · … |

**1.** *Partnerarbeit:* Beschreibt die Gesetzmäßigkeit, nach der die leeren Felder auszufüllen sind.

**2.** Erklärt einem Mitschüler oder einer Mitschülerin, wie man $10^{-9}$ als Bruch schreibt.

Potenzen mit Null oder einer negativen ganzen Zahl als Hochzahl sind so festgelegt:

$\mathbf{10^0 = 1}$ $\mathbf{10^{-1} = \frac{1}{10} = 0{,}1}$ $\mathbf{10^{-2} = \frac{1}{10^2} = \frac{1}{100} = 0{,}01}$ $\mathbf{10^{-3} = \frac{1}{10^3} = \frac{1}{1000} = 0{,}001}$

**3.** Schreibe als Bruch und als Dezimalbruch. a) $10^{-2}$ b) $10^{-8}$ c) $10^{-10}$ d) $10^{-15}$

**4.** Schreibe als Dezimalbruch und als Zehnerpotenz. a) $\frac{1}{1\ \text{Million}}$ b) $\frac{1}{1000}$ c) 1 Milliardstel

**5.** Schreibe als Bruch und als Zehnerpotenz. a) 0,00001 b) 0,0000001 c) 0,000000001

**6.** Schreibe mit Worten (z. B. „ein Hundertstel" oder „ein Zehntausendstel").
a) $10^{-3}$ b) 0,000001 c) $10^{-7}$ d) $\frac{1}{100\,000}$ e) $10^{-1}$ f) 0,000000001

**7.** Reise in den Mikrokosmos: Schreibe die Maßzahl als Bruch und als Zehnerpotenz.

a) Haar b) Zelle c) Bakterium d) Virus e) DNA-Strang

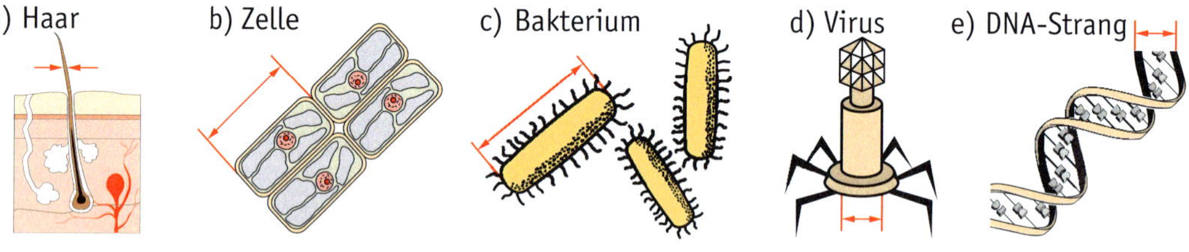

0,1 mm 0,01 mm 0,001 mm 0,0001 mm 0,00001 mm

**8.** Wie viele Objekte aus der vorigen Aufgabe müsste man jeweils aneinander legen, um eine „Dicke" oder „Länge" von einem Zentimeter zu erhalten?

**9.** *Partnerarbeit:*
a) Multipliziert mehrere Aufgaben wie im Kasten ausführlich und notiert das Ergebnis.
b) Formuliert eine Regel mit Fachbegriffen und stellt sie zur Diskussion.

| $10^{-3} \cdot 10^{-4}$ | $10^{5} \cdot 10^{-2}$ | $10^{-6} \cdot 10^{4}$ |
|---|---|---|
| $= \frac{1}{1000} \cdot \frac{1}{10\,000}$ | $= 100\,000 \cdot \frac{1}{100}$ | $= \frac{1}{1\,000\,000} \cdot 10\,000$ |
| $= \frac{1}{10\,000\,000}$ | $= \frac{100\,0\not{0}\not{0}}{1\not{0}\not{0}}$ | $= \frac{1\not{0}\,\not{0}\not{0}\not{0}}{1\,00\not{0}\,\not{0}\not{0}\not{0}}$ |
| $= 10^{-7}$ | $= 10^{3}$ | $= 10^{-2}$ |

**10.** Eine Eisenbahnbrücke ist 250 m lang. Bei einer Temperaturerhöhung von 1 °C dehnt sie sich pro Meter um $1{,}2 \cdot 10^{-5}$ m. Die Ingenieure mussten mit großen Temperaturschwankungen rechnen und Dehnungsfugen einbauen. Überlege dir drei Fragen und beantworte sie.

**11.** a) $10^4 \cdot 10^{-3}$ b) $20 \cdot 10^{-2}$ c) $0{,}00001 \cdot 10^4$ d) $15 \cdot 10^{-2} - 18 \cdot 10^{-3}$
e) $3 \cdot 10^2 + 5 \cdot 10^{-1}$ f) $46 \cdot 10^{-4}$ g) $3 \cdot 10^{-5} - 0{,}00001$ h) $10^3 \cdot 10^{-5}$

## Standardschreibweise für sehr große und sehr kleine Zahlen

**1.** *Partnerarbeit:* Probiert mit den obigen und eigenen Beispielen, wie Taschenrechner sehr große oder kleine Zahlen anzeigen. Überlegt, was für einen TR „sehr groß" oder „sehr klein" bedeutet.

Sehr große und sehr kleine positive Zahlen kann man als Produkt aus einer Zahl *zwischen 1 und 10* und einer Zehnerpotenz schreiben. Das bezeichnet man als **Standardschreibweise.**

*Beispiele:* $27\,000\,000\,000 = 2{,}7 \cdot 10^{10}$ $\qquad$ $0{,}00000059 = 5{,}9 \cdot 10^{-7}$

**2.** Schreibe in der Standardschreibweise mit einer Zehnerpotenz.
a) 57 000 b) 150 000 000 c) 0,027 d) 0,00000034 e) 0,00000000951

**3.** Rechne mit dem Taschenrechner. Runde die Zahl vor der Zehnerpotenz auf 2 Nachkommastellen.
a) $2^{35}$ b) $0{,}17^{31}$ c) $3^{25}$ d) $0{,}39^{84}$ e) $1{,}5^{60}$ f) $0{,}75^{99}$ g) $0{,}5^{50}$

**4.** Immer drei Zahlen sind gleich. Schreibe alle „Zahlendrillinge" auf.

| | | | | | |
|---|---|---|---|---|---|
| 1 200 000 | $1{,}2 \cdot 10^{12}$ | $1{,}2 \cdot 10^5$ | $1{,}2 \cdot 10^9$ | 1 200 000 000 000 | 1,2 Mio. |
| 120 000 | 1 200 000 000 | 1,2 Bio. | $1{,}2 \cdot 10^6$ | 120 Tsd. | 1,2 Mrd. |

**5.** Schulbuchseiten haben etwa 50 Zeilen mit je 100 Zeichen.
a) Welchen Speicherplatz benötigt etwa eine Schulbuchseite?
b) Ein Lesebuch hat etwa 200 Seiten. Passt es auf eine Diskette mit 1,44 MB Speicherplatz?

| | |
|---|---|
| Byte: | 1 B für 1 Zeichen |
| *Kilo*byte: | 1 kB = $10^3$ B |
| *Mega*byte: | 1 MB = $10^6$ B |
| *Giga*byte: | 1 GB = $10^9$ B |

**6.** Ein Foto auf einer Digitalkamera braucht ca. 800 kB Speicherplatz.
a) Emily überlegt, wie viel Speicherbedarf ihre 40 Bilder der Klassenfahrt haben.
b) Rechne aus, wie viele Bilder von 800 kB auf einen Speicherchip von 128 MB passen.

**7.** Wie lange dauert die Datenübertragung von Fotos mit insgesamt 70 MB Speicherplatz über eine
a) DSL-Leitung mit 2 000 kB pro Sekunde, b) ISDN-Leitung mit 8 kB pro Sekunde?

**8.** a) Ein menschliches Haar ist ungefähr 30 µm dick. Wie viele Haare passen nebeneinander auf 1 cm?
b) Wie viele Fasern von 1 nm Dicke ergeben nebeneinander gelegt die Dicke eines Haares?

| | |
|---|---|
| Meter: | 1 m |
| *Milli*meter: | 1 mm = $10^{-3}$ m |
| *Mikro*meter: | 1 µm = $10^{-6}$ m |
| *Nano*meter: | 1 nm = $10^{-9}$ m |

# Bleib FIT!

**Die Ergebnisse der Aufgaben 1 bis 10 ergeben eine Halbinsel in Nordamerika.**

**1.** a) 12 310 – 2 521,9 – 3 565 + 528,06
b) 106,5 : 6,25

**2.** $8\frac{1}{4} \cdot 4{,}8$

**3.** Ein Auftrag wird von 4 Schreinern in 6 Tagen erledigt. Wie viele Tage brauchen dazu 3 Schreiner?

**4.** $(13{,}5 + 6{,}25) \cdot 2{,}4$

**5.** Das Volumen eines Quaders beträgt 120 cm³. Der Quader ist 6 cm lang und 4 cm breit. Berechne die Höhe in cm.

**6.** $(4\frac{3}{4} - 2\frac{1}{2}) \cdot 0{,}8$

**7.** 0,04 dm² + 14,83 cm² + 117 mm²
Gib das Ergebnis in Quadratmillimetern an.

**8.** Ein Flachbildschirm kostet 259 €. Wie viel Euro hat der Kunde zu bezahlen, wenn der Händler ihm 5% Rabatt gewährt?

**9.** Wie viel Prozent der Fläche sind weiß?

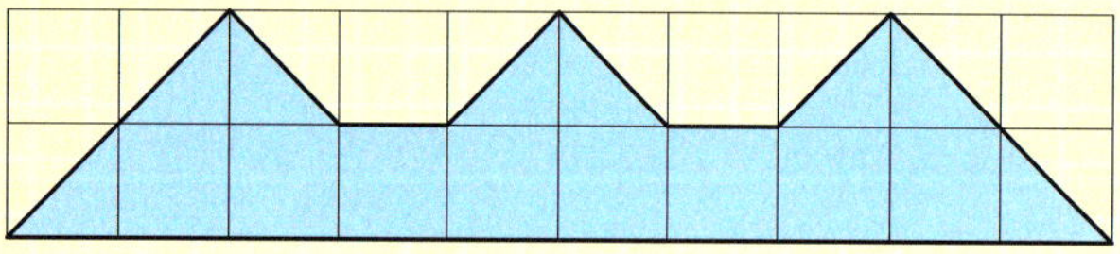

**10.** Berechne den Flächeninhalt der Figur in m².

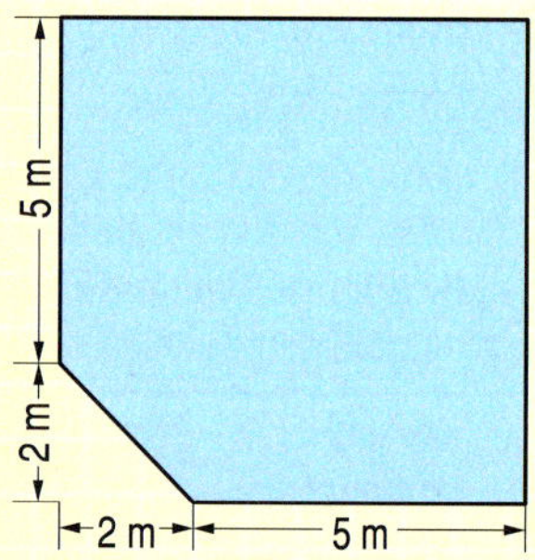


- 1,8 D
- 5 N
- 8 F
- 17,04 E
- 19,5 O
- 36 I
- 39,6 U
- 40 N
- 41 P
- 47 D
- 47,4 U
- 246,05 A
- 271,95 U
- 862,5 C
- 2 000 L
- 6 751,16 N
- 9 400 I
- 20 000 K

## Quadratwurzeln

**1.** *Partnerarbeit:* Wie lang wäre die Quadratseite bei 4 m² Flächeninhalt? Sucht noch andere Maßzahlen für den Flächeninhalt, bei denen ihr leicht die Länge der Quadratseite bestimmen könnt.

**2.** *Gruppenarbeit:* Bestimmt die Länge der Quadratseite bei 2 m² Flächeninhalt auf Millimeter genau.

Die **Quadratwurzel** (kurz: **Wurzel**) aus einer positiven Zahl a (geschrieben $\sqrt{\mathbf{a}}$) ist diejenige positive Zahl, die mit sich selbst multipliziert die Zahl a ergibt.

$\sqrt{25} = 5 \xrightarrow[\text{Wurzelziehen}]{\text{Quadrieren}} 25 = 5^2$

**TIPP**
Quadratzahlen bis 400 auswendig lernen

**3.** a) Schreibe die ersten zwanzig Quadratzahlen in dein Heft: $1^2 = 1 \cdot 1 = 1$, $2^2 = 2 \cdot 2 = 4$, ...

b) Löse mit den auswendig gelernten Quadratzahlen, schreibe z. B.: $\sqrt{49} = 7$, denn $49 = 7^2 = 7 \cdot 7$.

$\sqrt{64}$ $\sqrt{144}$ $\sqrt{81}$ $\sqrt{36}$ $\sqrt{121}$ $\sqrt{225}$ $\sqrt{361}$ $\sqrt{100}$ $\sqrt{256}$

**4.** Berechne die Wurzel im Kopf. Schreibe mit Begründung.

a) $\sqrt{\frac{1}{4}}$ b) $\sqrt{\frac{1}{16}}$ c) $\sqrt{\frac{4}{25}}$ d) $\sqrt{\frac{25}{100}}$ e) $\sqrt{\frac{16}{36}}$

$\sqrt{\frac{1}{4}} = \frac{1}{2}$, denn $\frac{1}{2} \cdot \frac{1}{2} = \frac{1}{4}$

**5.** *Partnerarbeit:* Welche Wurzeln lassen sich im Kopf berechnen, welche nicht? Wenn ihr eine Regel erkennt, dann erklärt sie in der Klasse mit einem zusätzlichen Beispiel eurer Wahl.

a) $\sqrt{9}$, $\sqrt{90}$, $\sqrt{900}$, $\sqrt{9\,000}$, $\sqrt{90\,000}$, ... b) $\sqrt{9}$, $\sqrt{0{,}9}$, $\sqrt{0{,}09}$, $\sqrt{0{,}009}$, $\sqrt{0{,}0009}$, ...

**6.** Zwischen welchen natürlichen Zahlen liegt die Wurzel? Schreibe wie im Beispiel.

a) $\sqrt{20}$ b) $\sqrt{50}$ c) $\sqrt{150}$ d) $\sqrt{200}$ e) $\sqrt{300}$ f) $\sqrt{500}$

$8 < \sqrt{70} < 9$ weil
$8^2 = 64 < 70 < 81 = 9^2$

**7.** Berechne mit dem TR, runde auf zwei Stellen nach dem Komma.

a) $\sqrt{5}$ b) $\sqrt{111}$ c) $\sqrt{12}$ d) $\sqrt{3}$ e) $\sqrt{7}$ f) $\sqrt{44}$

$\sqrt{2} = 1{,}414213562... \approx 1{,}41$

**8.** Berechne mit dem Taschenrechner, runde das Ergebnis auf Zehntel.

a) $\sqrt{6{,}4}$ b) $\sqrt{14{,}4}$ c) $\sqrt{1{,}6}$ d) $\sqrt{12{,}8}$ e) $\sqrt{8{,}9}$ f) $\sqrt{1{,}2}$ g) $\sqrt{0{,}5}$ h) $\sqrt{0{,}8}$

**9.** Inka hat mit dem Taschenrechner Wurzeln berechnet. Zeige durch Schätzen, dass das Ergebnis nicht stimmen kann. Findest du auch heraus, welchen Fehler Inka gemacht hat?

a) $\sqrt{15}$ *7,141428429* b) $\sqrt{50}$ *22,36067977* c) $\sqrt{125}$ *12,32882801*

**10.** Malte behauptet: „$\sqrt{10}$ ist genau 3,16227766.“ Ina meint: „Der genaue Wert kann das nicht sein.“ Was meinst du dazu? Überlege mit deinem Nachbarn und begründet gemeinsam eure Meinung.

**11.** *Teamarbeit:* Saskia hat viele Fehler gemacht. Berechnet die richtigen Ergebnisse und überlegt, mit welchem Denkfehler Saskia jeweils zu ihrem falschen Ergebnis gekommen ist.

| | | |
|---|---|---|
| $\sqrt{4} = 2$ ✓ | $\sqrt{20} = 10$ f | $\sqrt{\frac{1}{2}} = \frac{1}{4}$ f |
| | $\sqrt{250} = 125$ f | $\sqrt{64} = 3{,}2$ f |

**12.** a) Berechne nur die Wurzeln, die sich im Kopf ausrechnen lassen. Du erhältst ein bekanntes Tal.
b) Berechne auch die restlichen Wurzeln, für die man einen Taschenrechner braucht.

| | | | | | |
|---|---|---|---|---|---|
| N $\sqrt{2\,500}$ | G $\sqrt{250}$ | N $\sqrt{25}$ | V $\sqrt{2{,}5}$ | S $\sqrt{90}$ | A $\sqrt{900}$ |
| E $\sqrt{0{,}16}$ | M $\sqrt{1{,}6}$ | P $\sqrt{160}$ | E $\sqrt{1600}$ | R $\sqrt{100}$ | Z $\sqrt{1000}$ |
| A $\sqrt{0{,}01}$ | U $\sqrt{0{,}1}$ | D $\sqrt{64}$ | H $\sqrt{640}$ | T $\sqrt{6\,400}$ | L $\sqrt{640\,000}$ |

**13.** Berechne aus dem Flächeninhalt die Seitenlänge des Quadrats.
a) $A = 400\ m^2$ b) $A = 256\ cm^2$ c) $A = 676\ m^2$ d) $A = 1\,225\ mm^2$

(Quadrat: $A = a^2$, Seiten a)

**14.** Berechne aus dem Flächeninhalt des Quadrats den Umfang, runde auf mm.
a) $A = 10\ cm^2$ b) $A = 7{,}83\ cm^2$ c) $A = 50\ cm^2$ d) $A = 600\ cm^2$

**15.** Die Oberfläche O eines Würfels mit der Kantenlänge a besteht aus sechs Quadraten der Seitenlänge a. Berechne aus der Oberfläche die Kantenlänge des Würfels.
a) $O = 216\ cm^2$ b) $O = 150\ cm^2$ c) $O = 121{,}5\ cm^2$ d) $O = 1734\ cm^2$

**16.** a) Der Graph zeigt die Zuordnung (Funktion) $x \longrightarrow \sqrt{x}$ für x-Werte von 0 bis 8. Fertige eine Tabelle an, lies fehlende Werte vom Graphen ab und trage sie in die Tabelle ein.
b) Ist diese Zuordnung proportional?

| x | 0 | 0,5 | 1 | 1,5 | … | 5 | 5,5 | 6 |
|---|---|---|---|---|---|---|---|---|
| $\sqrt{x}$ | | | | | … | | | |

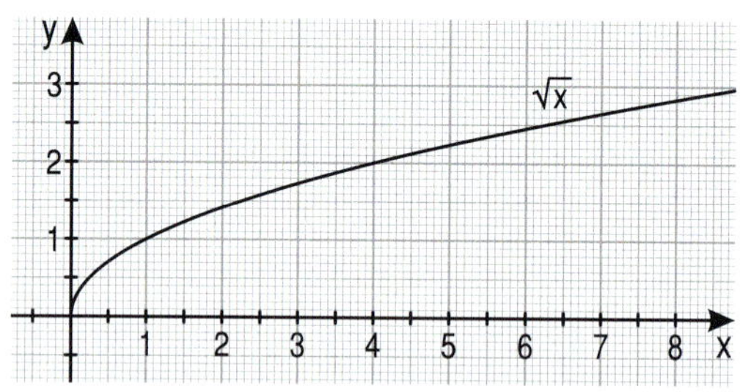


**17.** Für welche Zehnerpotenzen lässt sich die Quadratwurzel im Kopf berechnen? Begründe eine Regel.

**18.** Ein Blatt Papier im Format A4 hat die doppelte Fläche wie ein Blatt im Format A5. Beim Vergrößern auf dem Fotokopierer von A5 nach A4 wird also die *Fläche* verdoppelt. Mit welchem Faktor werden die *Längen* der Buchstaben oder Zeichnungen dabei vergrößert? Überlegt im Team und probiert. Seht nach, was der Fotokopierer als Faktor anzeigt.

**19.** Aus der Länge des Bremsweges s in Metern lässt sich die Geschwindigkeit v in $\frac{km}{h}$ schätzen mit der im Bild angegebenen Faustregel. Rechne und runde das Ergebnis ganzzahlig.
a) s = 4,5 m b) s = 28 m c) s = 36 m d) s = 82 m e) s = 120 m

**20.** Wie lang wird ein Bremsweg nach der Faustregel sein, wenn die Geschwindigkeit v diesen Wert hat?
a) $30\ \frac{km}{h}$ b) $50\ \frac{km}{h}$ c) $80\ \frac{km}{h}$ d) $130\ \frac{km}{h}$ e) $250\ \frac{km}{h}$

**21.** *Partnerarbeit:* Ist die Zuordnung Geschwindigkeit ⟶ Bremsweg proportional? Begründet eure Lösung und präsentiert sie.

## Kubikwurzeln

**1.** *Partnerarbeit:* Wie lang wäre die Würfelkante bei 8 Liter Volumen? Findet ihr noch andere Maßzahlen für Volumen, bei denen ihr leicht die Länge der Würfelkante bestimmen könnt?

**2.** *Gruppenarbeit:* Bestimmt die Würfelkante für 2 Liter Volumen auf Millimeter genau.

Die **Kubikwurzel** (auch: **3. Wurzel**) aus einer positiven Zahl a (geschrieben $\sqrt[3]{\mathbf{a}}$) ist diejenige positive Zahl, die dreimal mit sich selbst multipliziert die Zahl a ergibt.

$$\sqrt[3]{8} = 2 \underset{\text{3. Wurzel ziehen}}{\overset{\text{hoch 3}}{\rightleftarrows}} 8 = 2^3$$

**3.** Notiere alle Kubikzahlen, die kleiner sind als 200. Schreibe: $1^3 = 1 \cdot 1 \cdot 1 = 1$; $2^3 = 2 \cdot 2 \cdot 2 = 8$; ...

**4.** Berechne *ohne* Taschenrechner. Schreibe mit Begründung: $\sqrt[3]{8} = 2$, denn $2^3 = 2 \cdot 2 \cdot 2 = 8$

a) $\sqrt[3]{64}$ b) $\sqrt[3]{343}$ c) $\sqrt[3]{1\,000}$ d) $\sqrt[3]{\frac{27}{64}}$ e) $\sqrt[3]{\frac{1}{125}}$ f) $\sqrt[3]{0{,}216}$ g) $\sqrt[3]{0{,}027}$

**5.** Berechne die Kubikwurzel mit dem Taschenrechner, runde auf zwei Stellen nach dem Komma.

a) $\sqrt[3]{10}$ b) $\sqrt[3]{2\,168}$ c) $\sqrt[3]{25{,}79}$ d) $\sqrt[3]{316{,}81}$ e) $\sqrt[3]{9{,}46}$ f) $\sqrt[3]{\frac{1}{2}}$ g) $\sqrt[3]{0{,}8}$

**6.** Berechne aus dem Volumen die Kantenlänge des Würfels.

a) $V = 4\,096\ cm^3$ b) $V = 2\,197\ cm^3$ c) $V = 1\,331\ m^3$

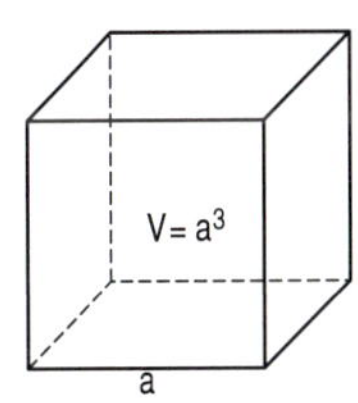


**7.** Berechne aus dem Volumen die Oberfläche des Würfels.

a) $V = 1\,728\ cm^3$ b) $V = 8\,000\ cm^3$ c) $V = 15\,625\ cm^3$

**8.** Welche Kantenlänge hat ein Würfel mit 1 *l* Volumen, welche ein Würfel mit 0,5 *l* Volumen?

**9.** Für welche Zehnerpotenzen lässt sich die Kubikwurzel im Kopf berechnen? Begründe eine Regel.

**10.** Der Aletschgletscher ist der längste Gletscher in den Alpen. Im Jahr 2002 war er 23,6 km lang und bestand aus etwa 27 Mrd. Tonnen Eis. Welche Kantenlänge hätte ein Eiswürfel gleicher Masse? Welche Maße hat der Gletscher heute? Recherchiere.

**11.** Ein Weinfass hat 5 hl Inhalt. Welche Kantenlänge hätte ein Würfel gleichen Volumens? Wie groß wäre die Kantenlänge bei halbem Volumen?

## Rationale und irrationale Zahlen

**1.** Erkläre mit Beispielen: Jede *ganze* Zahl ist rational.

**2.** Erkläre mit Beispielen: Jeder *abbrechende Dezimalbruch* (ein Dezimalbruch mit endlich vielen Nachkommastellen) ist eine rationale Zahl.

Eine Zahl heißt **rational,** wenn sie sich als Bruch $\frac{a}{b}$ mit ganzen Zahlen a, b schreiben lässt.

**3.** Wer hat recht, Alois (A) oder Barbara (B)? Und was bedeutet das für $\sqrt{2}$?

A: Wenn ich genügend Zeit hätte, könnte ich den genauen Wert von $x = \sqrt{2}$ hinschreiben.
B: Glaub ich nicht. Welche letzte Ziffer ungleich Null sollte x denn haben?
A: Es ist $x = 1{,}414213562$ ...... 3.
B: Falsch! Dann hätte $x^2$ als letzte Ziffer 9, also $x^2 \neq 2{,}00$ ...... 0 ...
A: Dann habe ich mich vertan, die letzte Ziffer ist eine ...
B: Auch wieder falsch, egal was du sagst! Weil ...

**4.** Prüfe die Argumente des Comicdialogs. Was bedeutet das für die Zahl $\sqrt{2}$?

**5.** Führe die Konstruktion mit einem Quadrat der Seitenlänge 1 cm aus und überlege, welche Zahl (a = ?) zu dem Eckpunkt auf der Zahlengeraden gehört. Vergleiche dazu die Flächen des großen und des kleinen Quadrats.

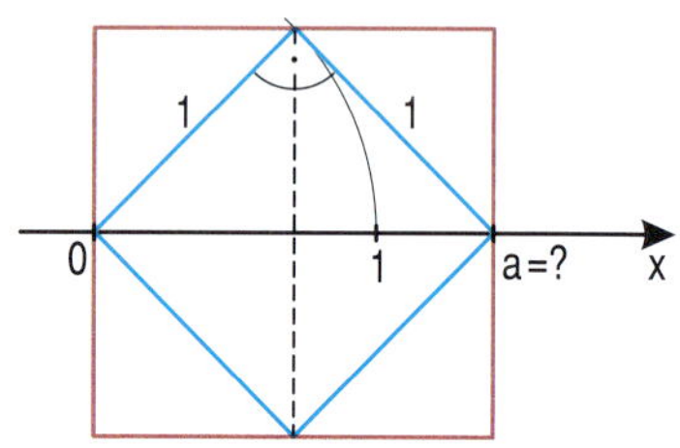


**6.** Wie kann man auf der Zahlengeraden Punkte für $3 \cdot \sqrt{2}$ und $\frac{1}{2} \cdot \sqrt{2}$ konstruieren? Sind diese Zahlen rational?

**7.** Erkläre an den Beispielen, dass jeder periodische Dezimalbruch rational ist.

a) $0,\overline{3} = \frac{\square}{\square}$ b) $2,\overline{2} = \frac{\square}{\square}$ c) $0,\overline{07} = \frac{\square}{\square}$

d) $0,\overline{15} = \frac{\square}{\square}$ e) $0,\overline{50} = \frac{\square}{\square}$ f) $0,\overline{003} = \frac{\square}{\square}$

Eine Zahl heißt **irrational,** wenn sie sich *nicht* als Bruch mit ganzen Zahlen schreiben lässt.

**8.** Bei der Zahl $0{,}0\overline{2} = 0{,}02222$ ... beginnt die Periode nicht sofort hinter dem Komma (solche Zahlen heißen *gemischt periodisch*). Prüfe, ob auch dies eine rationale Zahl ist.

**9.** a) Notiere die ersten 20 Nachkommastellen von Karins Zahlen.
b) Warum sind solche Zahlen irrational?
c) Erfinde selbst solche irrationalen Zahlen.

Karin meint: „Schon zwischen 0 und 1 gibt es unendlich viele irrationale Zahlen, z. B.:
$x = 0{,}121221222122221222221$...
$y = 0{,}454054005400054000005$...

**1.** Schreibe als Potenz.
a) $7 \cdot 7 \cdot 7 \cdot 7$ b) $5 \cdot 5 \cdot 5 \cdot 5 \cdot 5$ c) $3 \cdot 3 \cdot 3$

**2.** Schreibe als Produkt und berechne.
a) $3^4$ b) $4^3$ c) $2^5$ d) $(\frac{1}{2})^3$

**3.** Bestimme den fehlenden Wert für x.
a) $32 = 2^x$ b) $3^x = 81$ c) $x^5 = 1$
d) $10^x = 1$ Mio. e) $10^x = 10$ Mrd. f) $10^x = 10$

**4.** Schreibe als Zehnerpotenz.
a) 10 000 b) 100 000 000 c) 10 Mio.

**5.** Schreibe $10^{-3}$, $10^{-6}$ und $10^{-9}$ als Brüche.

**6.** Schreibe als Bruch und als Zehnerpotenz.
a) 0,01 b) 0,00001 c) 0,0000001

**7.** Schreibe als Bruch und als Dezimalbruch.
a) $10^{-4}$ b) $10^{-5}$ c) $10^{-1}$ d) $10^{-8}$

**8.** Ein USB-Stick hat 256 MB Speicherplatz, eine CD (Compact Disk) hat eine Speichergröße von $7{,}8 \cdot 10^8$ B (Byte).
a) Wie viel Megabyte, wie viel Gigabyte hat die angegebene CD?
b) Wie viel USB-Sticks haben den gleichen Speicherplatz wie eine CD?

**9.** Wie lange dauert das Herunterladen von 80 MB mit einer ISDN-Leitung, die 8 KB pro Sekunde überträgt? Runde auf Minuten.

**10.** Eine Folie ist ein fünftausendstel Millimeter dick.
a) Schreibe dies in der Standardschreibweise.
b) Wie viel Folien übereinander ergeben 1 cm?

**11.** Berechne die Quadratwurzel im Kopf.
a) $\sqrt{81}$ b) $\sqrt{121}$ c) $\sqrt{0{,}04}$ d) $\sqrt{0{,}64}$

**12.** Bestimme die Seitenlänge des Quadrates. Runde auf cm.
a) $A = 1446\ cm^2$ b) $A = 674\ cm^2$ c) $A = 156\ cm^2$

**13.** Berechne die Kubikwurzel.
a) $\sqrt[3]{512}$ b) $\sqrt[3]{1}$ c) $\sqrt[3]{1331}$ d) $\sqrt[3]{0{,}027}$

**14.** Bestimme die Kantenlänge des Würfels.
a) $V = 8\,000\ cm^3$ b) $V = 0{,}729\ cm^3$

---

Ein Produkt mit gleichen Faktoren kann man als **Potenz** schreiben.

$\underbrace{3 \cdot 3 \cdot 3 \cdot 3}_{\text{4 Faktoren}} = 3^4$ (Potenz)

$3^4$ ← Hochzahl (4), Basis (3)

---

**Negative Hochzahlen (Exponenten)**

$10^{-2} \xleftarrow{:10} 10^{-1} \xleftarrow{:10} 10^0 \xleftarrow{:10} 10^1$

$\frac{1}{10^2} \xleftarrow{:10} \frac{1}{10^1} \xleftarrow{:10} 1 \xleftarrow{:10} 10$

---

**Spezielle Zehnerpotenzen**

| | | |
|---|---|---|
| 1 000 000 000 | $= 10^9$ | Milliarde (*Giga*) |
| 1 000 000 | $= 10^6$ | Million (*Mega*) |
| 1 000 | $= 10^3$ | Tausend (*Kilo*) |
| 1 | $= 10^0$ | Eins |
| 0,001 | $= 10^{-3}$ | Tausendstel (*Milli*) |
| 0,000 001 | $= 10^{-6}$ | Millionstel (*Mikro*) |
| 0,000 000 001 | $= 10^{-9}$ | Milliardstel (*Nano*) |

---

**Standardschreibweise** mit Zehnerpotenzen

| *große Zahl* | *kleine positive Zahl* |
|---|---|
| 43 000 000 | 0,00000027 |
| $= 4{,}3 \cdot 10^7$ | $= 2{,}7 \cdot 10^{-7}$ |

---

**Multiplikation von Zehnerpotenzen**

Beim Multiplizieren von Zehnerpotenzen werden die Hochzahlen addiert.

$10^2 \cdot 10^5 = 100 \cdot 100\,000 = 10\,000\,000 = 10^7$

$4\,000 \cdot 600\,000$
$= 4 \cdot 10^3 \cdot 6 \cdot 10^5 = 24 \cdot 10^8$

---

**Quadratwurzel** (kurz **Wurzel**)

Quadrieren →

$\sqrt{81} = 9$, denn $9^2 = 81$

← Wurzelziehen

**Kubikwurzel** (kurz **3. Wurzel**)

hoch 3 →

$\sqrt[3]{8} = 2$, denn $2^3 = 8$

← 3. Wurzel ziehen

DIAGNOSETEST

**1.** Rechne aus. a) $2{,}5 + (-1\frac{3}{4})$ b) $-7{,}2 - (-10{,}4)$ c) $-99 : (-11)$ d) $12 \cdot (-6)$

**2.** Rechne aus. a) $2^5$ b) $0{,}5^3$ c) $10^4$ d) $3^2 + 7^2$

**3.** Rechne aus. a) $\sqrt{9} + \sqrt{81}$ b) $\sqrt{0{,}36}$ c) $\sqrt[3]{27}$ d) $10^3 - \sqrt[3]{125}$

**4.** a) Berechne die Seitenlänge des Quadrates. b) Berechne die Kantenlänge des Würfels.

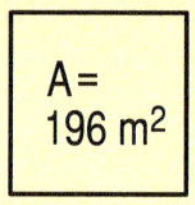


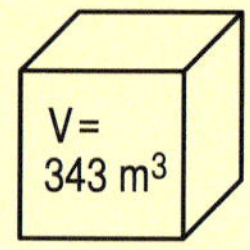


**5.** a) Schreibe $2{,}3 \cdot 10^4$ ausführlich. b) Schreibe 98 400 000 in der Standardschreibweise.
c) Schreibe $1{,}35 \cdot 10^{-6}$ ausführlich. d) Schreibe 0,06275 in der Standardschreibweise.

## Wähle weitere 5 Aufgaben aus.

**1.** Schreibe als Zehnerpotenz. a) ein Zehntausendstel b) ein Millionstel

**2.** a) Wie viele Bilder von je 500 Kilobyte passen auf eine Speicherkarte mit 250 Megabyte?
b) Wie viele Folien von einem zweitausendstel Millimeter Dicke sind aufeinander gelegt 10 cm hoch?

**3.** Schreibe das Ergebnis ausführlich mit Ziffern.
a) $10^2 \cdot 10^3$ b) $10^{-7} \cdot 10^4$ c) $10^{-8} \cdot 10^{10}$ d) $10^3 + 10^4$

**4.** Schreibe das Ergebnis in der Standardschreibweise. Runde die Zahl vor der Zehnerpotenz auf 2 Nachkommastellen.
a) $1{,}75^{50}$ $0{,}35^{50}$ b) $365 \cdot 2{,}1$ Mrd. $0{,}27 : 750$ Mio.

**5.** Welche Aufgaben rechnest du im Kopf, welche mit dem Taschenrechner?
a) $\sqrt{16}$ $\sqrt{160}$ $\sqrt{1600}$ b) $\sqrt{0{,}4}$ $\sqrt{0{,}04}$ $\sqrt{0{,}004}$

**6.** Berechne den Quotienten von $4{,}05 \cdot 10^5$ und $2{,}5 \cdot 10^3$.

**7.** Notiere mit dem zutreffenden Zeichen $<$, $>$ oder $=$.
a) $\sqrt[3]{1000}$ ■ $\sqrt{200}$ b) $\sqrt[3]{0{,}99}$ ■ $\sqrt{1{,}1}$ c) $\sqrt{4}$ ■ $\sqrt[3]{8}$ d) $\sqrt[3]{64}$ ■ $\sqrt{25}$

**8.** Berechne von der abgebildeten Figur die gesuchte Größe.
a) Würfel, Oberfläche O gesucht b) Quader, Kantenlänge a gesucht

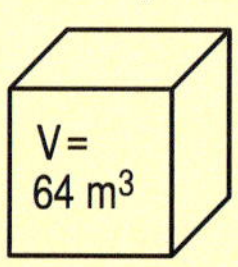


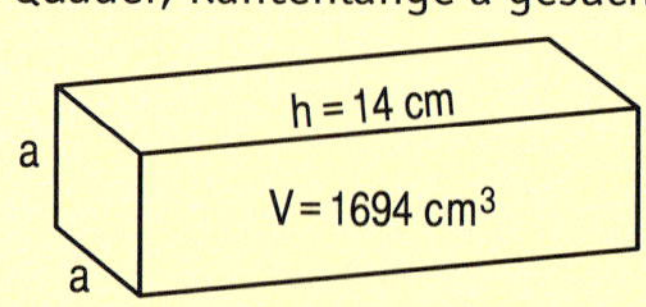


**9.** a) Wie groß ist die Differenz zwischen $10^5$ und $10^4$?
b) Welcher Bruchteil ist $5^{19}$ von $5^{20}$?

# Satz des Pythagoras

# 3

Vor einer großen Entdeckung ... ... und danach

## Untersuchungen an Dreiecken

**1.** An die Dreiecksseiten der Figur auf der Themeneinstiegsseite wurden quadratische Schokoladentafeln gelegt. Übertrage die Figur vergrößert mit den Seitenlängen a = 4 cm, b = 3 cm und c = 5 cm in dein Heft. Für die Schokoladenquadrate kannst du Quadratzentimeter verwenden. Würdest du zu „Vollmilch" oder „Haselnuss und Marzipan" greifen?

**2.** *Gruppenarbeit:* Untersucht verschiedene Dreiecke. Ihr könnt mit dem Geodreieck oder mit einer Geometriesoftware arbeiten.

① Zeichnet dazu eine Strecke $\overline{AB}$ = 8 cm. Benennt auf dieser Strecke einen Fußpunkt F und konstruiert die Senkrechte durch F.

② Wählt nun auf der Senkrechten verschiedene Punkte C1, C2, C3, … und zeichnet die Verbindungsstrecken zu den Punkten A und B.

③ Messt die Länge der Dreiecksseiten a und b sowie den Winkel γ und berechnet die Flächeninhalte der Seitenquadrate. Übertragt die Tabelle ins Heft und notiert die gemessenen und errechneten Werte.

④ Vergleicht die letzten beiden Spalten der Tabelle miteinander. Findet ihr einen Punkt auf der Senkrechten, bei dem die Werte der letzten beiden Spalten gleich sind? Notiert eure Beobachtungen und teilt diese den anderen mit.

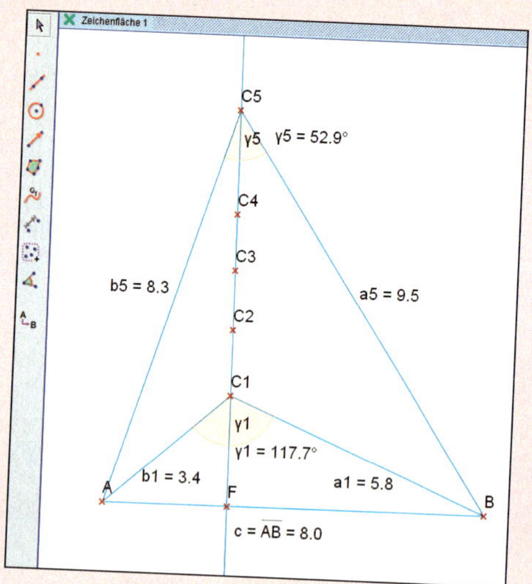


| Dreieck | a in cm | b in cm | c in cm | γ | $a^2$ in $cm^2$ | $b^2$ in $cm^2$ | $a^2 + b^2$ in $cm^2$ | $c^2$ in $cm^2$ |
|---|---|---|---|---|---|---|---|---|
| ABC1 | | | 8 | | | | | 64 |
| ABC2 | | | 8 | | | | | 64 |
| ABC3 | | | 8 | | | | | 64 |
| ABC4 | | | 8 | | | | | 64 |

**3.** *Partnerarbeit:* Untersucht nun eure Vermutung für einige rechtwinklige Dreiecke.

a) Zeichnet verschiedene rechtwinklige Dreiecke ABC mit γ = 90°. Wählt c = 6 cm. Notiert die Maße der Seiten a und b in einer Tabelle, berechnet die Flächeninhalte der Seitenquadrate und überprüft eure Vermutung.

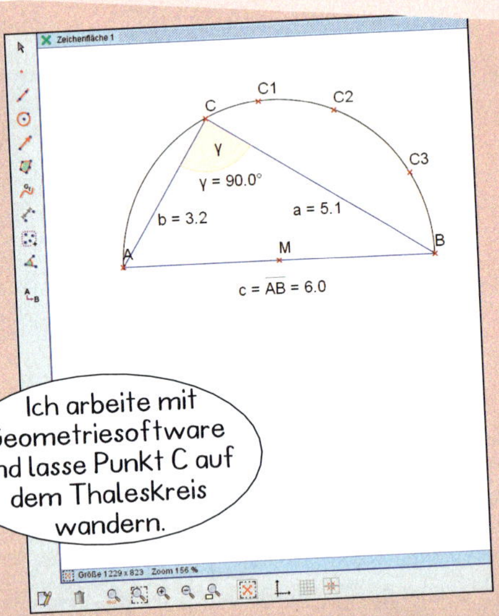


b) Notiert eure Beobachtungen mit einer Formel und in Worten. Verwendet dazu die in rechtwinkligen Dreiecken üblichen Bezeichnungen: Die Schenkel des rechten Winkels heißen **Katheten**, die dritte Seite ist die **Hypotenuse.**

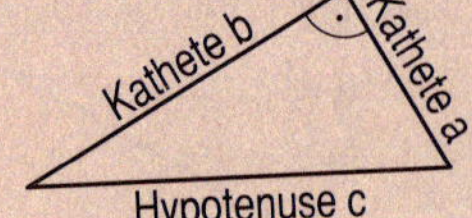

## Satz des Pythagoras

**1.** *Gruppenarbeit:*

a) Stellt gemeinsam acht kongruente rechtwinklige Dreiecke sowie das zugehörige Hypotenusenquadrat und die beiden Kathetenquadrate durch Konstruktion und Ausschneiden her.

b) Aus den Figuren links und aus den Figuren rechts könnt ihr jeweils ein großes Quadrat legen.
Begründet: ① Die beiden entstandenen großen Quadrate sind flächeninhaltsgleich.
② Das Hypotenusenquadrat hat den gleichen Flächeninhalt wie die beiden Kathetenquadrate zusammen.

**2.** *Gruppenarbeit:* Erstellt ein Lernplakat zum „Satz des Pythagoras“ und ergänzt dieses durch Informationen aus dem Internet über die Person Pythagoras. Vergleicht mit den Plakaten anderer.

### Satz des Pythagoras

In jedem rechtwinkligen Dreieck haben die beiden Kathetenquadrate zusammen denselben Flächeninhalt wie das Hypotenusenquadrat.

$$a^2 + b^2 = c^2$$

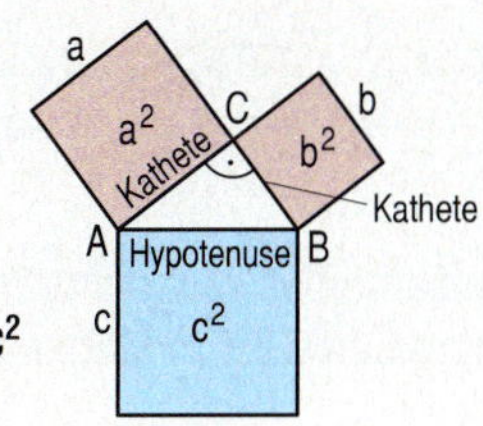


**TIPP**
- Die Hypotenuse liegt dem rechten Winkel gegenüber.
- Die Katheten schließen den rechten Winkel ein.

**3.** Schreibe die Gleichung auf, die nach dem Satz des Pythagoras für das Dreieck gilt.

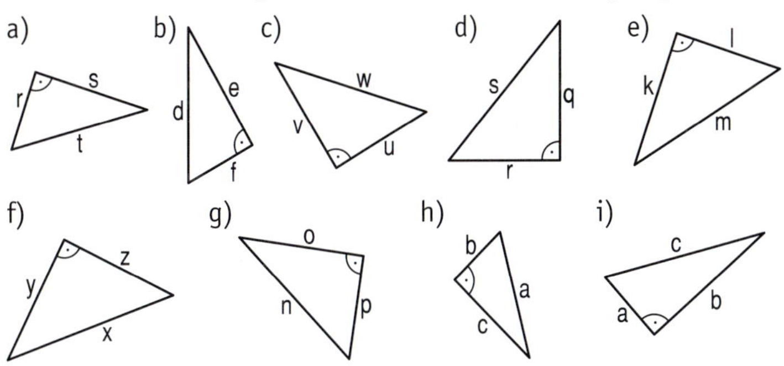


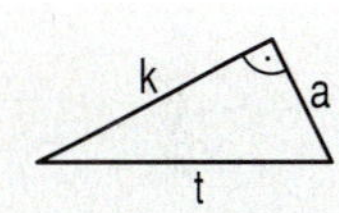


$a^2 + k^2 = t^2$

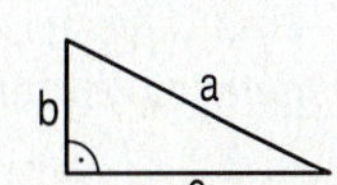


$b^2 + c^2 = a^2$

**4.** Frau Klein hat die Möglichkeit, zwei kleinere quadratische Grundstücke von 324 $m^2$ und 576 $m^2$ gegen ein großes quadratisches Grundstück mit gleichem Gesamtflächeninhalt einzutauschen. Welche Seitenlänge muss dieses Grundstück aufweisen? Bestimme die Lösung durch Konstruktion oder Berechnung und präsentiere den anderen dein Ergebnis.

**5.** Zeichne zwei beliebig große Quadrate und konstruiere dazu ein drittes,

a) mit demselben Flächeninhalt wie die Summe der beiden gewählten Quadrate,

b) mit demselben Flächeninhalt wie die Differenz der gewählten Quadrate.

**6.** Konstruiere zu einem Quadrat mit einer Seitenlänge von 3,5 cm ein Quadrat mit doppelt so großem Flächeninhalt. Präsentiere deine Lösung den anderen.

## Berechnungen mit dem Satz des Pythagoras

**1.** *Partnerarbeit:* Löst die Teilaufgaben und präsentiert euren Lösungsweg den anderen.

a) Die beiden Katheten sind a = 6 cm und b = 2,5 cm. Ermittelt die Länge der Hypotenuse c.

b) Die Hypotenuse c ist 4,2 cm, die Kathete b ist 2,5 cm lang. Bestimmt die Länge der Kathete a.

c) Ein rechtwinkliges Dreieck hat die Katheten a und b und die Hypotenuse c. Erstellt Formeln zur Berechnung von c bzw. von b.

**2.** Berechne die Länge der Hypotenuse. Schätze zuerst, dann rechne.

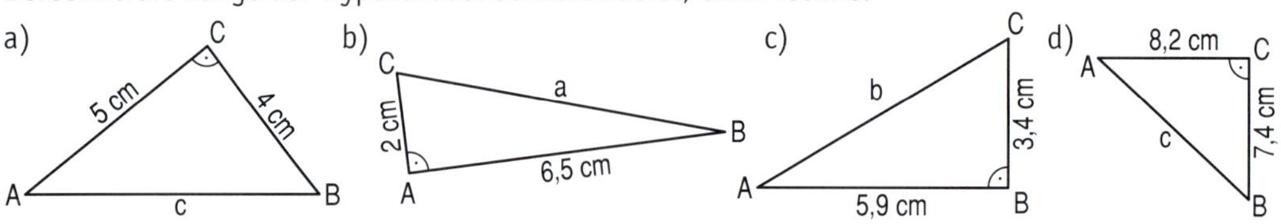


**3.** Berechne die Länge der fehlenden Kathete. Runde auf mm.

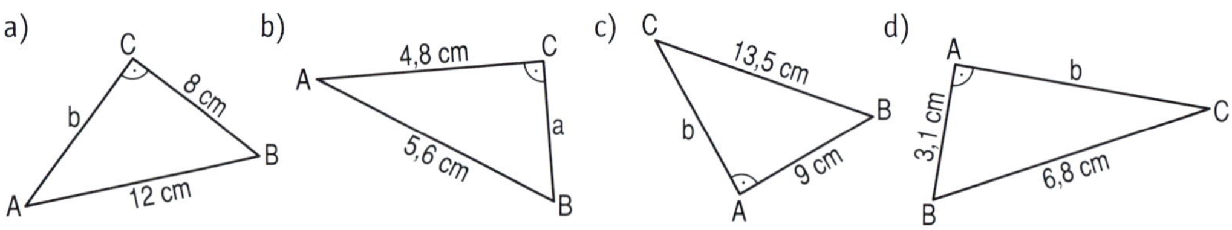


**4.** *Partnerarbeit:* Zwei Seiten eines rechtwinkligen Dreiecks sind 4 cm und 5,5 cm lang. Wie lang kann die dritte Seite sein? Findet zwei Lösungen und präsentiert sie.

**5.** Berechne die rot eingezeichneten Längen. Runde auf mm.

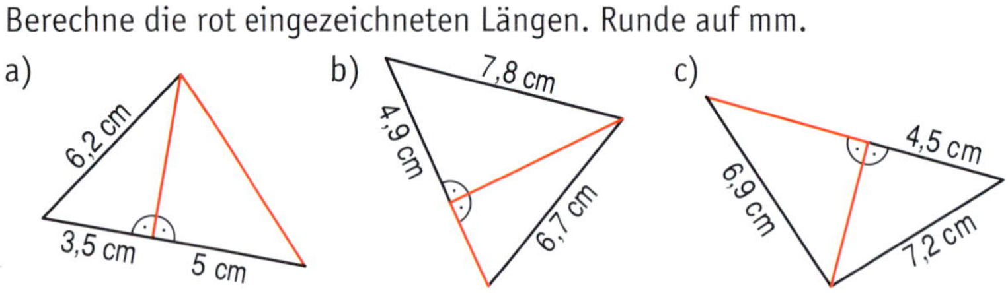


**TIPP**
Zwischenergebnisse im Taschenrechner speichern – mit ihnen weiterrechnen.

**6.** Eine Leiter ist 4 m lang und soll in 3,50 m Höhe an die Wand gelehnt werden. Welchen Abstand von der Mauer hat sie dann?

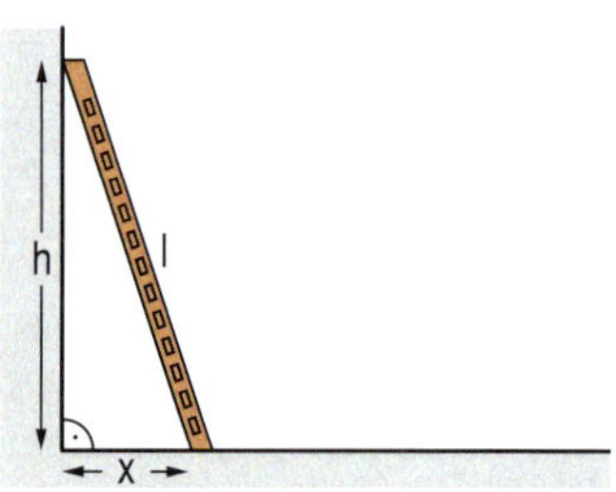


**7.** *Feuerwehrleitern sind 30 m lang und werden in einem Abstand von 12 m zur Hauswand postiert; sie reichen also bis 23 m Höhe.* Diese Notiz konnte man der Rhein-Zeitung vom 19. 8. 1997 entnehmen. Kann das stimmen? Begründe deine Entscheidung und vergleiche mit anderen.

**8.** Es geht auch kürzer, denkt mancher Spaziergänger im Park und läuft schräg über die Rasenfläche. Um wie viel Meter kürzer ist dieser Weg? Gib die Einsparung auch in Prozent an.

**9.** Bei einem Spaziergang treffen sich Herr Meyer und Herr Liebig an einer rechtwinkligen Wegkreuzung. Nach einem kurzen Plausch entfernen sich beide geradlinig und senkrecht zueinander, der eine mit $1\,\frac{m}{s}$, der andere mit $0{,}75\,\frac{m}{s}$. Welche Luftlinienentfernung haben beide nach 15 Minuten?

## Umkehrung des Satzes des Pythagoras

**1.** *Partnerarbeit:*

a) Zeichnet wie Tanja und begründet, warum c = 10 cm gilt.

b) Konstruiert wie Dirk und begründet, warum das Dreieck rechtwinklig ist.

**Umkehrung des Satzes des Pythagoras:** Gilt für die Seitenlängen a, b, c eines Dreiecks $a^2 + b^2 = c^2$, dann ist dieses Dreieck rechtwinklig mit c als Hypotenuse.

Überprüfe, ob die Dreiecke mit den Seitenlängen 5 cm, 12 cm und 13 cm bzw. 7 cm, 9 cm und 10 cm rechtwinklig sind. Überlegung: Der rechte Winkel müsste der größten Seite gegenüberliegen.

Dreieck 1: $5^2 + 12^2 = 13^2$
$25 + 144 = 169$ **wahr**
Das Dreieck ist **rechtwinklig.**

Dreieck 2: $7^2 + 9^2 = 10^2$
$49 + 81 = 100$ **falsch**
Das Dreieck ist **nicht** rechtwinklig.

**2.** Überprüfe, ob das Dreieck rechtwinklig ist.

a) 5,2 cm; 2 cm; 4,8 cm  b) 7 cm; 8 cm; 10 cm  c) 5,2 cm; 6,5 cm; 3,9 cm

**3.** Feldmesser (Seilspanner) im alten Ägypten verwendeten bei ihrer Arbeit das 12-Knoten-Seil, das zwischen den Knoten gleiche Abstände aufwies.

a) Erläutere durch Konstruktion und Rechnung den Comic unten auf der Einstiegsseite des Kapitels.

b) Erkläre mit Hilfe der Umkehrung des Satzes von Pythagoras, wie die Seilspanner das Knotenseil für ihre Arbeit nutzten.

c) Recherchiere, wann und warum im „alten" Ägypten Feldmesser tätig wurden.

**4.** Natürliche Zahlen, die die Gleichung $a^2 + b^2 = c^2$ erfüllen, heißen pythagoreische Zahlen, so auch die Zahlen 3 – 4 – 5 des 12-Knoten-Seiles. Marc behauptet: „Ich kann in 10 Minuten 100 weitere pythagoreische Zahlen aufschreiben." Was meinst du dazu?

**5.** Prüfe nach, ob die Zahlen pythagoreische Zahlen sind.

a) (8|6|12)  b) (5|12|13)  c) (10|7|12)  d) (9|12|15)
e) (15|8|17)  f) (16|12|20)  g) (32|18|36)  h) (20|21|29)

# Bleib FIT!

**Die Lösungen ergeben zwei geografische Begriffe aus Südamerika.**

**1.** a) (9,74 – 3,8) · 2,4
b) 18,3 – (17,43 – 9,82)
c) 1,5 · (3,74 + 8,03)

**2.** Welche Fläche lässt sich mit der angegebenen Formel berechnen?
a) $A = \frac{g \cdot h}{2}$ Raute (3) Dreieck (4)
b) $A = a \cdot h$ Parallelogramm (5) Trapez (6)
c) $A = \frac{a + c}{2} \cdot h$ Drachen (7) Trapez (8)

**3.** Für 8 m Stoff zahlt Frau Dörries 91,60 €. Ihre Freundin kauft 2 m des gleichen Stoffes. Die Freundin muss ▒ € bezahlen.

**4.** a) 548,38 – 345,4 + 78,96 – 145
b) 175 – 38,3 – 19,75 + 45,3
c) 38,9 + 547 – 0,09 – 141,83

**5.** Setze die angegebenen Zahlen ein und berechne den Term.
a) $3x - 7(y + 3) + 1$; $x = 4$ $y = -3$
b) $75 - (3a + 3b)$; $a = -5$ $b = -7$

**6.** a) G = 500 €
W = 36 €
p% = ▒ %

b) G = 650 kg
W = 78 kg
p% = ▒ %

**7.** Berechne den Flächeninhalt in $m^2$ (Maße in m).

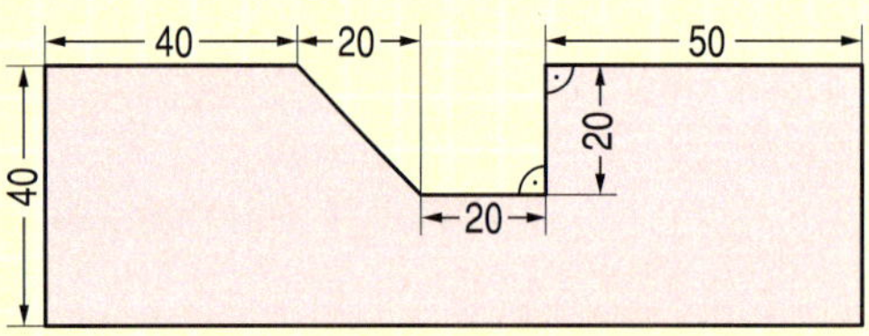


**8.** Um eine Wand mit Brettern zu verkleiden, benötigt Herr Mohnke 80 Bretter von 18 cm Breite. Im Baumarkt sind nur Bretter von 16 cm Breite vorrätig. Wie viele von den schmalen Brettern muss er kaufen?

| | |
|---|---|
| 0,62 | V |
| 1,5 | E |
| 3 | B |
| 4 | A |
| 5 | C |
| 6 | T |
| 6,5 | N |
| 7 | D |
| 7,2 | A |
| 7,5 | I |
| 8 | A |
| 10,69 | A |
| 11,45 | R |
| 11 | E |
| 12 | G |
| 13 | A |
| 14,256 | C |
| 17,655 | R |
| 20 | B |
| 22,90 | S |
| 90 | S |
| 111 | P |
| 162,25 | A |
| 136,94 | G |
| 180 | F |
| 443,98 | L |
| 426,94 | H |
| 650 | K |
| 725 | N |
| 3 200 | W |
| 4 600 | O |

## Pythagoras in ebenen Figuren

**1.** a) Stelle mit Hilfe des Satzes des Pythagoras eine Formel zur Berechnung der Seitenlänge a in einem gleichschenkligen Dreieck auf und erprobe deine Formel an einem gleichschenkligen Dreieck mit h = 5,5 cm und c = 8 cm. Vergleiche mit den anderen.

b) Ermittle ebenso eine Formel zur Berechnung der Seitenlänge c sowie der Höhe h und teste diese mit den in a) gegebenen und ermittelten Werten. Vergleiche mit den anderen.

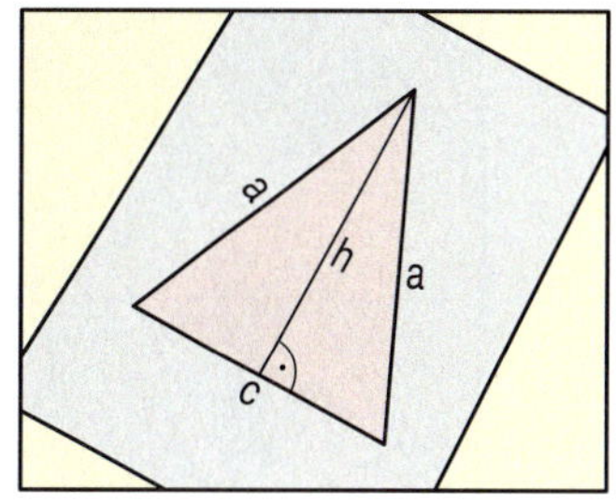


**2.** In den skizzierten Giebelwänden sind nicht alle Maße angegeben. Berechne

a) die Sparrenlänge a, b) die Giebelhöhe h, c) die Giebelbreite c.

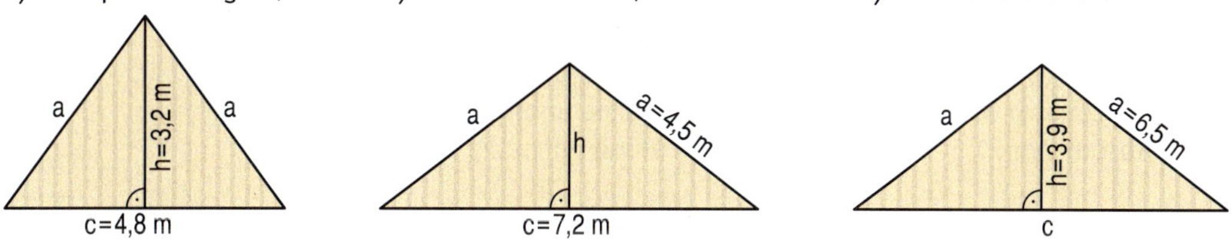


**3.** Berechne die fehlende Länge in einem gleichseitigen Dreieck.

a) a = 6 cm h = ▢ b) h = 10 cm a = ▢ c) a = x h = ▢

**4.** Zur WM in Deutschland wurden Plasma- und LCD-Fernseher mit recht unterschiedlichen Bildschirmmaßen angeboten. Welcher Fernseher bietet die größte Bildschirmfläche?

① a = 78,9 cm d = 94 cm ② b = 47,9 cm d = 102 cm
③ b = 54,6 cm d = 107 cm ④ a = 69,5 cm d = 81 cm

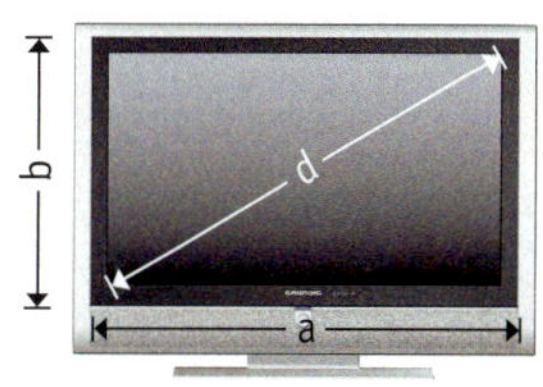


**5.** Berechne die Länge der Diagonalen d in einem Quadrat mit der gegebenen Seite. Runde auf dieselbe Stelle nach dem Komma wie bei der gegebenen Seite.

a) a = 8,7 cm b) a = 27,3 cm c) a = 6,56 m d) a = 3,80 m e) a = 4,7 dm

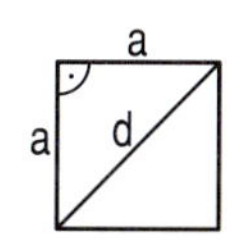


**6.** Sina und Leif berechnen die Seitenlänge in einem Quadrat. Sie wissen, dass die Diagonale 2,7 cm beträgt.

a) Erläutere, wie beide vorgegangen sind. Setze fort.

b) Welcher Weg erscheint dir geschickter? Diskutiere mit anderen.

| Leif | Sina |
|---|---|
| $a^2 + a^2 = d^2$ | $a = \frac{d}{\sqrt{2}}$ |
| $2a^2 = 2{,}7^2$ | $a = \frac{2{,}7}{\sqrt{2}}$ |

**7.** Berechne die Länge der Diagonalen e oder f der Raute sowie ihren Flächeninhalt.

a) a = 6,1 cm; f = 10,6 cm b) a = 75 mm; e = 128 mm

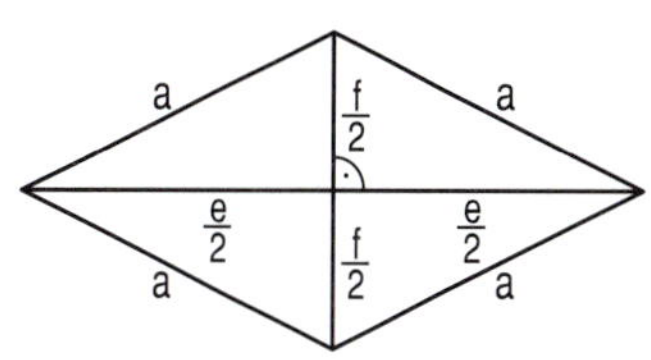


**8.** Berechne die Seitenlänge einer Raute und anschließend ihren Umfang.

a) e = 6 cm; f = 7,6 cm b) e = 44 mm; f = 34 mm

**9.** a) Erkläre die nebenstehende „Wurzelschnecke" und konstruiere damit $\sqrt{10}$.

b) Finde einen schnelleren Weg, um $\sqrt{10}$ zeichnerisch zu ermitteln, stelle ihn vor und begründe ihn.

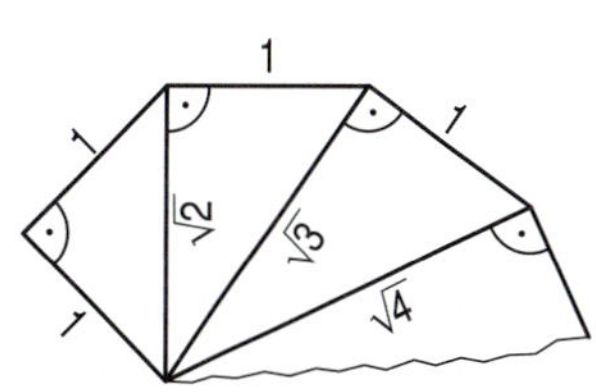

## Pythagoras in Meyers Garten

**1.** Der Fußball ist auf das Garagendach gefallen. Ludwig stellt die Leiter ($l = 3$ m) so an die Garage, dass sie unten einen Abstand von 1,5 m hat. Bis zu welcher Höhe reicht die Leiter?

**TIPP**
Natürlich immer mit Planskizze.

**2.** Die Eltern von Sophie und Ludwig bauen ein Gartenhäuschen. Es soll 2,50 m hoch werden. Die Dachsparren haben an der Basis einen Abstand von 2,60 m. Wie lang müssen sie sein?

**3.** Das Schaukel-Klettergerüst ist 2,60 m hoch. Die Stützen haben jeweils eine Länge von 2,80 m. Wie weit stehen sie an den Fußpunkten auseinander?

**4.** Die Sparren des Schettdaches müssen witterungsbedingt erneuert werden. Der Zimmermeister macht sich Notizen. Wie lang sind die Dachsparren? Runde auf eine Stelle nach dem Komma.

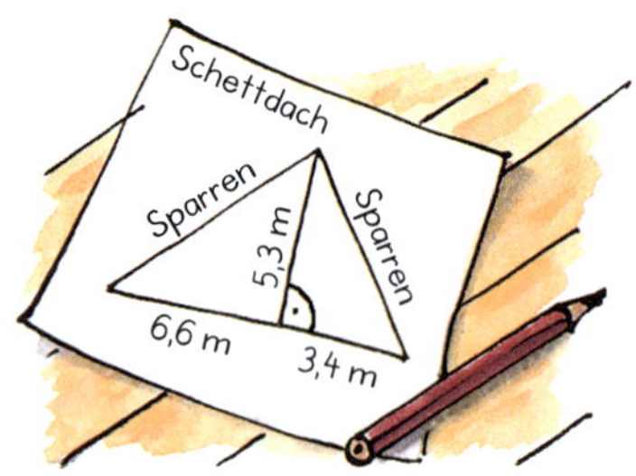


**5.** Der quadratische Sandkasten hat eine Seitenlänge von 1,75 m. Julia und Paula wollen wissen, ob ein Stock von 2 m Länge hineinpasst. Sie probieren aus. Zu welchem Ergebnis sind sie gekommen? Begründe mit einer Rechnung.

**6.** Sophie lässt einen Drachen steigen. Ihr Hund folgt dem Drachen, bis er sich in 40 m Abstand zu Sophie senkrecht unter dem Drachen befindet. Die Länge der Schnur beträgt 60 m.

a) Wie hoch steht der Drachen? Das Durchhängen der Schnur kann dabei vernachlässigt werden.

b) Steht der Drachen in Wirklichkeit höher oder tiefer als dieser Wert? Diskutiere mit anderen und begründe.

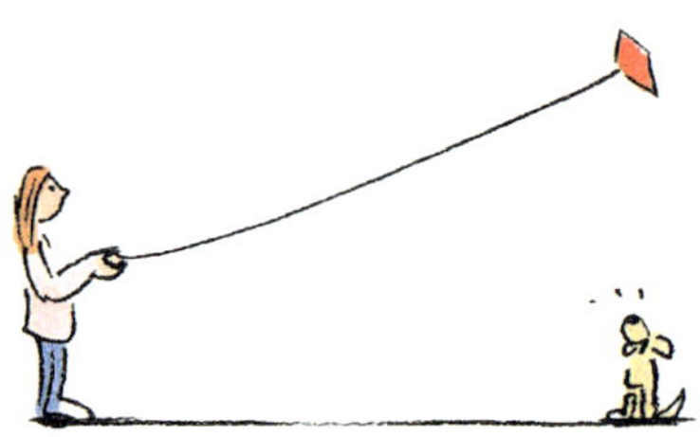

**7.** Michi möchte mit der Schaukel möglichst hoch hinaus. Wie hoch schafft er es, wenn die Entfernung vom tiefsten zum höchsten Punkt am Boden gemessen e = 145 cm beträgt? Die Seile haben eine Länge von 2 m. Runde auf cm.

**8.** An der Wäscheleine hat jemand einen Spieleimer mit Sand in der Mitte aufgehängt. Die Wäscheleine war vorher straff gespannt 2,90 m lang und hat sich jetzt um 3 cm gedehnt. Wie weit hängt sie an der tiefsten Stelle herunter? Runde auf cm.

## Pythagoras im Gelände

!!!!

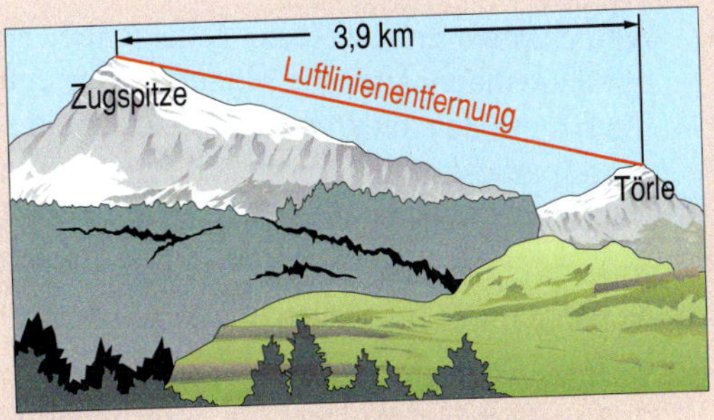


1. Die Zugspitze ist 2 962 m hoch, der Gipfel des Törle 1 535 m. Berechne die Entfernung der beiden Gipfel voneinander (Luftlinie). Runde auf ganze Meter.

2. Von der Zugspitze führt eine Seilschwebebahn bis zum Eibsee hinunter, der 974 m üNN liegt. Auf der Landkarte sind die beiden Seilbahnstationen 4 km voneinander entfernt. Wie lang ist das Halteseil? Besprich mit anderen, ob das Ergebnis die tatsächliche Länge des Seiles angibt.

3. Beim letzten Sturm ist die Tanne in Meyers Garten in 6,5 m Höhe umgeknickt. Die Spitze berührt 10,5 m entfernt vom Baum den Boden. Wie hoch war die Tanne?

4. Aus einem Baumstamm mit einem Durchmesser von 30 cm wird ein Balken mit quadratischer Grundfläche ausgesägt. Welches Volumen kann ein 4 m langer Balken höchstens haben? Skizziere zunächst und rechne dann.

5. Tina sitzt auf einer Kaimauer 5 m über dem Meeresspiegel und versucht herauszufinden, wie weit sie auf das Meer hinausschauen kann. Welche Überlegungen stellt Tina an? Schätze zuerst die Entfernung und berechne dann. Runde auf Kilometer.

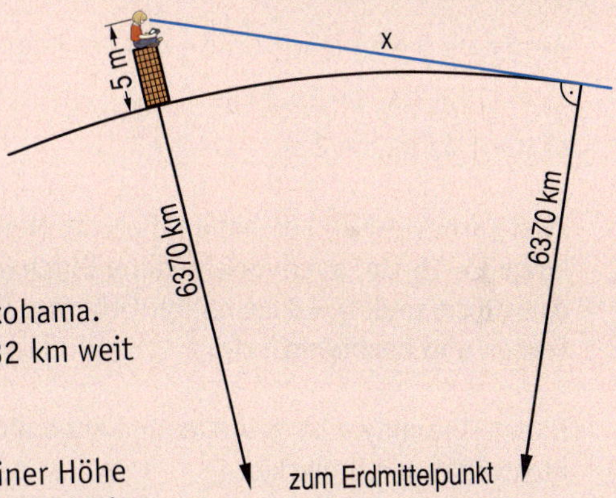


6. Der höchste Leuchtturm der Welt steht in Yokohama. Er ist 106 m hoch und sein Leuchtfeuer soll 32 km weit sichtbar sein. Ist das möglich?

7. Die Lichter des Empire-State-Building mit seiner Höhe von 332 m sollen sogar in einer Entfernung von 130 km noch zu sehen sein. Rechne nach.

8. Der Damm des Elbe-Seiten-Kanals hat zur wassergewandten Seite ein anderes Gefälle als zur landgewandten Seite. Welche Böschungslinie ist länger?

Steigung 1 : 4 bedeutet:
Auf 4 m Breite wird ein Höhenunterschied von 1 m erreicht.

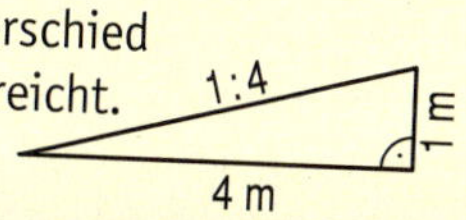


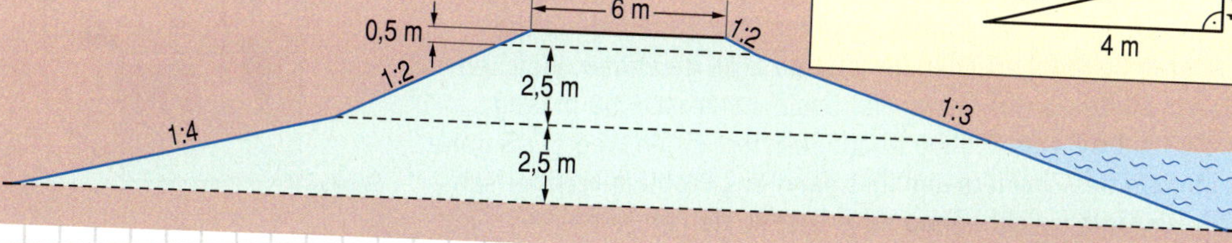

## Pythagoras im Raum

**1.** *Partnerarbeit:* Erarbeitet die Teilaufgaben zur Berechnung der Raumdiagonalen d in einem Quader und präsentiert die Lösung den anderen. Die Präsentation soll auch das Berechnungsbeispiel für einen Quader mit den Maßen a = 12 cm, b = 5 cm und c = 6 cm enthalten.

a) Tanja: „Ich rechne zuerst die Flächendiagonale e und dann d aus." Rechne wie Tanja.

b) Tom: „Ich habe durch Einsetzen eines Terms für $e^2$ eine Formel gefunden und berechne gleich d." Wie ist Tom vorgegangen?

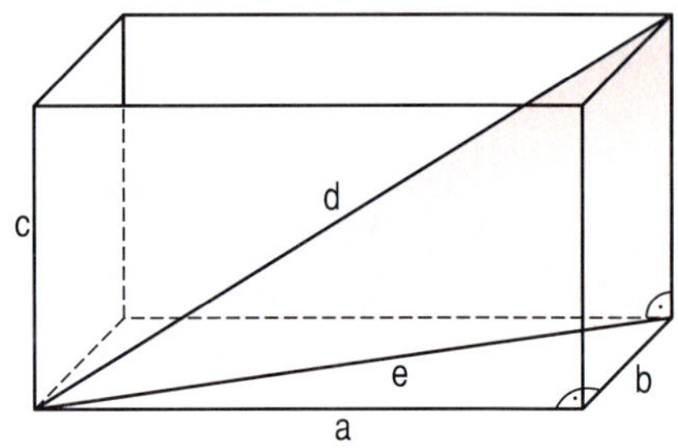


**2.** a) Ein Klassenraum hat die Maße a = 9 m, b = 6 m und c = 3 m. Wie lang ist die Raumdiagonale?

b) Berechne die Raumdiagonale in deinem Klassenzimmer.

**3.** a) Zeige, dass für die Raumdiagonale in einem Würfel gilt: $d = \sqrt{3a^2} = a \cdot \sqrt{3}$. Fertige dir eine Skizze an.

b) Ein Würfel hat eine Kantenlänge von 6,5 cm. Wie lang ist die Raumdiagonale d?

c) Passt in eine würfelförmige Kiste mit einer Kantenlänge von 80 cm ein Stab von 1,35 m Länge?

**4.** Berechne die Mantellinie s eines Kegels mit einer Körperhöhe von 10,5 cm und einem Grundkreisradius von 3,2 cm.

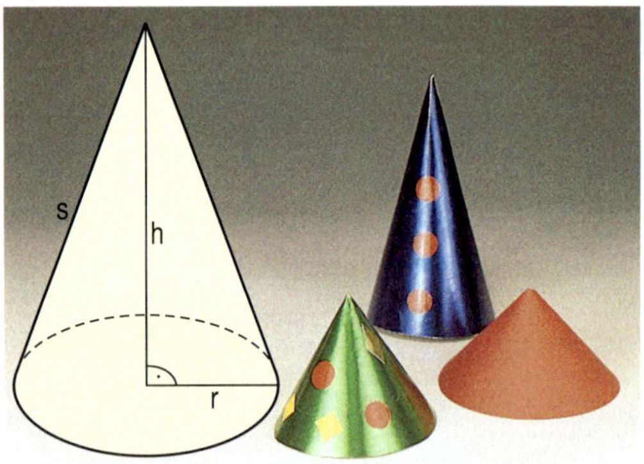


**5.** Bestimme die fehlende Größe r, h des Kegels.

a) r = 15,4 cm, s = 26,5 cm

b) h = 1,67 m, s = 2 m

**6.** Zwei Karnevalshütchen haben dieselbe Mantellänge s = 15 cm, aber verschiedene Durchmesser $d_1$ = 16 cm und $d_2$ = 8 cm an der Öffnung. Stelle Fragen und beantworte sie.

**7.** In der Pyramide gibt es die beiden abgebildeten rechtwinkligen Dreiecke:
h ist die Körperhöhe. a ist die Grundkante.
$h_s$ ist die Seitenhöhe. s ist die Seitenkante.

a) a = 12 cm, h = 18 cm; berechne $h_s$ und s

b) $h_s$ = 20 cm, h = 19 cm; berechne a und s

c) $h_s$ = 30 cm, s = 32 cm; berechne a und h

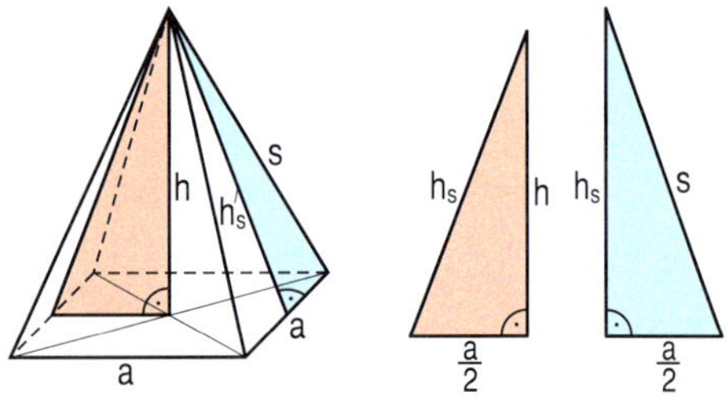


**8.** *Gruppenarbeit:*
Eine Spinne sitzt in einem Zimmer in einer unteren Ecke und möchte auf einem möglichst kurzen Weg zur Fliege in der schräg gegenüberliegenden oberen Ecke gelangen. Welchen Weg würde sie wohl nehmen? Das Zimmer ist 4,50 m lang, 3,60 m breit und 2,50 m hoch. Skizziert einen Weg der Spinne im Netz des Zimmers und löst dann das Problem rechnerisch. Präsentiert anschließend eure Lösung den anderen.

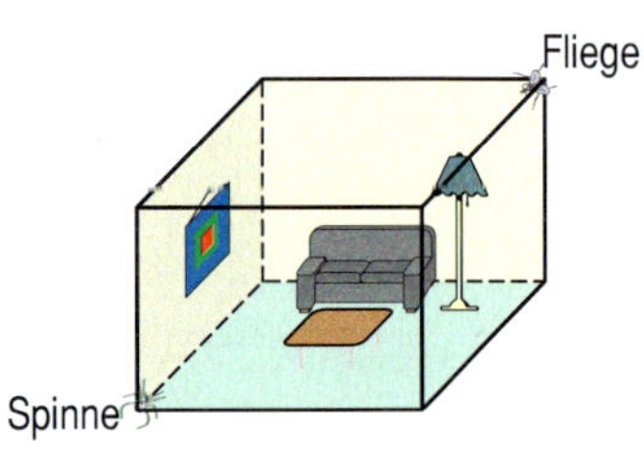

## Pythagoras im Sport

!!!!

**1.** Bei den Bundesjugendspielen wirft Eugen mit seinem Schlagball so, dass der Ball 15 m neben der 55-m-Marke auftrifft. Er erhält nur die Punkte für 55 m. Wie weit hat er wirklich geworfen?

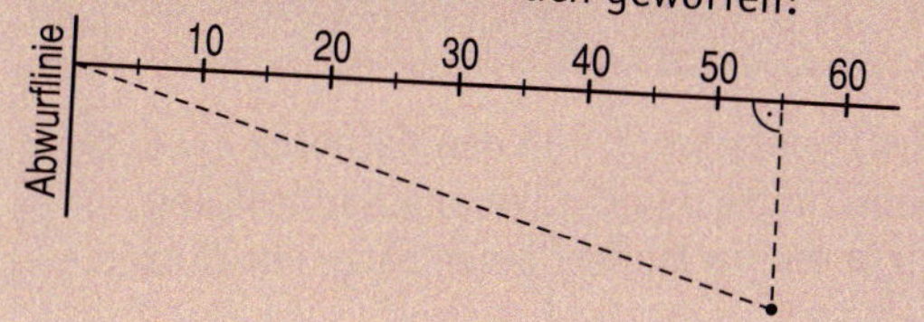


**2.** Sandra springt beim Weitsprung schräg vom Balken ab. Es wird die senkrechte Entfernung vom Balken gemessen. Welche Weite wäre gemessen worden, wenn sie gerade gesprungen wäre?

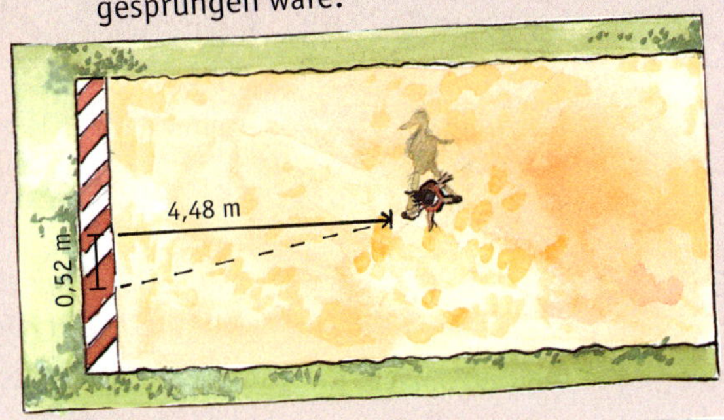


**3.** Ohne Lautsprecher direkt hinter jedem Läufer würde Läufer 8 den Startschuss später hören als Läufer 1. Stelle mindestens zwei Fragen und beantworte sie.

**TIPP** Informiere dich über die Schallgeschwindigkeit.

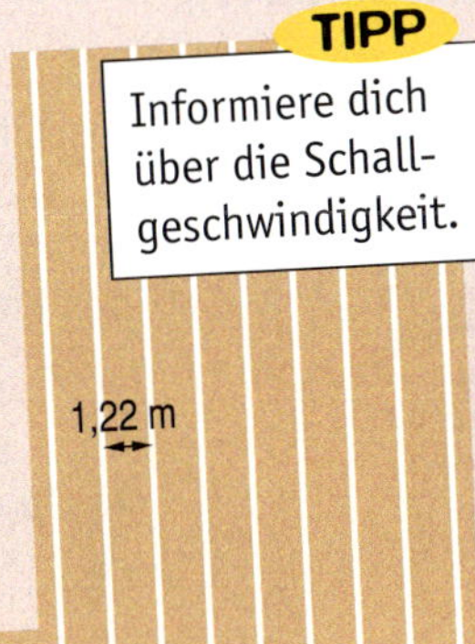


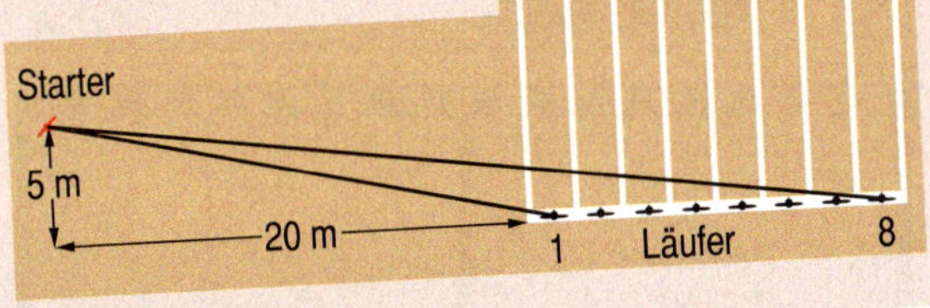


**4.** Stelle mindestens eine Frage und beantworte sie.

**5.** Wie weit ist der Punkt auf dem Tor vom Elfmeterpunkt entfernt?

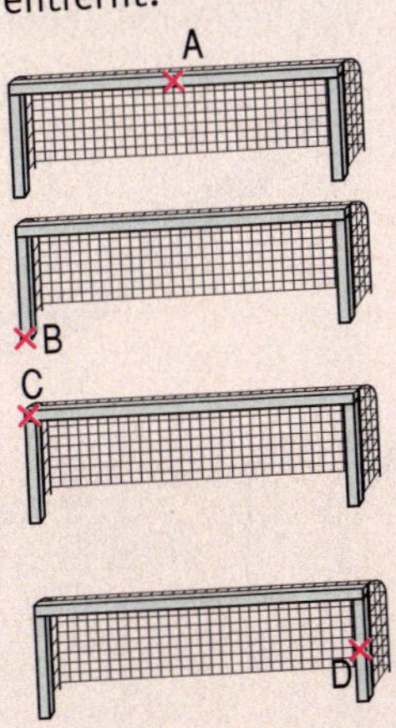


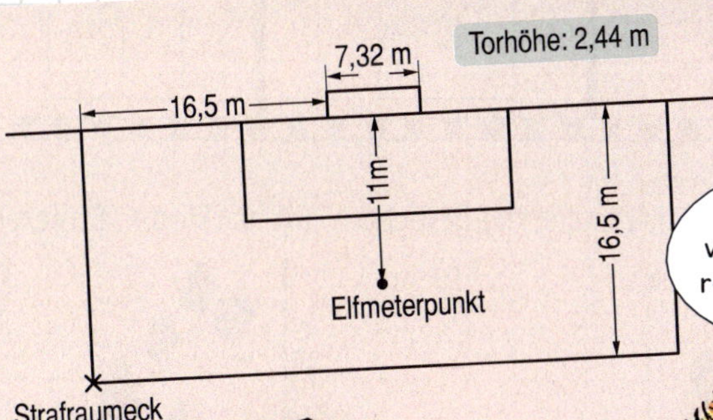


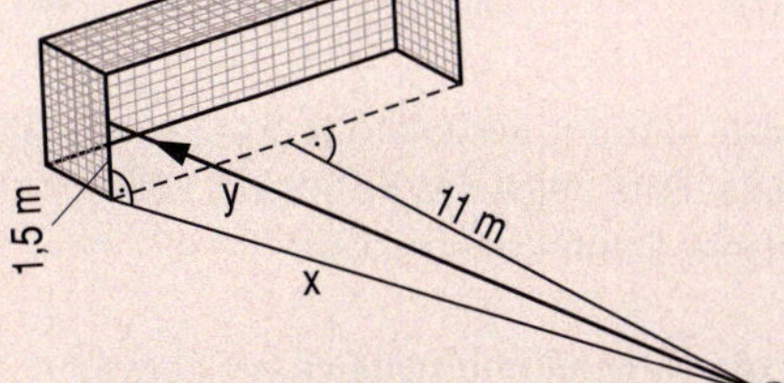

!!!!

## Kathetensatz und Höhensatz

**1.** *Partnerarbeit:* In einem rechtwinkligen Dreieck mit der Hypotenuse c und den Katheten a und b teilt die Höhe h die Hypotenuse in die Hypotenusenabschnitte p und q. Veranschaulicht den Höhensatz und den Kathetensatz jeweils in einer Skizze und formuliert beide Sätze mit Worten.

**2.** *Gruppenarbeit:* Nachfolgend sind einige Beweismethoden für den Höhensatz und den Kathetensatz vorgestellt. Führt die Teilaufgaben aus und präsentiert eure Erklärungen.

a) Fertigt eine Skizze an. Führt den Beweis des Höhensatzes links fort.

b) Vervollständigt den Beweis des Kathetensatzes rechts. Beweist anschließend auch $b^2 = c \cdot q$.

c) Erläutert die Schritte ① bis ④ im Filmstreifen. Welcher Satz wird gezeigt?

**Beweis des Höhensatzes**

$a^2 = c^2 - b^2$

$c = p + q$

$h^2 = a^2 - p^2$

$h^2 = c^2 - b^2 - p^2$

$h^2 = (p + q)^2 - b^2 - p^2$

$h^2 = 2pq + q^2 - b^2$

$b^2 - q^2 + h^2 = 2pq$

**Beweis des Kathetensatzes**

$a^2 = h^2 + p^2$

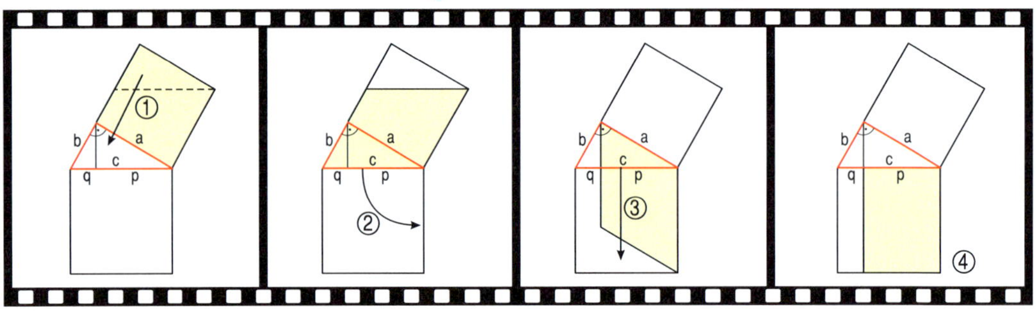


**3.** Berechne mit den Hilfslängen die gesuchten, rot markierten Strecken. Vergleiche mit anderen.

a)

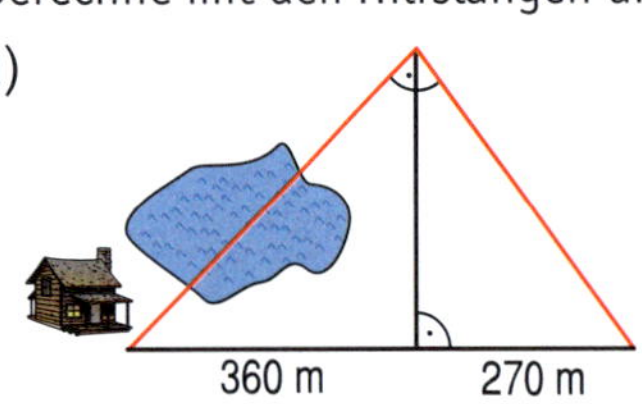


b)

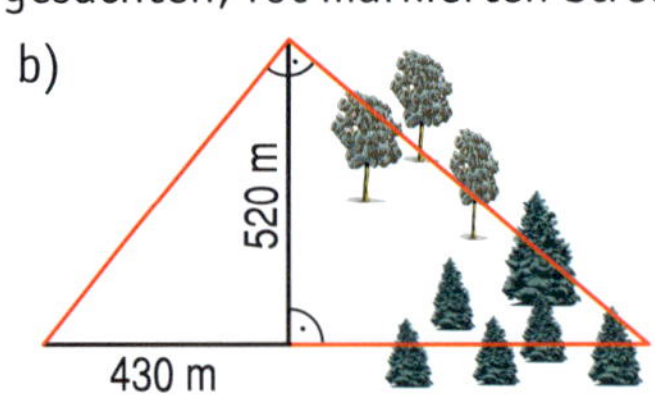


c)

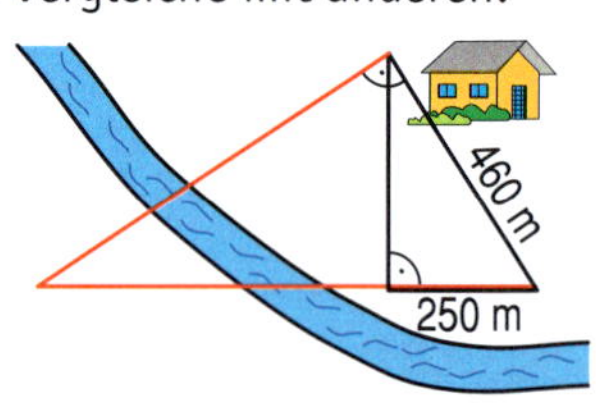


**4.** Konstruiere zu einem Quadrat mit der Seitenlänge 6 cm ein Rechteck mit demselben Flächeninhalt. Eine Seite des Rechtecks soll 4,5 cm (7,2 cm) lang sein. Präsentiere deine Konstruktion.

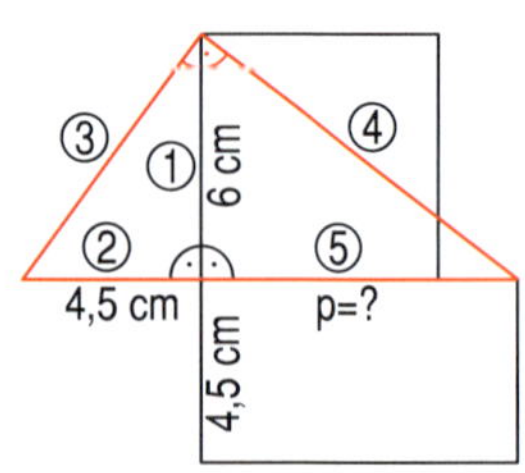


**5.** Konstruiere zum Rechteck ein flächeninhaltsgleiches Quadrat. Verwende den Höhensatz. Vergleiche mit anderen.

a) a = 8 cm; b = 5 cm  b) a = 6,3 cm; b = 7,8 cm

TESTEN · ÜBEN · VERGLEICHEN

**1.** Berechne im rechtwinkligen Dreieck ABC die fehlende Seitenlänge ($\gamma = 90°$).

a) a = 8,4 cm; b = 6,3 cm b) a = 4,0 cm; c = 8,5 cm
c) b = 6 cm; c = 6,5 cm d) a = 1,8 cm; c = 8,2 cm
e) b = 4,2 cm; c = 15 cm f) a = 3,6 cm; b = 4,8 cm

**2.** Berechne die rote Seitenlänge.

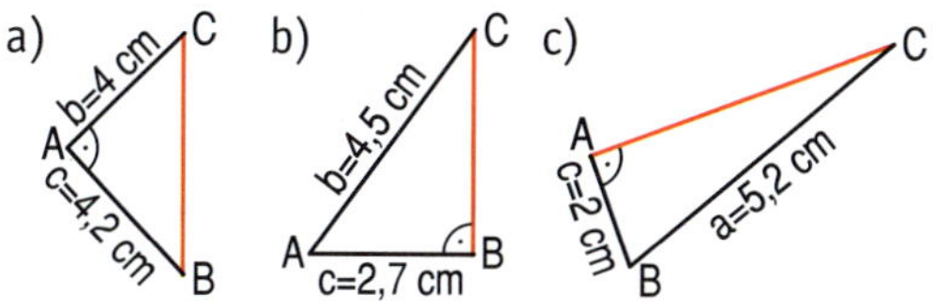


**3.** Eine Leiter ist 5,5 m lang. Bis zu welcher Höhe reicht die Leiter mindestens an der Hauswand, wenn sie aus Sicherheitsgründen einen Abstand von 1,5 m bis 2 m zur Hauswand haben muss? Runde auf cm.

**4.** Berechne die Höhe $h_c$ im gleichschenkligen Dreieck mit a = b = 8 cm und c = 7 cm.

**5.** Überprüfe, ob das Dreieck rechtwinklig ist.

a) a = 3,2 cm, b = 6,5 cm, c = 7 cm
b) a = 3,5 cm, b = 8,4 cm, c = 9,1 cm
c) a = 37,5 cm, b = 20 cm, c = 42,5 cm

**6.** Berechne die fehlenden Längen im rechtwinkligen Dreieck. Alle Längen in cm.

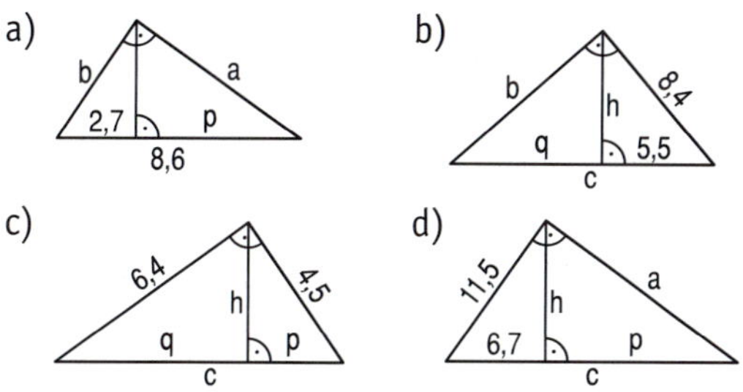


**Satz des Pythagoras**
In jedem rechtwinkligen Dreieck haben die beiden Kathetenquadrate zusammen denselben Flächeninhalt wie das Hypotenusenquadrat.

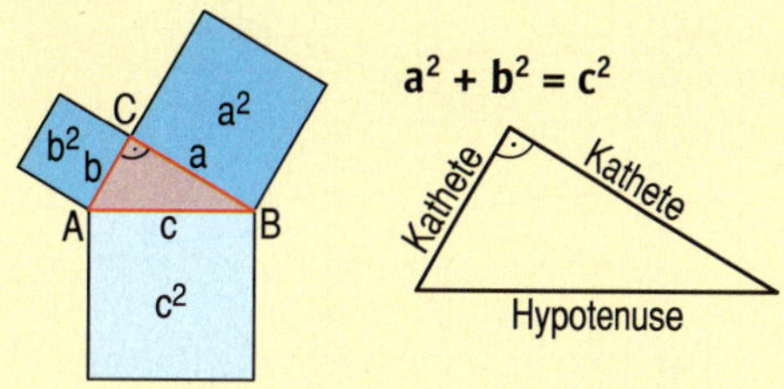


**Berechnungen mit dem Satz des Pythagoras**

c = 9 cm, b = 5,4 cm, $\gamma = 90°$, a = ■

| **Umstellen der Formel** | **Einsetzen** |
|---|---|
| $a^2 + b^2 = c^2$ | $a^2 + 5{,}4^2 = 9^2$ |
| $a^2 = c^2 - b^2$ | $a^2 = 9^2 - 5{,}4^2$ |
| $a = \sqrt{c^2 - b^2}$ | … |

**Umkehrung des Satzes des Pythagoras**
Gilt für die Seitenlängen a, b und c eines Dreiecks $a^2 + b^2 = c^2$, dann ist das Dreieck bei C rechtwinklig mit c als Hypotenuse.

**Kathetensatz** **Höhensatz**

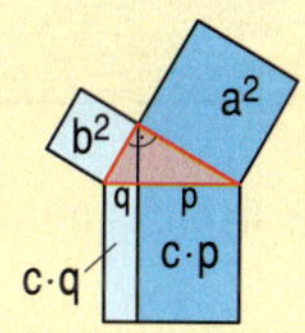


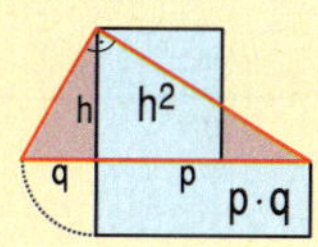


$a^2 = c \cdot p$
$b^2 = c \cdot q$

Für $\gamma = 90°$ gilt: und $h^2 = p \cdot q$

**7.** Berechne die rot gezeichnete Streckenlänge (alle Längen in cm). Runde auf 1 Stelle nach dem Komma.

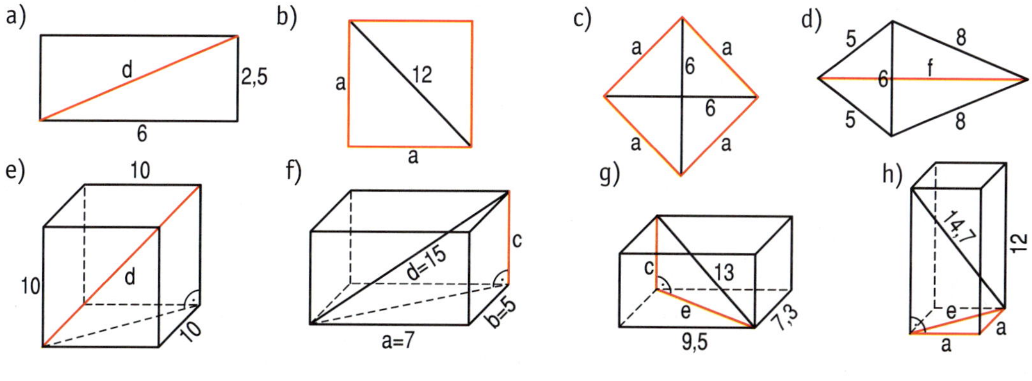

DIAGNOSETEST

**1.** Schreibe die Gleichung auf, die nach dem Satz des Pythagoras für das Dreieck gilt.

a) 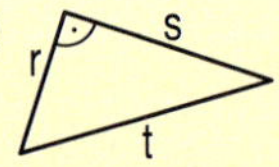


b) 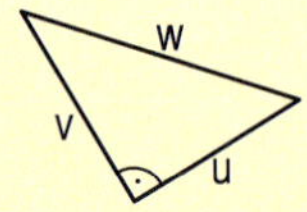


**2.** Berechne die fehlende Seitenlänge. Runde das Ergebnis auf mm.

a) 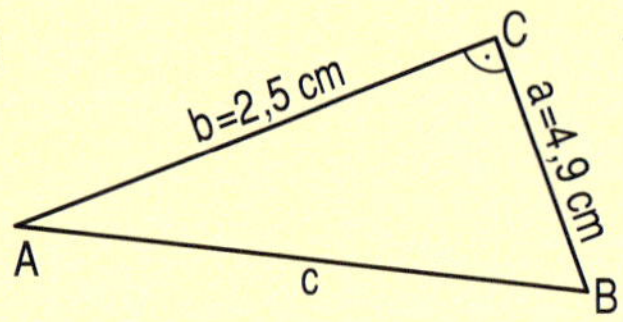


b) 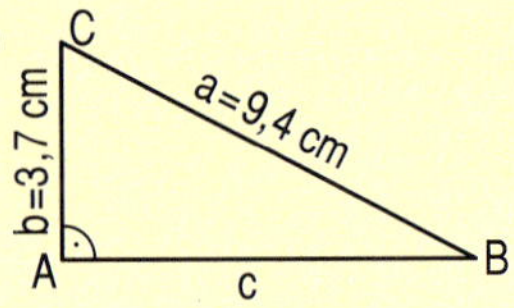


**3.** Der Mast ist 45 m hoch; die Halteseile sind 20 m vom Mast entfernt im Boden befestigt. Wie lang ist ein Halteseil?

**4.** Ist das Dreieck mit den Seiten a, b und c rechtwinklig?

a) a = 3,6 cm; b = 2,7 cm; c = 4,5 cm

b) a = 2,5 cm; b = 1,0 cm; c = 2,7 cm

**5.** Berechne die Diagonale in einem Rechteck mit den Seiten a = 7,5 cm und b = 10 cm.

## Wähle weitere 5 Aufgaben aus.

**1.** Berechne die Längen der beiden Spannseile der abgebildeten Hängebrücke.

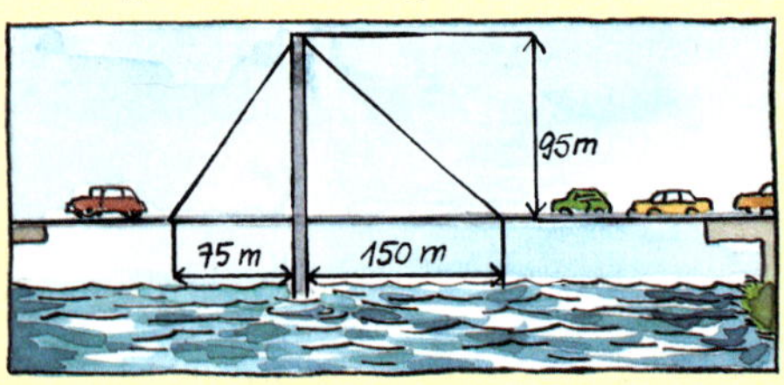


**2.** Berechne die mit x gekennzeichnete Länge.

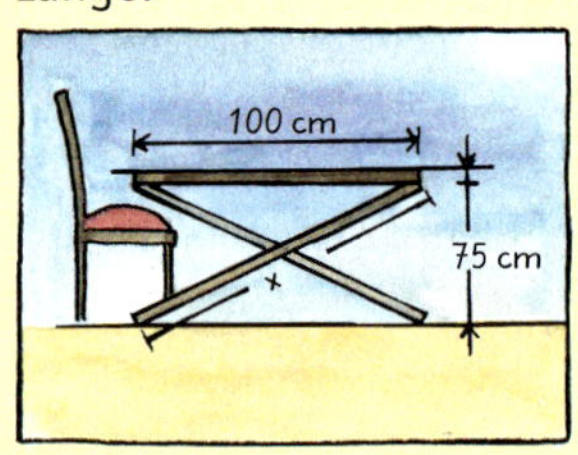


**3.** Die Seitenlänge eines gleichseitigen Dreiecks beträgt 16 cm. Berechne die Höhe.

**4.** a) Wie groß ist der Flächeninhalt der Giebelfläche?

b) Für 5 $m^2$ benötigt Herr Noll einen Liter Farbe. Wie viel Liter benötigt er, um den Giebel zu streichen?

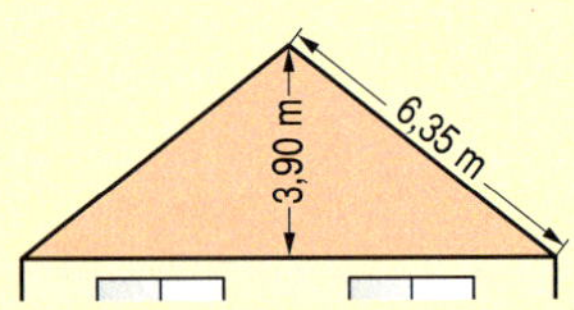


**5.** Berechne die Länge der rot eingezeichneten Strecken. Runde auf 1 Stelle nach dem Komma. (Längen in cm.)

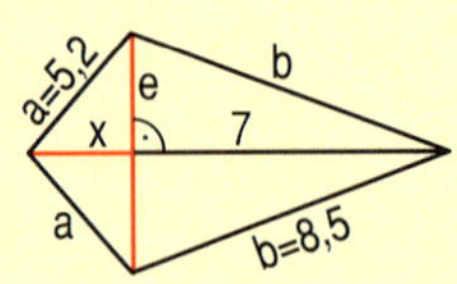


**6.** Bestimme die Länge der rot eingezeichneten Strecke. Runde auf mm. (Längen in cm.)

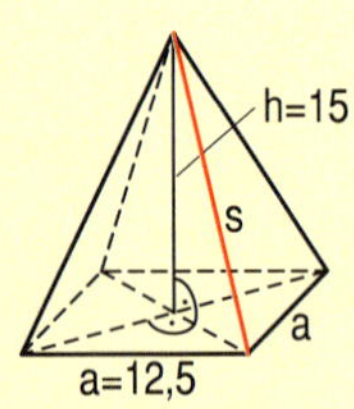


**7.** Ein Klassenraum hat die Maße a = 9 m, b = 6 m und c = 3 m. Berechne die Raumdiagonale d.

**8.** Die „Riesen-Rutschbahn" in Bad Tölz ist 1 240 m lang und hat 220 m Höhenunterschied. Wie groß ist die horizontale Entfernung x (in vollen Metern) zwischen Start und Ziel?

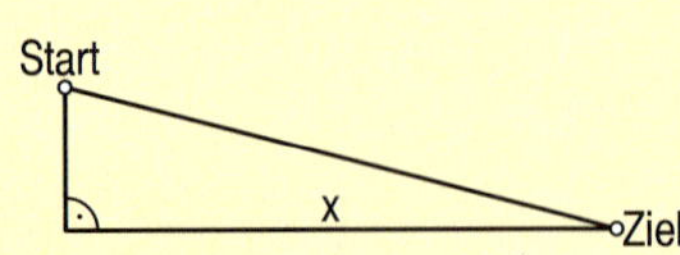

# Funktionen

# 4

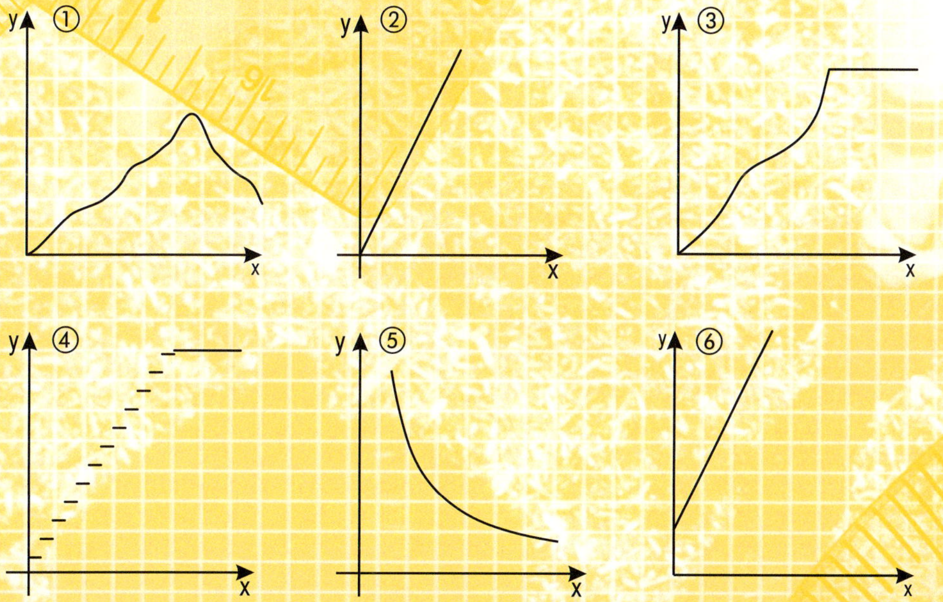

Welche Darstellung passt wozu?

Ein Rechteck ist 48 cm² groß. Wie lang ist es bei einer Breite von 1 cm (2 cm, 3 cm, 4 cm, 6 cm)?

$y = 2x + 1$

Kabelpreis:
1,95 € pro m

Park-Tarife:

| | |
|---|---|
| 1. Stunde | 1,– € |
| jede weitere angefangene Stunde | 1,25 € |
| maximal pro Tag | 15,– € |

## Funktionen zu Wasser ...

**1.** Ein Ausflugsdampfer legt am Hafen ab und fährt mit annähernd konstanter Geschwindigkeit zu der 60 km entfernt liegenden Insel. Etwas später verlässt ein schnelles Motorboot mit demselben Ziel den Hafen. Die Fahrten der beiden Schiffe sind im Zeit-Entfernung-Diagramm dargestellt.

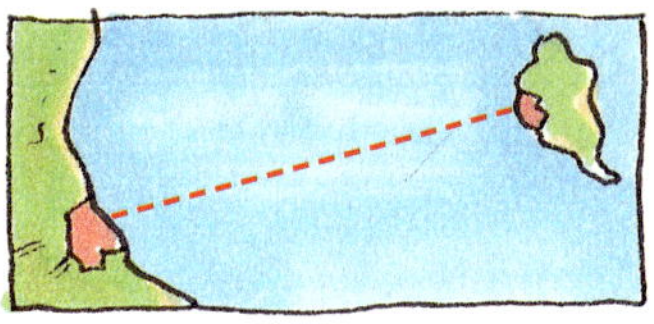

a) Wie viel Minuten nach dem Ausflugsdampfer verlässt das Motorboot den Hafen?

b) Wie weit ist der Dampfer noch von der Insel entfernt, als das Motorboot sein Ziel erreicht?

c) Bestimme die durchschnittliche Geschwindigkeit ($\frac{km}{h}$) des Dampfers.

d) Stellt euch gegenseitig weitere Fragen und beantwortet sie.

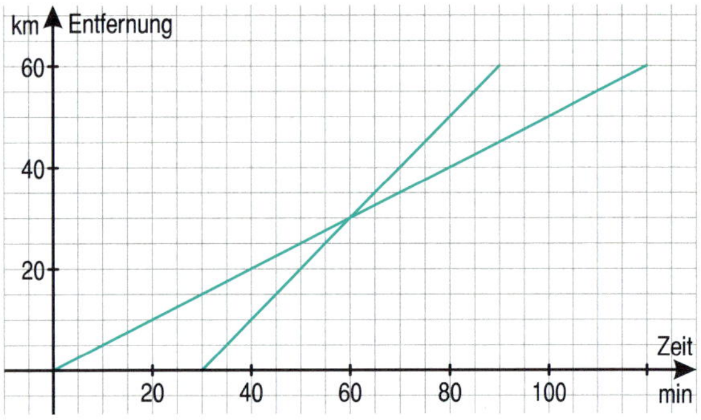


**2.** Bei Hochwasser ist der Schiffsverkehr auf dem Rhein nur eingeschränkt möglich oder muss sogar ganz eingestellt werden. Täglich werden daher die Pegelstände gemessen. In Köln dürfen Schiffe nur noch mit verminderter Geschwindigkeit und im mittleren Stromdrittel fahren, wenn ein Pegelstand von 6,20 m erreicht ist. Steigt der Rhein auf 8,30 m, wird die Schifffahrt eingestellt.

a) Welche der folgenden Aussagen können stimmen?
① Ein Pegelstand von genau 5 m wurde nur einmal gemessen.
② Am 27.04.06 erreichte der Pegelstand den monatlichen Tiefpunkt.
③ Vom 1. bis zum 13. April ist der Pegelstand um mehr als 3 m gefallen.
④ Der Schiffsverkehr war den gesamten Monat uneingeschränkt möglich.

b) Beschreibe den Verlauf der Pegelstände im April 2006.

**3.** *Partnerarbeit:* Bei der Segelscheinprüfung muss ein Dreieckskurs zurückgelegt werden. Die Segelstrecke ist mit Bojen markiert.

a) Welcher Graph gibt den Abstand des Segelbootes von der Küste für jeden Zeitpunkt an?

b) Zeichnet einen Segelkurs, der zu einem der anderen Graphen passt, und stellt eure Arbeit den anderen vor.

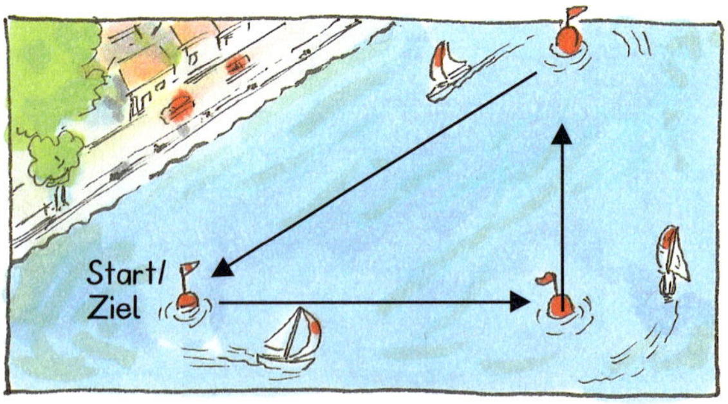


① 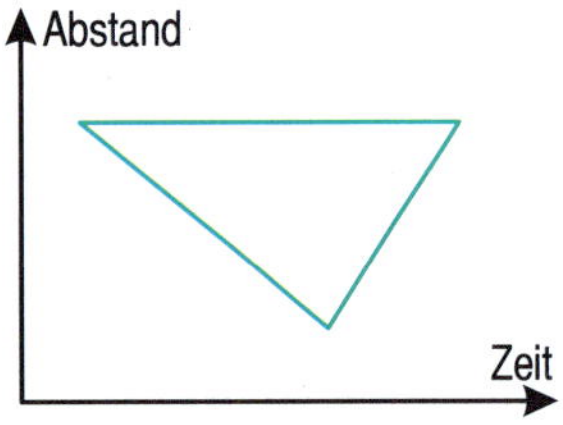


② 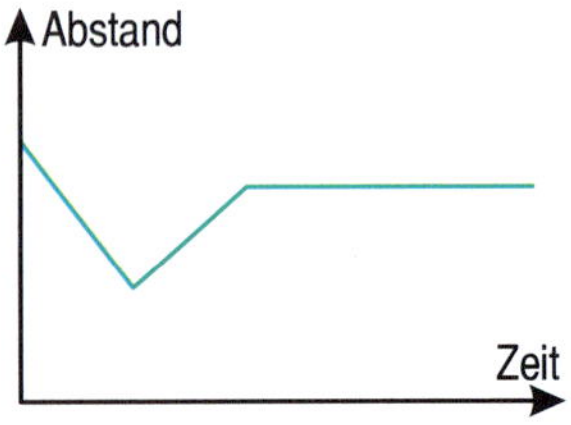


③ 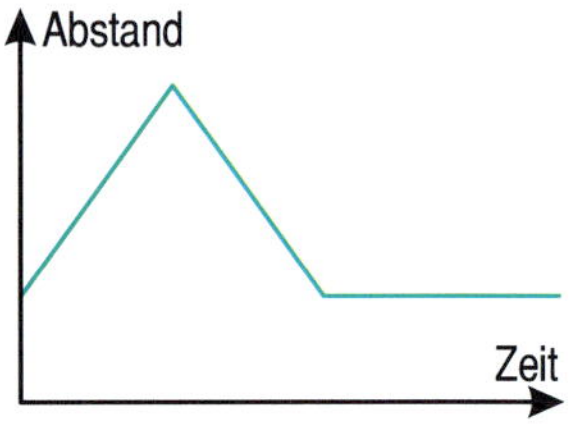

## ... und zu Land

**4.** Jan berichtet: „Nachdem ich etwa die Hälfte meines Schulweges zurückgelegt hatte, fiel mir ein, dass ich mein Geodreieck vergessen hatte. Ich lief schnell nach Hause zurück. Dort musste ich einige Zeit suchen. Um noch pünktlich zu kommen, fuhr ich mit dem Fahrrad zur Schule."

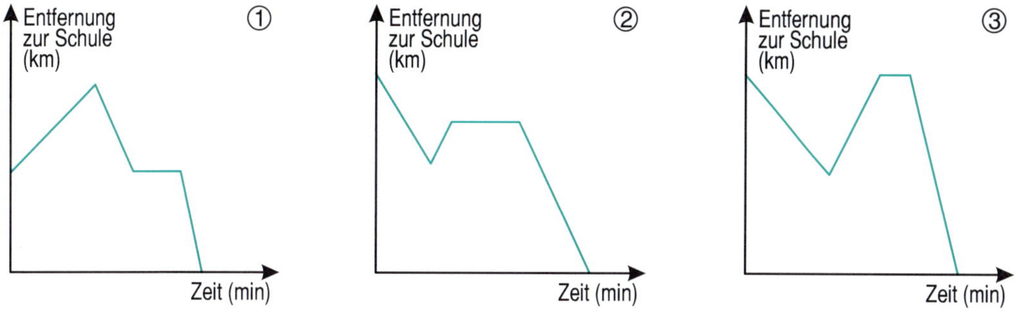


a) Trotz ihrer Ähnlichkeit beschreibt nur einer der drei Graphen zutreffend, wie weit Jan zu jedem Zeitpunkt von der Schule entfernt war. Überlegt gemeinsam, was die Unterschiede für die Schulweggeschichte bedeuten, und begründet so die Wahl des passenden Graphen.

b) Erfindet eine Schulweggeschichte und präsentiert ihre Darstellung im Koordinatensystem.

**5.** Mira trainiert mit ihrem Mountainbike in den Bergen.

a) Auf welcher Etappe wird Mira bei gleichem Kraftaufwand die höchste (geringste) Geschwindigkeit erreichen? Was bedeutet dies für den zurückgelegten Weg?

b) Die drei Graphen geben den zurückgelegten Weg s zur Zeitdauer t für jede Etappe AB, BC und CD an. Ordnet zu.

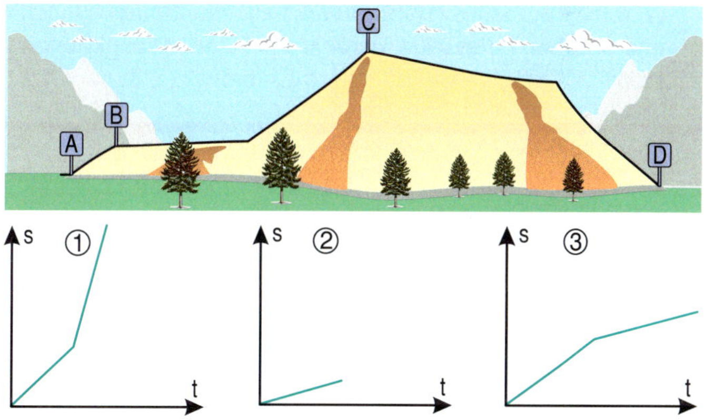


**6.** *Partnerarbeit:* Die abgebildeten Gefäße werden gleichmäßig mit Flüssigkeit gefüllt.

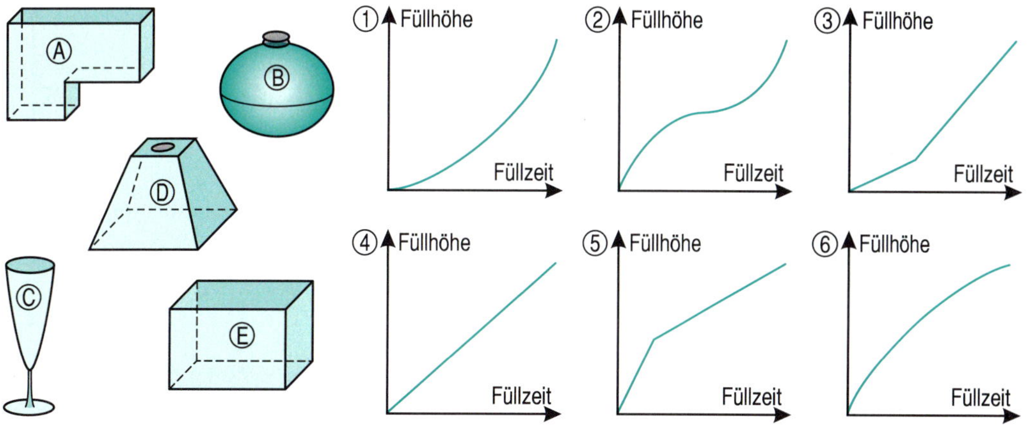


a) Ordnet jedem Gefäß den Graphen zu, der dessen Füllvorgang zutreffend beschreibt. Begründet.

b) Tom meint: „Zu einem eckigen Gefäß gehört immer eine Gerade als Graph." Stimmt das?

c) Denkt euch ein Gefäß aus und zeichnet es. Skizziert die hierzu passende Zuordnung *Zeit* → *Füllhöhe* im Koordinatensystem. Tauscht eure Arbeiten untereinander aus.

## Funktionen

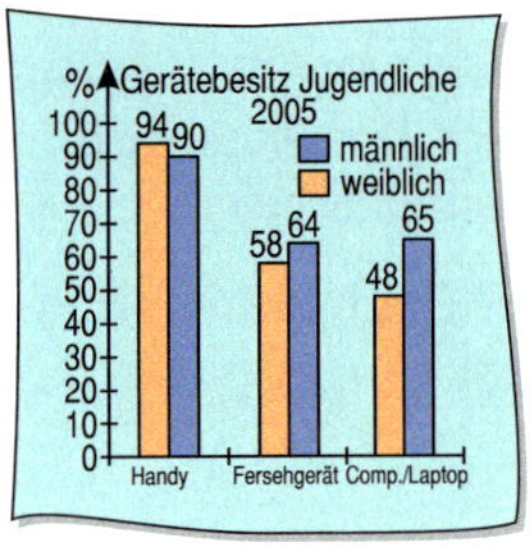


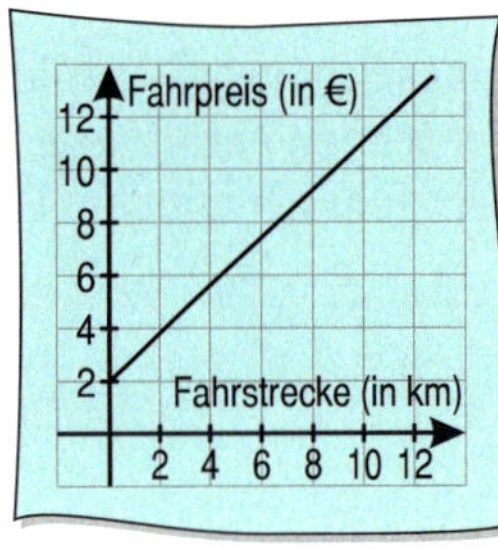


Ben Tietz
geb. 6.6.2006, 3.20 Uhr

| Zeit | Körpertemperatur |
|---|---|
| 4 Uhr | 38,3 °C |
| 6 Uhr | 37,5 °C |
| 8 Uhr | 39,1 °C |
| 10 Uhr | 39,6 °C |
| 12 Uhr | 40,9 °C |
| 14 Uhr | 38,7 °C |

Faustformel zur Berechnung des Bremswegs y (in m) bei einer Geschwindigkeit x (in $\frac{km}{h}$)

$y = (\frac{x}{10})^2$

!!!! **1.** a) Ist im Säulendiagramm abzulesen, alle Jungen mit Fernsehgerät hätten auch einen Computer?

b) Kann man der Funktionsdarstellung den Preis für eine 20 km lange Fahrt entnehmen?

c) Stelle die Fiebertabelle im Koordinatensystem dar. In Krankenhäusern werden die Punkte oft durch Strecken verbunden. Kann man so Bens Körpertemperatur um 9 Uhr ermitteln?

d) In der Fahrschule wird die Grundregel „Doppelte Geschwindigkeit – vierfacher Bremsweg" behandelt. Passt diese Regel zu der Faustformel?

**Funktionen** ordnen einer Zahl oder Größe x (z. B. Fahrstrecke) genau eine Zahl oder Größe y (z. B. Fahrpreis) als **Funktionswert** zu. Funktionen können durch Schaubilder, **Wertetabellen** und **Graphen** dargestellt werden. Bei manchen Funktionen beschreibt eine **Gleichung,** wie man einem x-Wert den Funktionswert y zuordnet (z. B. $y = (\frac{x}{10})^2$).

**2.** a) Lies die gesuchten y-Werte am Graphen ab.

| x | 5 | 45 | 17 | 32 | 41 | 53 | 9 | 25 |
|---|---|---|---|---|---|---|---|---|
| y | | | | | | | | |

b) Gehört zu jedem x-Wert zwischen 0 und 50 genau ein y-Wert?

c) Gehört zu jedem y-Wert auch genau ein x-Wert? Prüfe diese Frage für y = 20, y = 0 und y = 32.

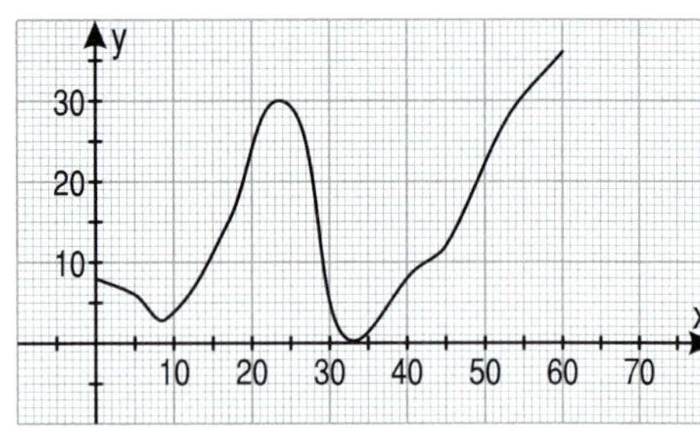


**3.** Handelt es sich um den Graphen einer Funktion, ist also jedem x-Wert genau ein y-Wert zugeordnet? Begründe deine Entscheidung.

a)
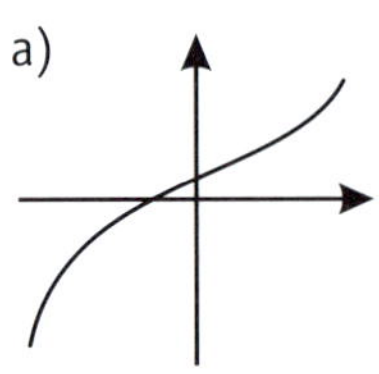

b)
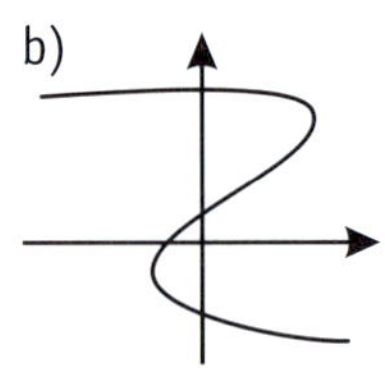

c)
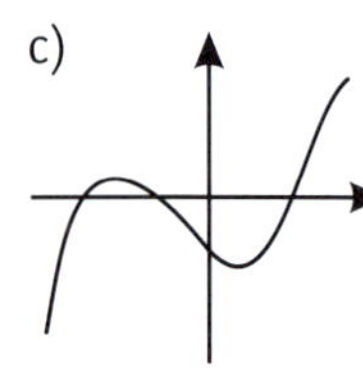

**4.** Zeichne mit Hilfe eines Tabellenkalkulationsprogramms den Graphen der Funktion $y = (\frac{x}{10})^2$.

① Notiere die Spaltenüberschriften und trage x-Werte von 10 bis 200 mit BEARBEITEN – AUSFÜLLEN – REIHE ein.

② Markiere die Zelle B3. Notiere in der Befehlszeile wie im Beispiel die Formel zur Berechnung der y-Werte.

③ Bewege den Mauszeiger in die rechte untere Ecke der Zelle B3. Ziehe das Kreuz nach unten und ergänze so die weiteren y-Werte.

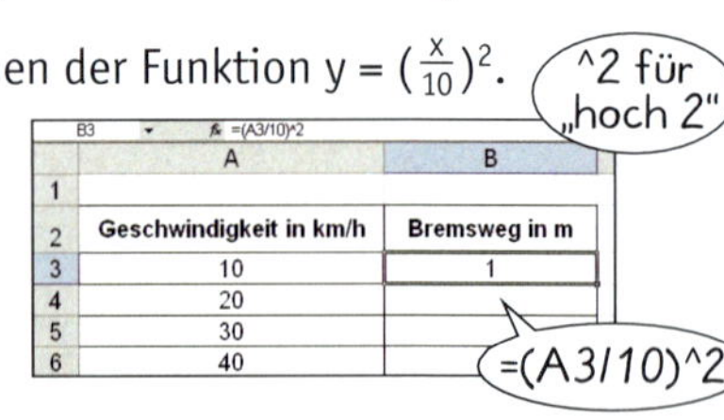


④ Markiere die Wertetabelle und öffne das Menü EINFÜGEN – DIAGRAMM. Wähle als Diagrammtyp PUNKT (XY) und als Untertyp PUNKTE MIT LINIEN.

⑤ Folge dem Diagrammassistenten. Trage über WEITER die Achsenbeschriftungen ein.

⑥ Nach FERTIG STELLEN erscheint der Graph.

## Funktionen zeichnen und untersuchen mit dem Computer

!!!!

*Partnerarbeit:*

- Bearbeitet eine der folgenden Aufgabenstellungen in Partnerarbeit.
- Zu jeder Aufgabe gehört die Darstellung der Funktion mit Hilfe des Computerprogramms Geonext.

① Öffne ein neues Zeichenblatt und blende das Gitter und das Koordinatensystem ein.

② Wähle das Menü OBJEKTE und klicke im Untermenü GRAPHEN auf die Option FUNKTIONSGRAPH.

③ Trage den Funktionsterm in das Eingabefeld ein und bestätige mit „ÜBERNEHMEN". Der Graph erscheint im Koordinatensystem.

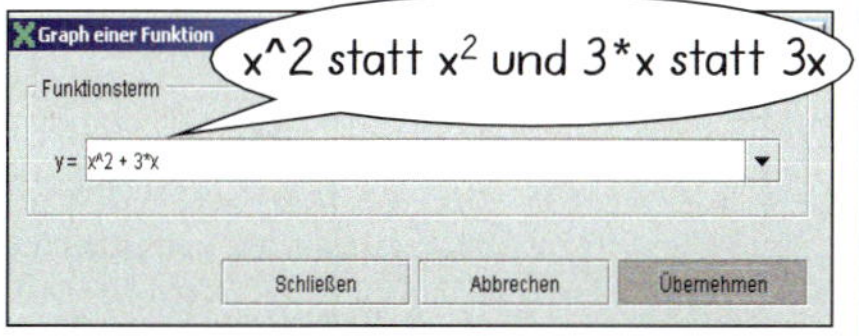


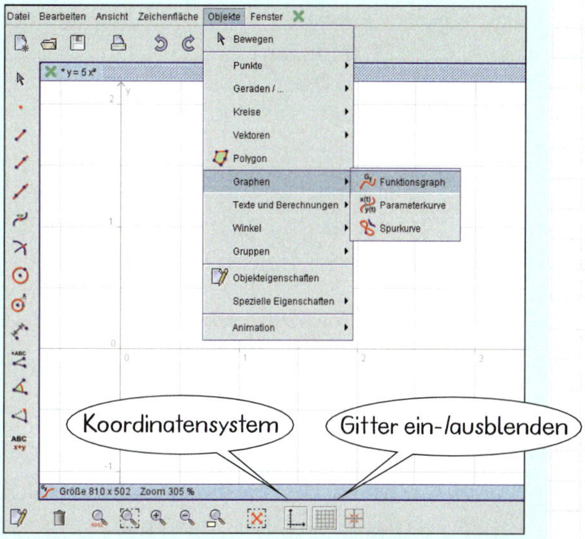


**1.**

a) Stellt die Funktion $y = 5x^2$ im Koordinatensystem dar. Überlegt zuerst, welche Werte x bei dieser Problemstellung annehmen kann.

b) Wie tief ist der Brunnen?

c) Wie viel m fällt der Stein in der ersten, wie viel in der dritten Sekunde? Was fällt euch auf?

**2.** Den Herstellern des neuen Lord 2000 ist ein besonders sparsames Diesel-Modell gelungen, obwohl der Motor eine Spitzengeschwindigkeit von 200 $\frac{km}{h}$ möglich macht. Im 5. Gang, der ab 80 $\frac{km}{h}$ gefahren werden kann, berechnet sich der Verbrauch y (Liter auf 100 km) aus der Geschwindigkeit x (in $\frac{km}{h}$) nach der Formel $y = 0{,}000194x^2 + 0{,}00085x + 3{,}4$.

a) Wie hoch ist der Verbrauch im 5. Gang bei einer Geschwindigkeit von 100 $\frac{km}{h}$?

b) Zeichnet den Graphen zum Ablesen des Verbrauchs zwischen 80 $\frac{km}{h}$ und 200 $\frac{km}{h}$.

c) Probiert Möglichkeiten aus, den Graphen dieser Funktion „werbewirksamer" zu gestalten.

## Proportionale Funktionen

**Aufgabe:**
Für 20 € (Euro) bekommt man 22 $ (US-Dollar). Wie viel erhält man für die folgenden Beträge?
15 €, 4 €, 11 €, 24 €, 8 €
Notiere den Rechenweg.

Anke:

| | € | $ |
|---|---|---|
| :20 | 20 | 22 |
| | 1 | |
| | 15 | |
| | 4 | |
| | 11 | |

Sebastian:

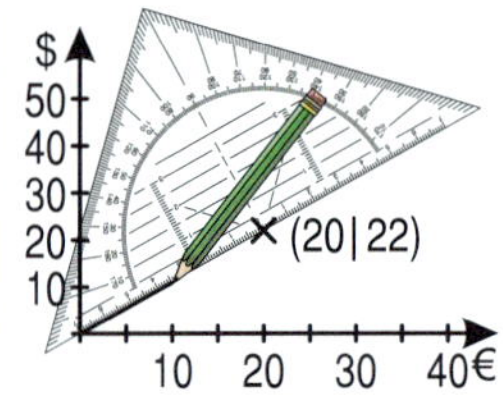


Midya:
x: Euro y: US-Dollar
Proportionalitätsfaktor
$\frac{22}{20}$ (= 1,1)
$y = \frac{22}{20}x$
$y = 1{,}1x$

**1.** *Partnerarbeit:*
a) Jeder Rechenweg nutzt eine bestimmte Darstellungsform von Funktionen. Beschreibt sie.
b) Welcher Weg verlangt kaum Rechenaufwand? Mit welchem Ansatz ist jeder Betrag schnell zu bestimmen? Stellt Vor- und Nachteile der verschiedenen Rechenwege einander gegenüber.

Proportionale Zuordnungen sind spezielle Funktionen. Sie haben Funktionsgleichungen der Form **y = ax.** Ihre Graphen sind Geraden durch den Nullpunkt.
*Hinweis:* Bei Sachaufgaben mit Größen spielen meist nur positive Zahlen eine Rolle.

$y = 1{,}5\,x$

| x | y |
|---|---|
| 0 | 0 |
| 4 | 6 |
| −2 | −3 |
| ... | ... |

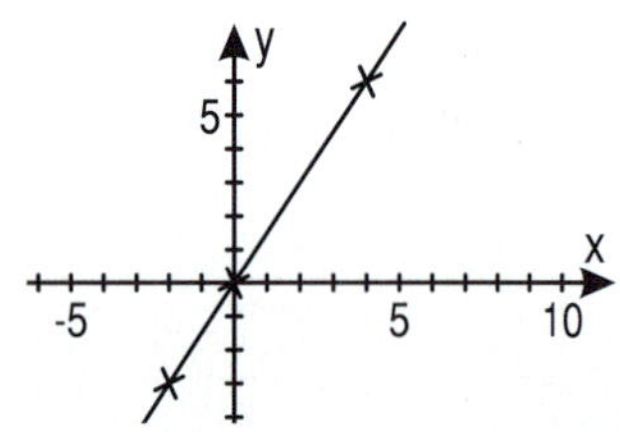


**2.** Zeichne den zur Funktionsgleichung gehörenden Graphen.
a) $y = 2x$ b) $y = 1{,}4x$ c) $y = 3{,}5x$ d) $y = 1{,}25x$
e) $y = \frac{2}{5}x$ f) $y = \frac{7}{3}x$ g) $y = -3x$ h) $y = -0{,}8x$

**3.** Das Wertepaar (2|3) gehört zu einer proportionalen Funktion. Zeichne den zugehörigen Graphen.

**4.** Führe die Beispielaufgabe im Heft zu Ende.

Ein Automat produziert 66 Schrauben in 30 s.

a) Wie viele Schrauben produziert er in 100 s (44 s; 117 s; 53 s)?
x: Anzahl der Sekunden
y: Anzahl der Schrauben
$y = \frac{66}{30}x = 2{,}2x$
einsetzen: $y = 2{,}2 \cdot 100$
...

b) Wie lange braucht er für 420 (5 100; 145; 2 600) Schrauben?
x: Anzahl der Schrauben
y: Anzahl der Sekunden
y = ■x = ■x
einsetzen: y = ■ · 420
...

**5.** Sina und Maike behaupten, die Funktionsgleichung aus dem Graphen einer proportionalen Funktion ablesen zu können. Sina: „Ich suche den Punkt des Graphen, der die x-Koordinate 1 hat. Der zugehörige y-Wert ist a." Maike: „Das funktioniert genauso wie bei der Dreisatztabelle!" Klärt gemeinsam, was Sina und Maike beobachtet haben, und nennt Beispiele hierzu.

**6.** Das Flugzeug verbraucht in 12 km Höhe bei idealer Reisegeschwindigkeit 1 800 *l* Kerosin auf 200 km.
a) Gib eine Funktionsgleichung an, mit der man aus der Flugstrecke den Verbrauch berechnen kann.
b) Gib eine Funktionsgleichung an, mit der man aus dem Verbrauch die Flugstrecke berechnen kann.
c) Zeichne den Graphen Flugstrecke ⟶ Verbrauch.
d) Wie weit reichen 10 000 *l*, wie viel braucht man für 6 000 km?

## Antiproportionale Funktionen

**Aufgabe:**
Bei einem täglichen Verbrauch von 12 $l$ reicht der Frischwasservorrat auf dem Segelschiff 20 Tage. Wie lange reicht der Vorrat bei folgendem täglichen Verbrauch?
3 $l$, 8 $l$, 10 $l$, 15 $l$, 20 $l$

Anke:

| $l$ | t |
|---|---|
| 12 | 20 |
| 1 | |
| 3 | |
| 8 | |
| 10 | |
| 15 | |

(: 12 von 12 nach 1)

Sebastian:

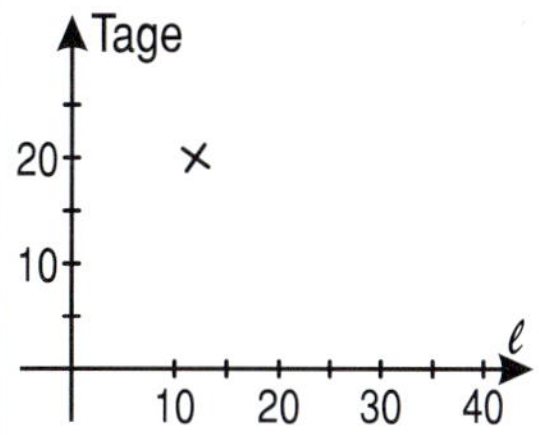


Midya:
x: Liter y: Tage
Wasservorrat:
$20 \cdot 12\,l\ (= 240\,l)$
$y = \frac{12 \cdot 20}{x}$
$y = \frac{240}{x}$

**1.** a) Rechne wie Anke und überprüfe deine Ergebnisse mit Hilfe der von Midya berechneten Funktionsgleichung.

b) Es soll berechnet werden, wie lange der Vorrat bei einem täglichen Verbrauch von 7 $l$ reicht. Welchen der drei Lösungwege würdest du wählen? Diskutiere mit anderen.

c) Midya behauptet: „Bei antiproportionalen Funktionen sind die Wertepaare produktgleich. Das hilft mir, die zugehörige Funktionsgleichung aufzustellen!“ Überlegt gemeinsam, was Midya beobachtet hat, und überprüft ihre Behauptung an zwei Beispielen.

Antiproportionale Zuordnungen sind spezielle Funktionen. Sie haben Funktionsgleichungen der Form $\mathbf{y = \frac{a}{x}}$.
Zu x = 0 gibt es keinen Funktionswert.
Der Graph besteht aus zwei *Hyperbelästen.*
*Hinweis:* Bei Sachaufgaben mit Größen spielen meist nur positive Zahlen eine Rolle.

$y = \frac{15}{x}$

| x | y |
|---|---|
| 1 | 15 |
| 2 | 7,5 |
| 3 | 5 |
| 5 | 3 |
| 10 | 1,5 |

| x | y |
|---|---|
| −1 | −15 |
| −2 | −7,5 |
| −3 | −5 |
| −5 | −3 |
| −10 | −1,5 |

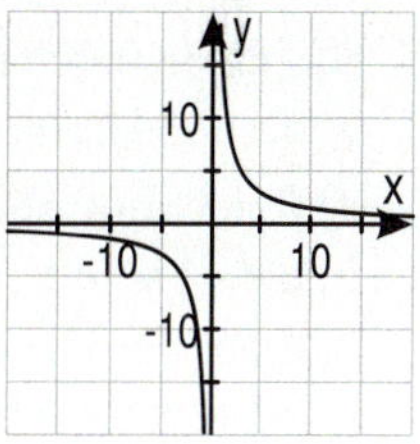


**2.** Apfelsaft wird in Flaschen abgefüllt. 6 gleich arbeitende Maschinen schaffen dies in 10 Stunden.

a) Wie lange hätte es mit 15 Maschinen gedauert?

b) Wie lange hätte es mit 10 Maschinen gedauert?

c) Wie viele Maschinen müssen eingesetzt werden, wenn das Abfüllen in 3 Stunden abgeschlossen sein soll?

**3.** Für eine Fahrt von Frankfurt nach Moskau braucht man bei einer Durchschnittsgeschwindigkeit von 80 $\frac{km}{h}$ eine Reisezeit von 30 Stunden.

a) Stelle zwei Funktionsgleichungen auf: Mit der ersten soll man aus der gegebenen Durchschnittsgeschwindigkeit die Reisezeit berechnen können, mit der anderen aus der gegebenen Reisezeit die zugehörige Durchschnittsgeschwindigkeit.

b) Berechne die fehlenden Größen.

| Durchschnittsgeschwindigkeit | 120 $\frac{km}{h}$ | | | 200 $\frac{km}{h}$ |
|---|---|---|---|---|
| Reisezeit | | 15 h | 24 h | |

**4.** a) Wie heißt die Funktionsgleichung zum abgebildeten Graphen der antiproportionalen Zuordnung?

b) Berechne für x = 2,4; x = 3,2; x = 4,8 und x = 7,5 die zugehörigen Funktionswerte.
Kontrolliere an der Zeichnung.

c) Zu welchem x-Wert gehört y = 3,75?

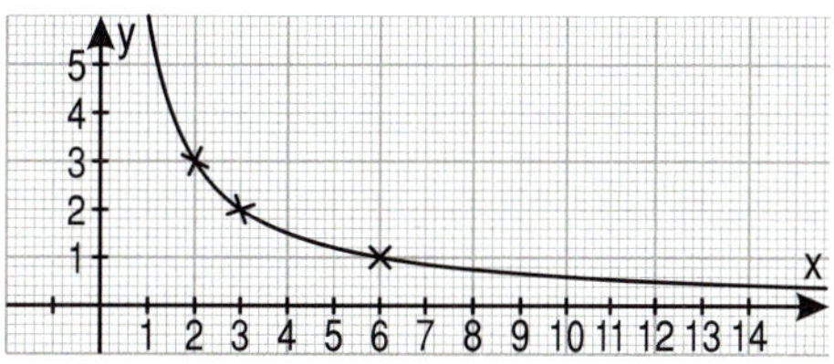

# Bleib FIT!

**Die Ergebnisse der Aufgaben 1 bis 7 ergeben zwei große Inseln der Erde.**

**1.** Wie viel Prozent sind es?

a) $\frac{3}{100}$ = ■ % b) $\frac{24}{10}$ = ■ %

c) $\frac{15}{25}$ = ■ % d) $\frac{90}{120}$ = ■ %

**2.** Ein 8 m langer und 1,50 m breiter Weg soll mit einer 5 cm hohen Kiesschicht versehen werden.

a) Wie viel $m^3$ Kies werden benötigt?

b) 1 $dm^3$ Kies wiegt 2,8 kg. Wie viel kg wiegt der Belag?

**3.** Das graue Quadrat in der Mitte ist 144 $cm^2$ groß.

a) Es hat eine Seitenlänge von ■ cm.

b) Eines der vier Trapeze ist ■ $cm^2$ groß.

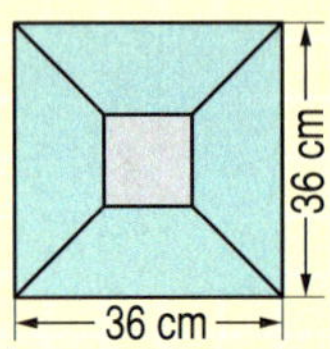


**4.** Welches Ergebnis passt am besten zur Aufgabe? Bestimme durch einen Überschlag.

a) 4105,53 : 7,8

b) 6,37 : 12,25

c) 3,285 · 14,48

d) 19,15 · 256,04

0,005 500 0,5 5 5 000 50 000 50

**5.** Bei einer Durchschnittsgeschwindigkeit von 16 $\frac{km}{h}$ braucht Sibel für eine Radtour 1 h 15 min.

a) Wie viel km weit fährt Sibel?

b) Zurück fährt sie mit durchschnittlich 15 $\frac{km}{h}$. Wie viel Minuten braucht sie für die Rückfahrt?

**6.** Berechne das Volumen des Prismas (Maße in cm).
V = ■ $cm^3$ = ■ $l$ (Liter).

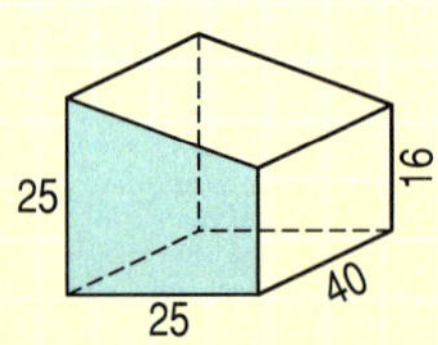


**7.** a) 25% von 1,8 km = ■ m

b) 5% von 4,80 m = ■ cm

c) 60% von 1,2 kg = ■ g

d) 80% von $1\frac{1}{2}$ h = ■ min

0,05 H
0,5 R
0,6 G
3 M
12 S
20 U
24 A
20,5 E
60 D
50 N
72 D
75 A
80 S
240 A
288 K
450 L
500 A
720 N
1680 A
2 050 F
5 000 E
20 500 E
50 000 S

## Lineare Funktionen

**1.** *Partnerarbeit:* Untersucht die verschiedenen Funktionsgleichungen auf Gemeinsamkeiten und Unterschiede. Zeichnet zu jeder „Sorte“ ein Beispiel. Woran erkennt man eine lineare Funktion ohne zu zeichnen? Formuliert eine Vermutung und stellt sie den anderen vor.

Funktionen, deren Graph eine Gerade ist, heißen **lineare Funktionen.** Ihre Funktionsgleichungen können in der Form **$y = mx + b$** geschrieben werden.
Zu $x = 0$ gehört der Funktionswert $y = b$; der Graph schneidet also die y-Achse an der Stelle b.

*Beispiel:* $y = 1{,}5x + 2$

Wertetabelle

| x | y |
|---|---|
| 0 | 2 |
| 1 | 3,5 |
| 4 | 8 |

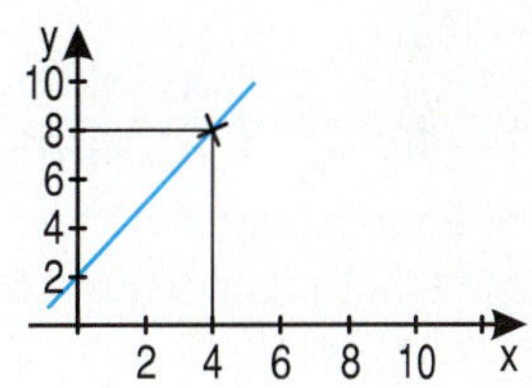


**2.** Vervollständige die Wertetabelle im Heft. Ordne anschließend die passende Wortformel zu.

① $y = 0{,}12x + 24$

| x | 0 | 100 | 200 | 300 |
|---|---|---|---|---|
| y | 24 | 36 | | |

② $y = 15x + 24$

| x | 0 | 5 | 10 | 15 |
|---|---|---|---|---|
| y | 24 | | | |

③ $y = 3x + 20$

| x | 0 | 4 | 8 | 12 |
|---|---|---|---|---|
| y | | | | |

④ $y = 0{,}2x + 20$

| x | 0 | 50 | 100 | 150 |
|---|---|---|---|---|
| y | | | | |

Ⓐ x Arbeitsstunden zu 15 € plus 24 € Anfahrtspauschale

Ⓑ 3 € mal x Internetstunden plus 20 € Grundgebühr

Ⓒ x Kilometer mal 0,20 € plus 20 € Grundpreis

Ⓓ x Einheiten mal 0,12 € plus 24 € Grundgebühr

**3.** Zeichne den Graphen der Funktion. Lege eine Wertetabelle an mit den x-Werten 0, 2, 4, 6, 8, 10. Überlege dir anschließend einen Sachverhalt, zu dem die Funktion passen würde.

a) $y = 2x$ b) $y = 0{,}5x + 4$ c) $y = -4x + 60$ d) $y = x - 2$

**4.** Der Graph beschreibt den Tagesmietpreis y (in €) für einen Leihwagen in Abhängigkeit von der gefahrenen Strecke x (in km).

a) Stellt euch gegenseitig 4 Fragen zum Ablesen von Werten aus dem Diagramm.

b) Welche Gleichung beschreibt die Zuordnung?
① $y = 50 + 2{,}5x$ ② $y = 2{,}5x + 25$
③ $y = 0{,}25x + 25$ ④ $y = 25x + 300$

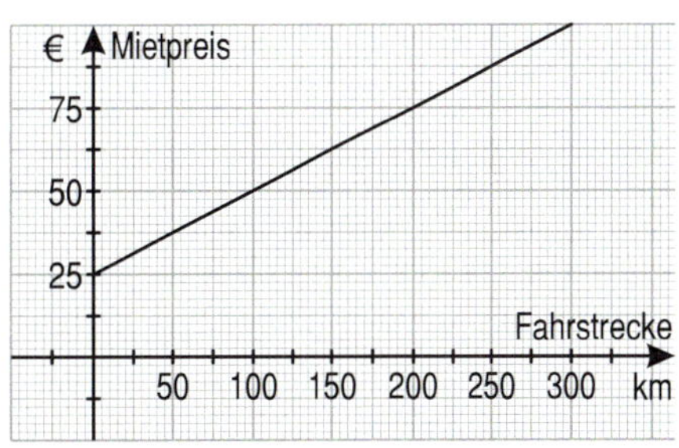

## Steigung einer Geraden

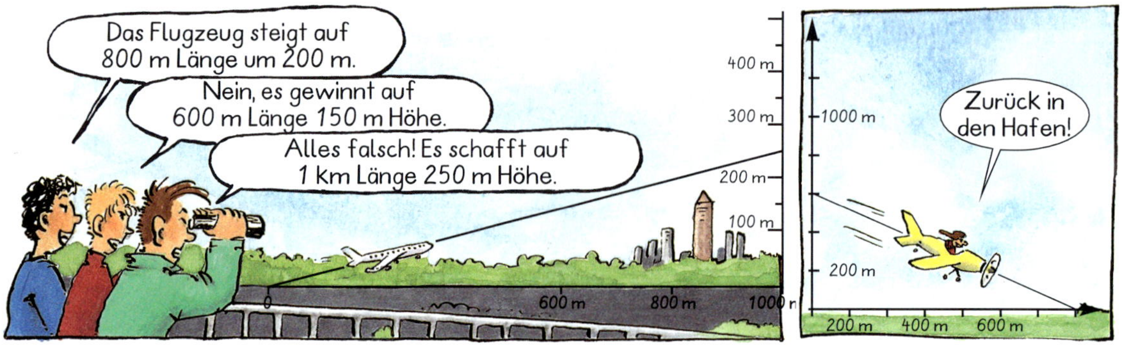


**1.** *Partnerarbeit:*

a) Findet Argumente, um den Streit der drei Freunde zu schlichten.

b) Stellt euch vor, die drei Freunde würden nicht das steigende, sondern das landende Flugzeug beobachten. Wie könnte ihre Diskussion verlaufen? Entwerft passende Sprechtexte.

---

Eine Gerade hat überall dieselbe **Steigung.**

$$\text{Steigung (m)} = \frac{\text{Höhendifferenz (h)}}{\text{Seitendifferenz (s)}}$$

Die Steigung bestimmt man als Seitenverhältnis in einem *Steigungsdreieck* der Geraden.

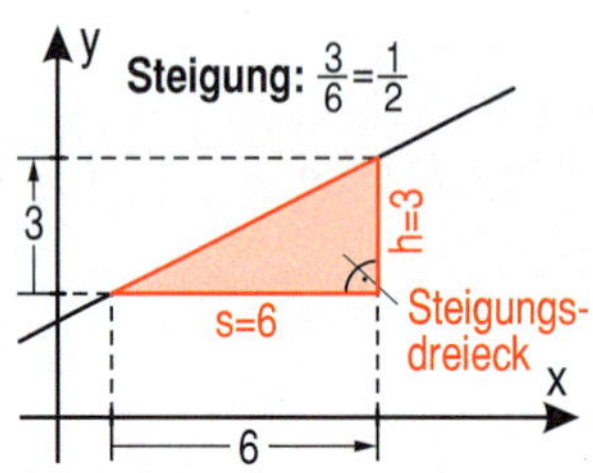


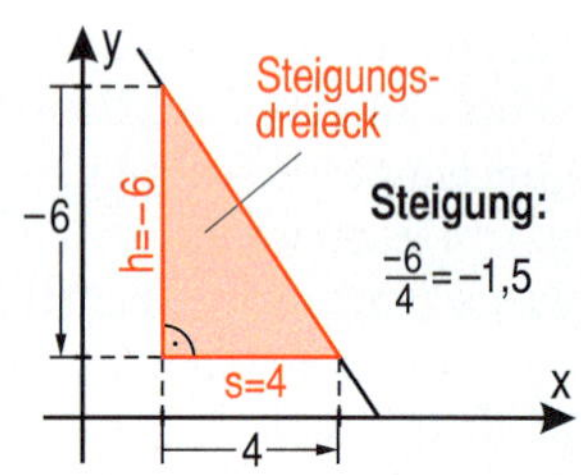


---

**2.** Bestimme die Steigung der Geraden mit Hilfe des Steigungsdreiecks.

a)

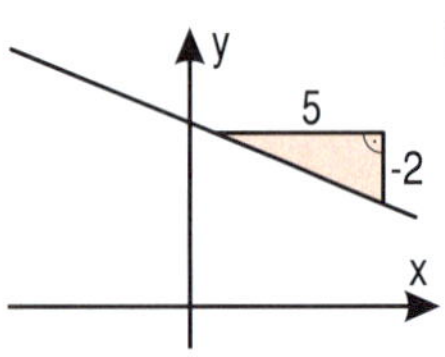


b)

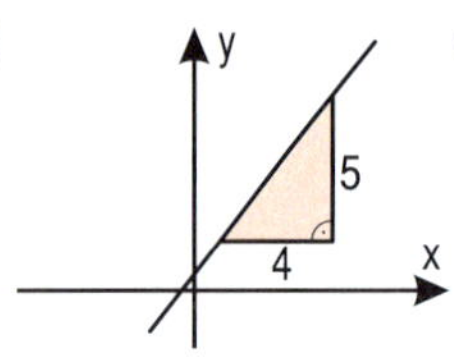


c)

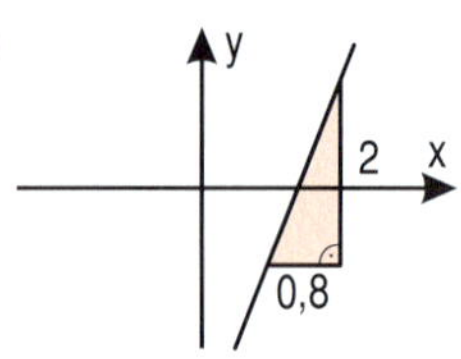


d)

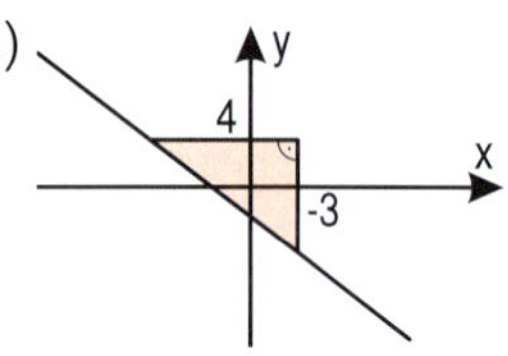


**3.** Malte behauptet: „An welcher Stelle der Geraden man ein Steigungsdreieck einzeichnet, ist egal." Was meinst du dazu? Betrachte die Abbildung und begründe deine Meinung mit einer Rechnung.

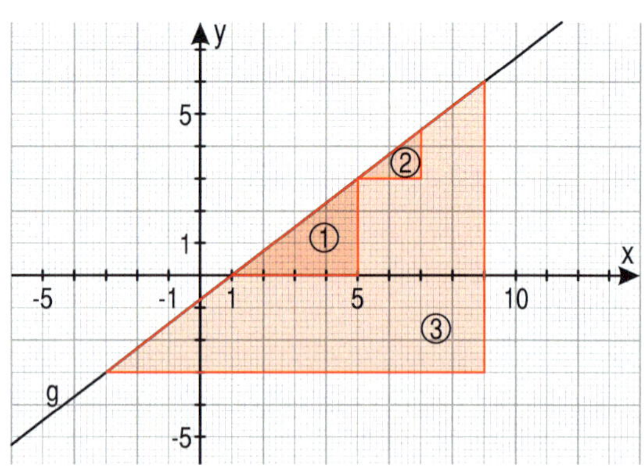


**4.** Trage die Punkte P und Q in ein Koordinatensystem ein. Verbinde die Punkte zur Geraden PQ. Bestimme die Steigung der Geraden.

a) P(2|1); Q(6|9) b) P(−1|−2); Q(5|5)

c) P(6|0); Q(3|−3) d) P(−2|5); Q(8|−7)

**5.** *Partnerarbeit:* Ein Verkehrsschild warnt vor einer Steigung von 12%.

a) Max erstellt eine Skizze und erklärt: „Wenn ich auf dieser Straße 100 m zurücklege, befinde ich mich 12 m höher." Stimmt das?

b) Kann es Berghänge mit einer Steigung von 100% geben? Skizziere.

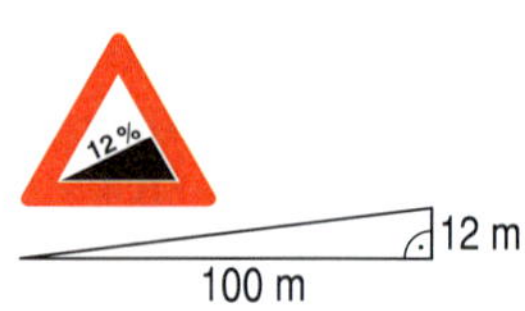

## Steigung einer Geraden mit der Gleichung y = mx + b

**1.** *Partnerarbeit:* Formuliert gemeinsam eine Vermutung zu dem oben angesprochenen Sachverhalt. Überprüft sie an einigen Beispielen und versucht, sie zu begründen.

Die Gerade mit der Gleichung **y = mx + b** hat die **Steigung m** (Steigungsfaktor).
Die Gerade schneidet die y-Achse an der Stelle **b**.

(1) Zeichne die Gerade mit der Gleichung y = 1,5x − 4
*Schnitt mit der y-Achse an der Stelle −4*
*Steigung: 1,5*

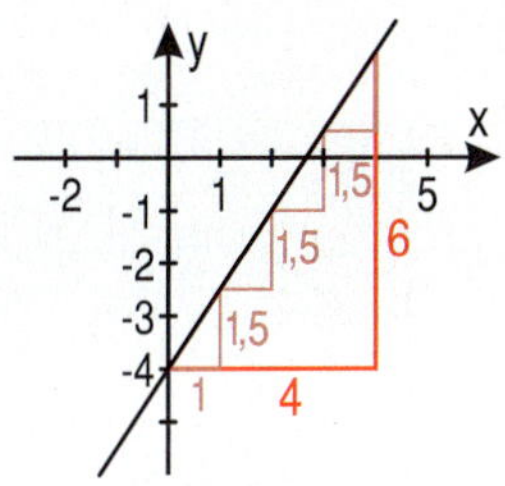

(2) Zeichne die Gerade mit der Gleichung y = −2x + 5
*Schnitt mit der y-Achse an der Stelle 5*
*Steigung: −2*

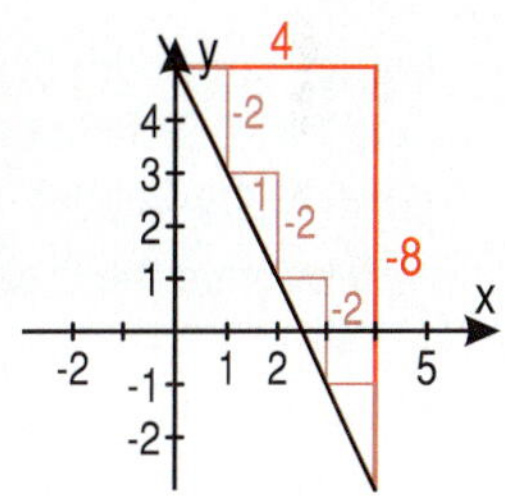

**2.** Bestimme die Steigung m und die Schnittstelle b auf der y-Achse, dann zeichne die Gerade.

a) y = 2x + 1 b) y = −0,5x + 7 c) y = −x − 1 d) y = 3x − 8 e) y = −2x + 9
f) y = 5 − 1,5x g) y = −3 + 1,5x h) y = −4 + 2,5x i) y = 3,5 − x j) y = 2x

**3.** Bestimme die zugehörige Geradengleichung. Lies benötigte Werte aus der Zeichnung ab.

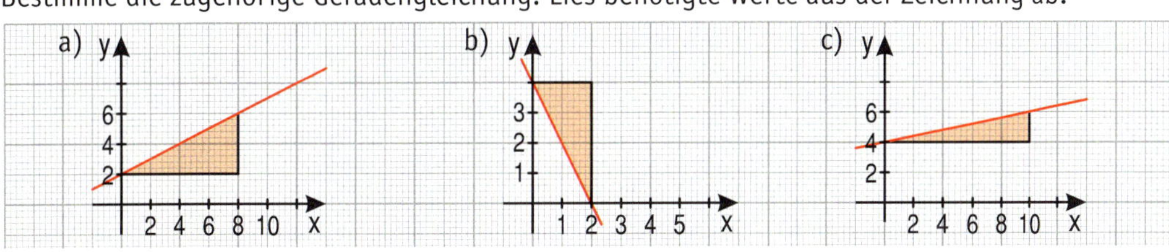

**4.** Drei Gläser derselben Form und Größe werden gleichmäßig mit Wasser gefüllt. Pro Sekunde fließen 50 ml Wasser. Vor Beginn des Füllvorgangs enthält das blaue Glas bereits 0,1 *l* Wasser, das rote 0,5 *l* Wasser. Das grüne Glas ist leer.

a) Der Graph beschreibt die Füllhöhe y (in *l*) für eines der Gläser in Abhängigkeit von der Füllzeit (in s). Welches Glas ist es?

b) Zeichne die Graphen für alle drei Füllvorgänge in ein Koordinatensystem und stelle die zugehörigen Funktionsgleichungen auf. Was fällt dir auf?

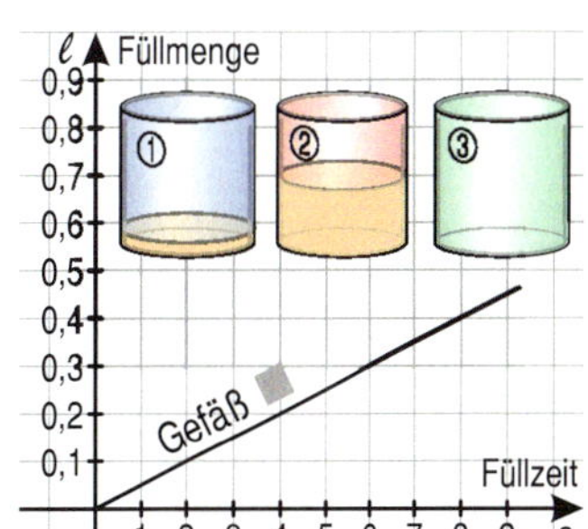

## Bestimmen von Geradengleichungen

Bestimme die Gleichung der Geraden durch die beiden Punkte $P_1(-1|-2)$ und $P_2(5|1)$.

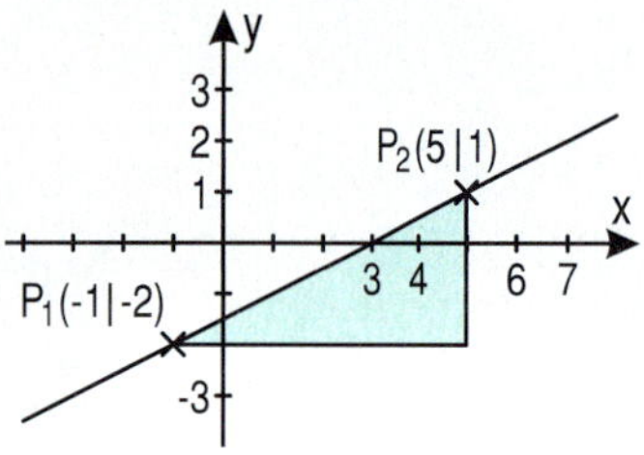


*Berechnen von m:*

$m = \frac{h}{s}$ $\quad m = \frac{3}{6} = \frac{1}{2}$

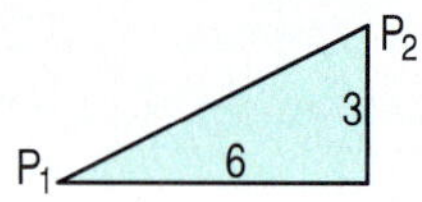


*Berechnen von b:*

$y = \frac{1}{2}x + b$

$x = 5$, $y = 1$ einsetzen:

$1 = \frac{1}{2} \cdot 5 + b$

$b = -\frac{3}{2}$

Die Gleichung der Geraden heißt: $y = \frac{1}{2}x - \frac{3}{2}$.

**1.** *Partnerarbeit:* Gebt euch gegenseitig zwei Punkte vor und bestimmt die Geradengleichungen.

**2.** Eine Gerade verläuft durch den Punkt P und schneidet die y-Achse an der Stelle b oder hat die Steigung m. Bestimme mit dem Steigungsdreieck die Geradengleichung.

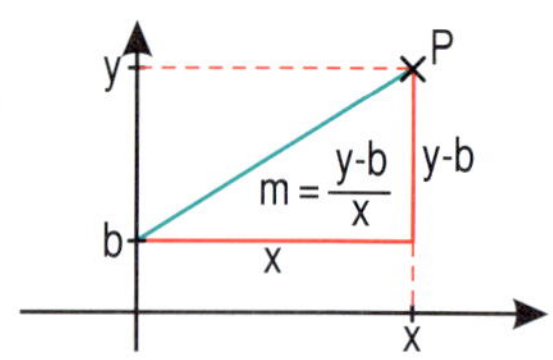


a) $b = 2$, $P(3|5)$ b) $b = -1$, $P(2|5)$ c) $b = -4$, $P(2|-2)$

d) $m = 4$, $P(2|1)$ e) $m = -3$, $P(5|7)$ f) $m = -\frac{1}{2}$, $P(6|-4)$

**3.** Die Talstation der Seilbahn befindet sich auf der Höhe 550 m über NN. An der ersten Stütze schwebt die Gondel in einer Höhe von 820 m.

a) Bestimme die Steigung, mit der die Gondel fährt.

b) Zeichne die Fahrstrecke der Gondel als Gerade in einem Koordinatensystem mit passenden Einheiten auf den Achsen.

c) Wie hoch liegt die Bergstation?

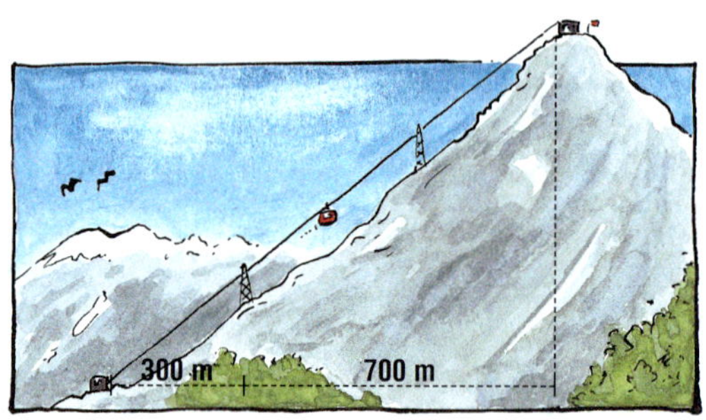


**4.** Das gleichmäßig aufsteigende Flugzeug ist in Nauberg gestartet. Über Altbach, das 1 200 m vom Abhebepunkt auf der Startbahn entfernt ist, beträgt die Flughöhe 460 m über NN. Über Bisdorf, das 4,5 km vom Abhebepunkt auf der Startbahn entfernt liegt, erreicht das Flugzeug bereits eine Höhe von 955 m über NN.

a) Berechne die Steigung des Fluges.

b) In welcher Höhe über NN liegt die Startbahn des Ortes Nauberg?

**5.** *Partnerarbeit:* Die zwei Geraden im Koordinatensystem schneiden sich im Punkt $P(2|3)$ und stehen senkrecht aufeinander.

a) Bestimmt anhand der beiden Steigungsdreiecke die Steigung der beiden Geraden.

b) Zeichnet mehrfach in ein Koordinatensystem zwei Geraden, die zueinander senkrecht stehen, und bestimmt auch deren jeweilige Steigung. Was fällt euch auf?

c) Stellt 4 Paare von Funktionsgleichungen auf, deren Graphen senkrecht zueinander stehen.

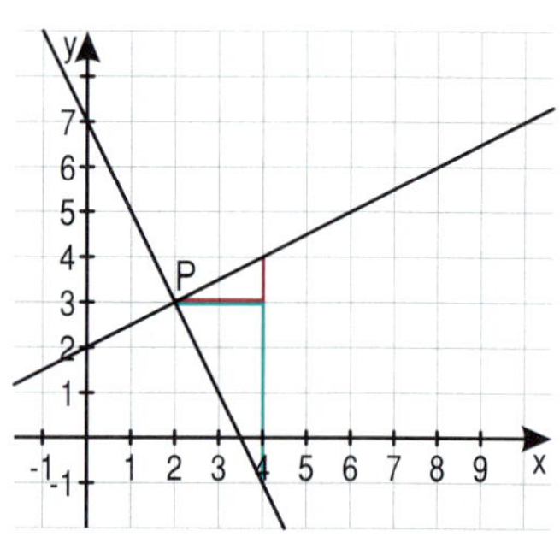

## Vermischte Aufgaben

**1.** Zeichne den zur Funktionsgleichung gehörenden Graphen.

a) $y = 2{,}5x$ b) $y = 3x$ c) $y = -0{,}5x$ d) $y = \frac{1}{4}x$ e) $y = x^2$ f) $y = -x^2$

**2.** 12 Maschinen erledigen bei gleichbleibender Leistung einen Auftrag in 15 Tagen.

a) Stelle eine Funktionsgleichung auf, wie viele Maschinen y benötigt werden, damit der Auftrag in x Tagen erledigt ist.

b) Wie viele Maschinen werden benötigt, damit der Auftrag in 9 (10; 6; 30; 18) Tagen erledigt ist?

**3.** Verschiedene Autowerkstätten bieten Komplettpreise beim Ölwechsel an.

| | ① Arsol | ② Tessal | ③ Rapoil | ④ Fenoil |
|---|---|---|---|---|
| Arbeitslohn | 6 € | 8 € | 9 € | 5 € |
| Literpreis | 7 € | 4,50 € | 6 € | 9 € |

a) Wie lautet die Funktionsgleichung für den Preis y beim Bedarf von x Liter Öl?

b) Zwei Werkstätten bieten bei einem Bedarf von 3 *l* Öl denselben Komplettpreis. Welche sind es?

**4.** Die Feuerwehr in Niedernhall hat eine Motorpumpe mit einem 20 *l* Benzintank. Im Einsatz verbraucht die Pumpe 2,5 *l* Benzin stündlich.

a) Übertrage die Wertetabelle in dein Heft und ergänze sie.

| Zeit x (h) | 0 | 1 | 2 | 3 | 4 | 5 |
|---|---|---|---|---|---|---|
| Benzin y (*l*) | 20 | | | | 10 | |

b) Übertrage das Schaubild in dein Heft.

c) Zeichne ein Steigungsdreieck und schreibe die Funktionsgleichung auf.

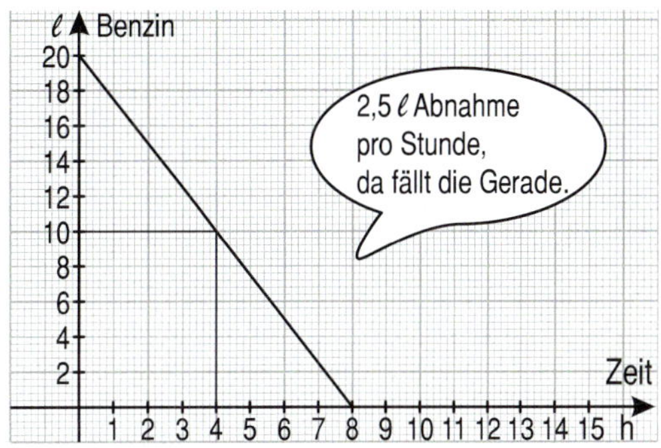


**5.** Bestimme die Geradengleichung. Beachte die unterschiedlichen Maßstäbe.

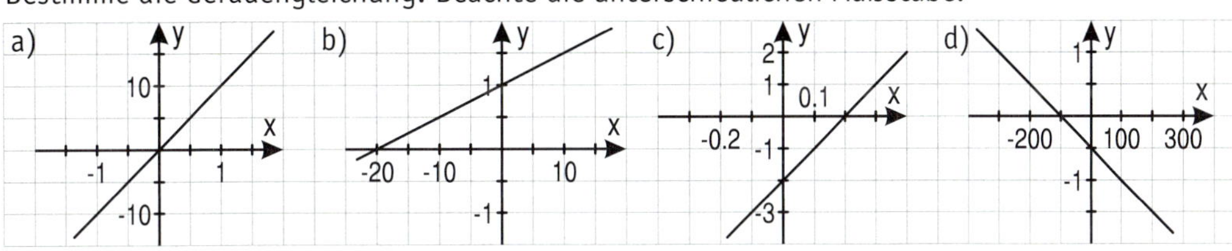


**6.** Die Gerade $g_1$ hat eine Steigung von $m = 2$, die Gerade $g_2$ eine Steigung von $m = -2{,}5$. Sie schneiden sich im Punkt $S(3|-2)$. Bestimme die Funktionsgleichungen von $g_1$ und $g_2$.

!!!! **7.** *Partnerarbeit:*

> Eine 18 cm lange Kerze wird angezündet. Nach einer Stunde Brenndauer ist die Kerze noch 16 cm lang. Wie lang ist die Kerze, wenn sie $3\frac{1}{2}$ Stunden gebrannt hat?

a) Lest die Aufgabenstellung und überlegt zunächst, welche Bedingungen die Kerze und der Brennvorgang erfüllen müssen, damit diese Frage rechnerisch bearbeitet werden kann.

b) Stellt die Funktionsgleichung auf, mit der die Länge der Kerze nach x Stunden Brenndauer berechnet werden kann.

c) Beim Abbrennen wird die Kerze immer kürzer, der zugehörige Graph hat eine negative Steigung. Auf welche Sachsituationen trifft dies auch zu? Notiert mindestens drei passende Beispiele.

## Stückweise lineare Funktionen

**Radtour:** Die ersten zwei Stunden wird mit einer Geschwindigkeit von 18 $\frac{km}{h}$ geradelt. Dann folgt eine Pause von 30 Minuten. Anschließend wird drei Stunden lang mit einer Geschwindigkeit von 12 $\frac{km}{h}$ geradelt.

Der zurückgelegte Weg y (in km) ist eine Funktion der Zeit x (in Stunden).

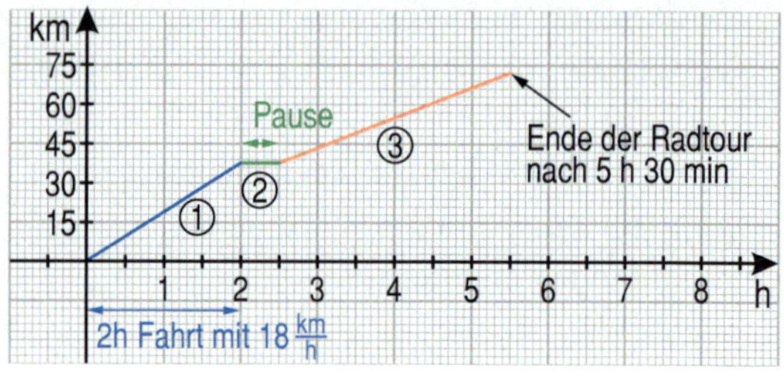


**1.** a) Im Beispiel ist eine Radtour grafisch dargestellt. Bestimmt die Koordinaten der „Knickstellen".

b) Ordnet aus der folgenden Auswahl von Funktionsgleichungen den Abschnitten ①, ② und ③ die richtige Gleichung zu. Dabei ist y der gefahrene Weg in km und x die zurückgelegte Zeit in Stunden. Ⓐ $y = 18x$ Ⓑ $y = 36$ Ⓒ $y = 0 - 18x$ Ⓓ $y = 12x + 36$ Ⓔ $y = 12x + 6$ Ⓕ $y = \frac{1}{2}x + 36$

**2.** Abgebildet ist der grafische Fahrplan eines Zuges.

a) Wie lange hat der Zug auf seiner Fahrt zum Ziel gehalten?

b) Gib für jeden der Abschnitte ①, ②, ③ und ④ die Steigung an. Welche Bedeutung hat sie?

c) Mit welcher Geschwindigkeit ($\frac{km}{h}$) ist der Zug in den Abschnitten ①, ③ und ④ jeweils gefahren?

d) Mit welcher gleichbleibenden Geschwindigkeit hätte der Zug das Ziel in derselben Zeit erreicht?

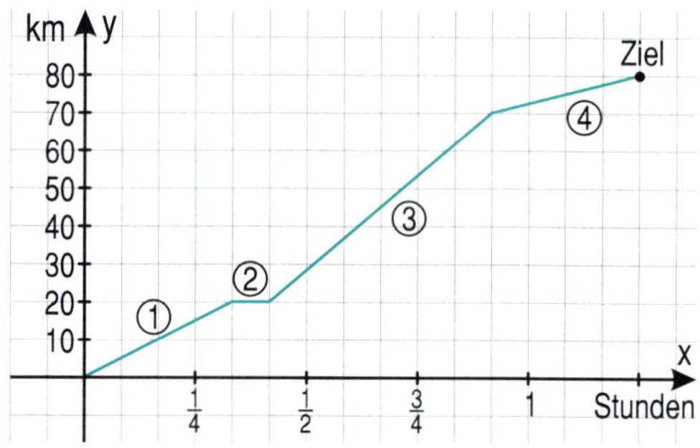


**3.** In einem Freizeitbad gelten folgende Eintrittspreise: bis 2 Stunden: 3,50 €; jede weitere Stunde: 2,00 €; Tageskarte: 11,00 €.
Das Schaubild zeigt den stufenweisen Anstieg der Eintrittspreise bis zur 4. Stunde.

a) Wie teuer ist eine Badedauer von 3 h ($3\frac{1}{2}$ h)?

b) Stelle die Zuordnung Badedauer ⟶ Preis für 1, 2, …, 8 Stunden im Koordinatensystem dar.

c) Ab wann lohnt sich der Kauf einer Tageskarte?

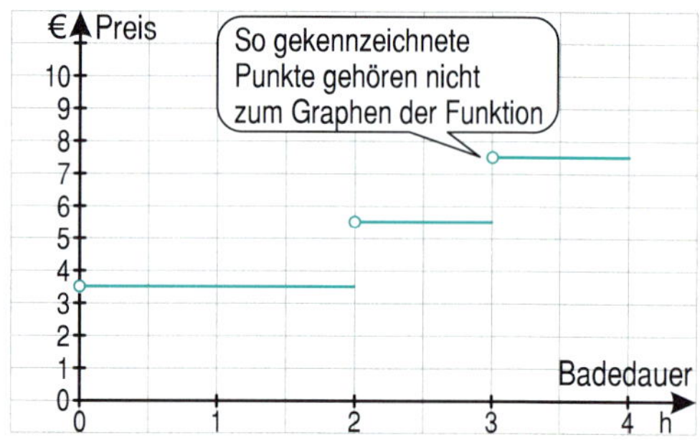


**4.** Gib die Funktionsgleichungen für die einzelnen linearen Stücke an.

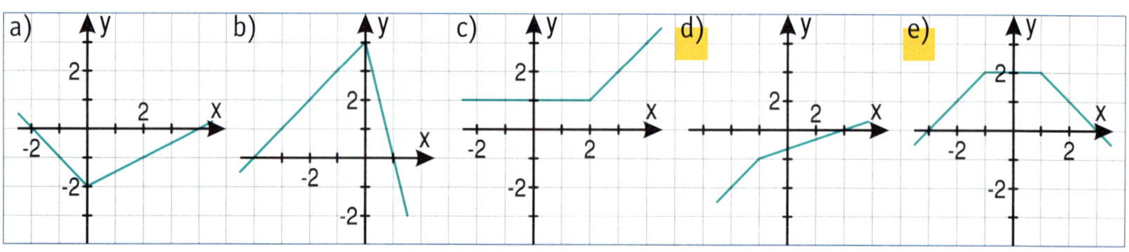


**5.** *Partnerarbeit:*

a) Informiert euch über die aktuellen Paketgebühren und stellt die Portokosten (€) für ein Paket in Abhängigkeit von der Masse (kg) in einem Koordinatensystem dar.

b) Prüft, ob die Zuordnung Porto ⟶ Masse in diesem Beispiel ebenfalls eine Funktion darstellt.

**1.** Gehört der Graph zu einer Funktion? Begründe.

a)
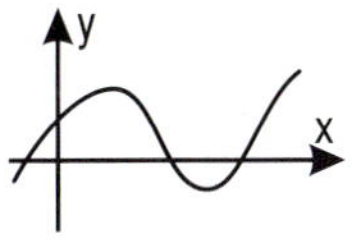


b)
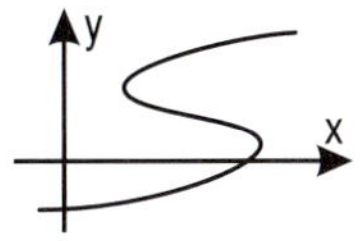


c)
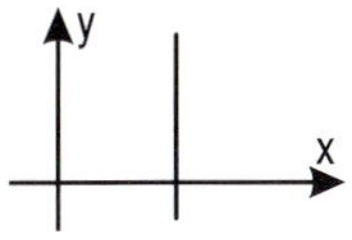


d)
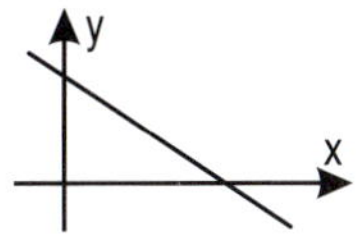


**2.** Zeichne den zugehörigen Graphen.

a) $y = 3x$  b) $y = -1{,}5x$  c) $y = \frac{1}{2}x$

**3.** Gegeben ist die Funktionsgleichung $y = \frac{12}{x}$. Vervollständige die Wertetabelle und zeichne den Graphen zwischen $x = 1$ und $x = 12$.

| x | 1 | 1,5 | 2 | 2,5 | 3 | 4 | 5 | 6 | 7,5 | 8 | 10 | 12 |
|---|---|---|---|---|---|---|---|---|---|---|---|---|
| y | | | | | | | | | | | | |

**4.** Bestimme die Steigung der Geraden.

a)
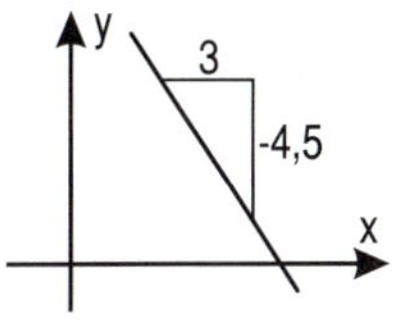


b)
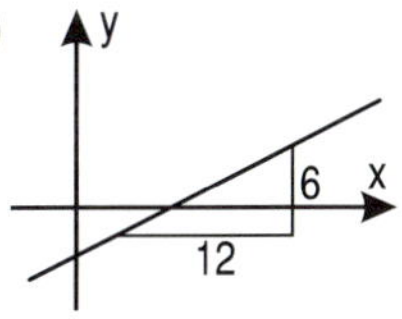


**5.** Zeichne die zugehörige Gerade.

a) $y = 2x - 5$  b) $y = -3x + 7$  c) $y = 5 - 0{,}5x$

**6.** Eine Gerade schneidet die y-Achse an der Stelle 7 und verläuft durch den Punkt $P(2|-1)$. Wie heißt die zugehörige Funktionsgleichung?

**7.** Welche der gezeichneten Geraden gehört jeweils zur Funktionsgleichung?

① $y = x + \frac{3}{2}$  ② $y = -\frac{1}{4}x$

③ $y = \frac{1}{2}x - 1$  ④ $y = -2x + \frac{1}{2}$

Ⓐ
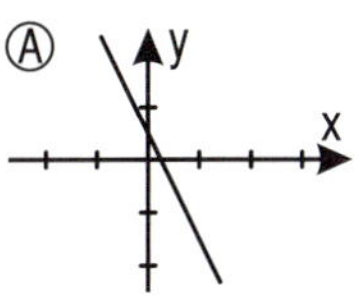


Ⓑ
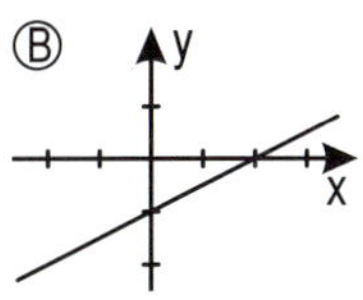


Ⓒ
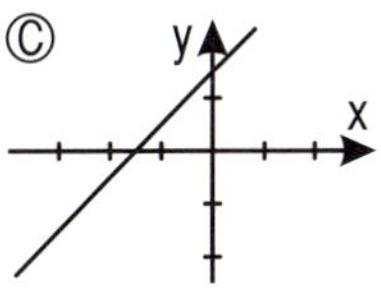


Ⓓ
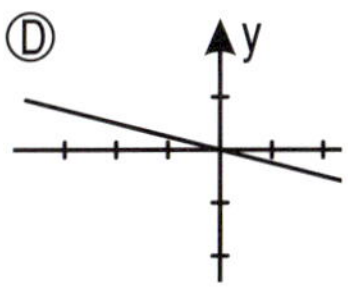


**8.** Die Gerade g verläuft durch die Punkte $A(1|2)$ und $B(2|4)$. Wie lautet die Geradengleichung?

**Funktionen** ordnen einer Größe x genau eine Größe y als Funktionswert zu. Ihre Darstellung im Koordinatensystem heißt **Graph** der Funktion. Am Graphen kann man ablesen, welcher Funktionswert y einem x-Wert zugeordnet ist.

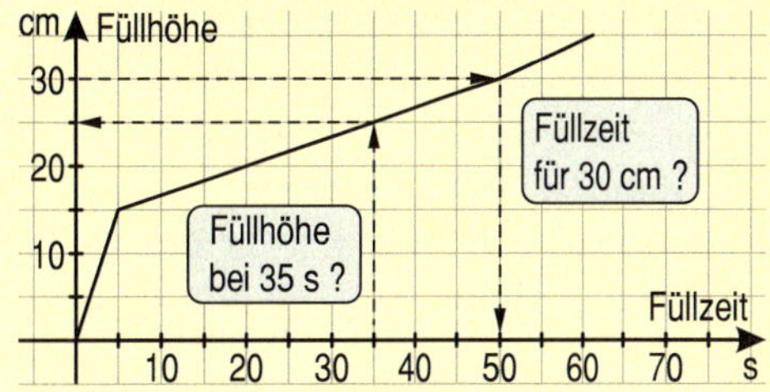


Eine **Funktionsgleichung** beschreibt, wie man für Werte x den Funktionswert y berechnet. Mit Hilfe der Funktionsgleichung kann man eine *Wertetabelle* anlegen und den Funktionsgraphen zeichnen.

$y = \frac{10}{x} + 3$

| x | y |
|---|---|
| 1 | 13 |
| 2 | 8 |
| 5 | 5 |
| 10 | 4 |
| … | … |

**Proportionale Zuordnungen** sind spezielle Funktionen mit einer Gleichung der Form $\mathbf{y = ax}$.

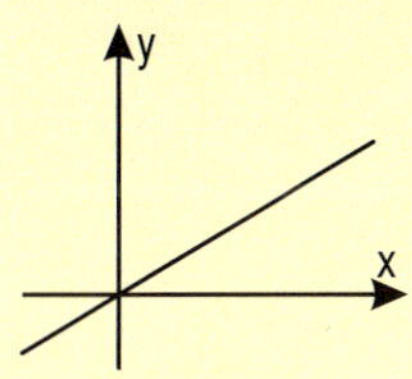


**Antiproportionale Zuordnungen** sind spezielle Funktionen mit einer Gleichung der Form $\mathbf{y = \frac{a}{x}}$.

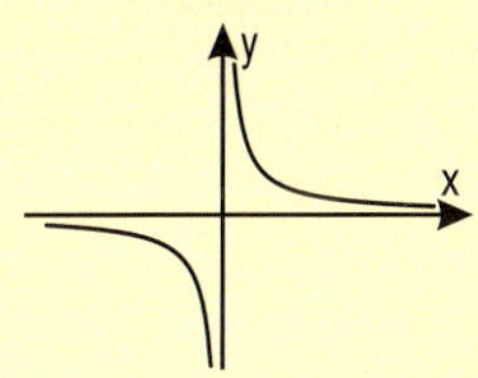


Funktionen, deren Graph eine Gerade ist, heißen **lineare Funktionen.** Ihre Gleichung kann in der Form $y = mx + b$ geschrieben werden. Die Gerade schneidet die y-Achse an der Stelle b. Die Gerade hat die **Steigung** m.

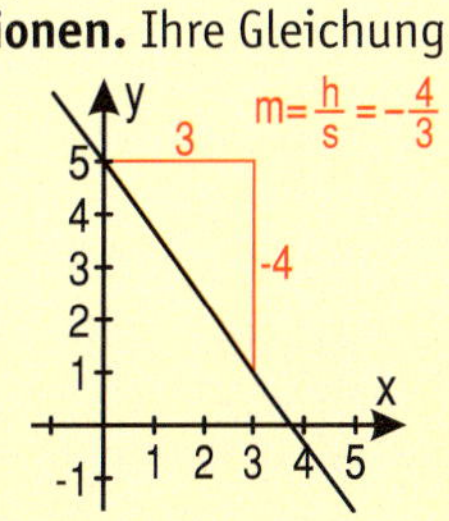


$$m = \frac{\text{Höhendifferenz (h)}}{\text{Seitendifferenz (s)}}$$

DIAGNOSETEST

**1.** Vervollständige die Wertetabelle zur proportionalen oder antiproportionalen Zuordnung.

a)

| x | 2 | 6 | 10 |
|---|---|---|---|
| y | 5 | 15 | |

b)

| x | 0,5 | 2 | 3 |
|---|---|---|---|
| y | 60 | 15 | |

**2.** Ergänze die Wertetabelle zur Funktion $y = 2x + 3$ und zeichne den Graphen.

| x | 0 | −1 | −2 | 3 | 4 |
|---|---|---|---|---|---|
| y | | | | | |

**3.** a) Zeichne die Gerade durch den Punkt P $(0|-3)$ mit der Steigung 3.

b) Zeichne die Gerade durch den Punkt A $(0|3)$ mit der Steigung $-\frac{1}{2}$.

**4.** Herr Mai mietet für einen Tag einen Kleintransporter. Der Tagesgrundpreis beträgt 40 €, hinzu kommen noch 0,30 € je gefahrenen Kilometer.

a) Stelle die Funktionsgleichung der Zuordnung Fahrstrecke ⟶ Gesamtkosten auf.

b) Berechne, wie viel € Herr Mai bezahlen muss, wenn er eine Strecke von 285 km zurücklegt.

**5.** Zeichne die Gerade durch die Punkte $R(3|1)$ und $S(0|0)$ und notiere die Geradengleichung.

## Wähle weitere 5 Aufgaben aus.

**1.** Die Touristen wandern in einem flotten Tempo: $6\,\frac{km}{h}$. Doch stets nach 20 Minuten müssen sie eine zehnminütige Rast einlegen. Der Einheimische wandert gleichmäßig mit einer Geschwindigkeit von $4\frac{1}{2}\,\frac{km}{h}$.

a) Zeichne jeweils den Graphen der Funktion Wanderzeit x (in h) ⟶ Wanderweg (in km). Wähle 6 Karos für 1 h und 2 Karos für 1 km.

b) Wie groß ist der Zeitunterschied des Eintreffens an dem 18 km entfernten Gipfel?

**2.** a) Zeichne die zur Geradengleichung $y = 2x - 5$ zugehörige Gerade.

b) Zeichne die Gerade durch den Punkt $A(-2|2)$ mit der Steigung 0,5.

**3.** Welche Funktionsgleichung gehört zu welcher Geraden?

① $y = 2x - 4$
② $y = 6 - x$
③ $y = \frac{1}{2}x + 5$
④ $y = -3x - 2$

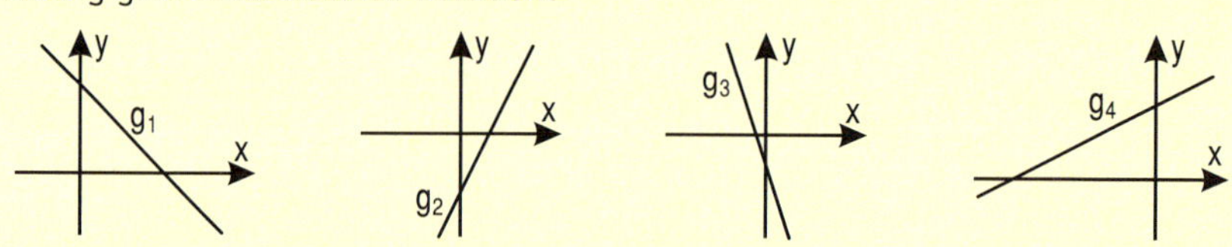


**4.** Zeichne die Geraden durch $P(0|5)$ und $Q(3|-1)$ in ein Koordinatensystem, bestimme m und b und notiere die zugehörige Funktionsgleichung.

**5.** Gib die Funktionsgleichungen für die einzelnen linearen Stücke im nebenstehenden Koordinatensystem an.

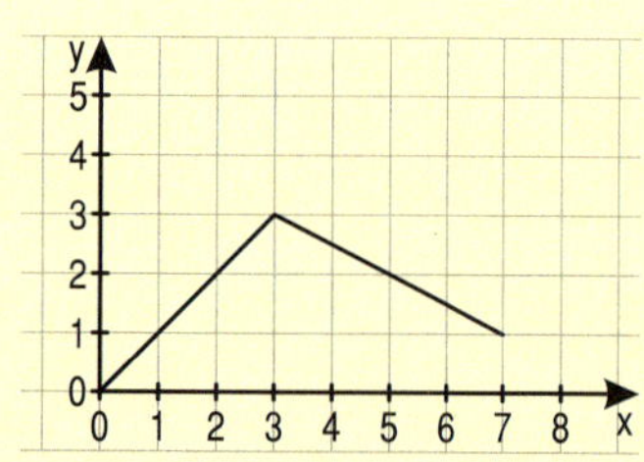


**6.** Sonja bekommt zum Geburtstag von ihrer Tante ein Handy mit 50 € Gesprächsguthaben. Der Netzbetreiber verlangt keine Grundgebühr, jedoch einen Minutenpreis von 0,49 €. Berechne das Restguthaben nach 50 Minuten Gesprächsdauer.

# Lineare Gleichungssysteme

# 5

## Lineare Gleichungen mit zwei Variablen

**1.** *Partnerarbeit:* Die Schüler auf dem Bild oben sollen Lösungen der Gleichung $2x + y = 4$ bestimmen.

a) Erklärt und beurteilt die Lösungsansätze. b) Wie viele Lösungen wurden jeweils ermittelt?

---

Die Lösungen einer linearen Gleichung mit zwei Variablen sind Zahlenpaare.

*Beispiel:* $y - \frac{1}{2}x = 1$

– Nach y auflösen: $y = \frac{1}{2}x + 1$
– Für x Zahlen einsetzen und zugehöriges y berechnen:

| x | y |
|---|---|
| 1 | $\frac{1}{2} \cdot 1 + 1 = 1{,}5$ |
| 4 | $\frac{1}{2} \cdot 4 + 1 = 3$ |

– Nach y auflösen: $y = \frac{1}{2}x + 1$
– Graphen zeichnen
– Punkte ablesen, z. B. (4 | 3)
– Probe: $3 - \frac{1}{2} \cdot 4 = 1$ wahr

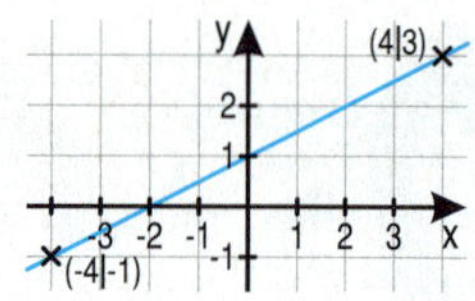


---

**2.** Gib zwei Paare natürlicher Zahlen an, die Lösungen sind.

a) $y - x = -1$ b) $x + y = 6$ c) $2y + 4x = 8$ d) $4y - 2x = 2$ e) $2x - y = 5$
f) $\frac{1}{3}y - x = 2$ g) $\frac{1}{2}y + 2x = 1$ h) $2y - x = -4$ i) $3y - 2x = 6$ j) $2y + x = 6$

**3.** Welches der angegebenen Zahlenpaare ist Lösung der Gleichung? Prüfe durch Einsetzen.

a) $2x - y = 5$ (2 | −1), (0,5 | −4)
b) $x + 0{,}5y = 3$ (5 | −2), (−3 | 12)
c) $x + 0{,}5y = 2{,}5$ (4 | 3), (−2 | 9)
d) $2x - 2y = -4$ (2 | 4), (−3 | 1)
e) $\frac{1}{2}x + 2y = 7$ (2 | 4), (6 | 2)

**4.** Stelle alle Lösungen der Gleichungen aus Aufgabe 3 zeichnerisch dar.

**5.** Die Pension Seeblick hat x Zweibettzimmer und y Einbettzimmer, insgesamt 20 Betten.

a) Wie viele Einbettzimmer gibt es, wenn 8 Zweibettzimmer vorhanden sind?
b) Notiere eine Gleichung für x und y, löse sie nach y auf und zeichne den Graphen.
c) Markiere alle Punkte, die zu Lösungen gehören.
d) Warum sind nicht alle Punkte der Geraden Lösungen? Diskutiere mit anderen und begründe.

**6.** Bestimme vier Lösungen durch Zeichnen. Löse zuerst die Klammern auf.

a) $2(3x - y) = 4$ b) $3(2x - y) = 6$ c) $2(3x + y) = 1$ d) $\frac{1}{2}(x - y) = 3$ e) $\frac{1}{3}(y - 2x) = 1$
f) $2(y + 3x) = 2$ g) $3(x - y) = -1$ h) $\frac{1}{2}(y - 3x) = 2$ i) $0{,}5(3x - y) = 2$ j) $\frac{1}{5}(5x + 10y) = 3$

**7.** Bildet Arbeitsgruppen. Jede Aufgabe soll von mindestens einer Gruppe bearbeitet werden. Findet eine Frage zu dem Bild und stellt eine passende Gleichung auf. Ermittelt drei mögliche Lösungen und präsentiert der Klasse euren Lösungsweg.

**8.** In einer Kasse liegen x Scheine zu je 50 € und y Scheine zu je 20 € im Gesamtwert von 600 €. Notiere dies als Gleichung und präsentiere alle möglichen Lösungen.

**9.** Herr Küßner kauft für den Urlaub Farbfilme. Ein besonders lichtempfindlicher Film kostet 6 €, ein normaler Film 4 €. Insgesamt zahlt er 60 €. Schreibe als Gleichung und gib alle Lösungen an.

**10.** Ergänze so, dass die Zahlenpaare Lösungen der Gleichung sind.

a) $x + y = 13$ (5|□), (□|−3)
b) $x - y = 6$ (□|−3), (8|□)
c) $2x + y = 10$ (2|□), (□|−2)
d) $2(x + y) = 12$ (□|3), (−1|□)
e) $-0{,}5x + y = 2$ (6|□), (□|3)

**11.** Gib zwei Zahlenpaare an, die Lösungen der Gleichung sind.

a) $x + y = 0$ b) $x + y = -3$ c) $2x + y = -1$ d) $x - y = 0{,}5$ e) $\frac{1}{2}x + y = -2$

**12.** Stelle eine Gleichung auf und gib zwei Lösungen an.

a) 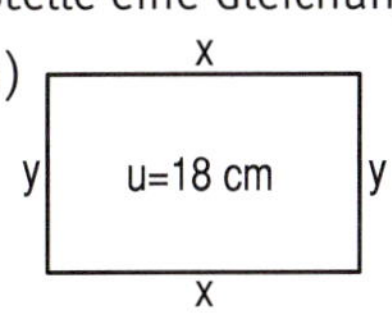


b) 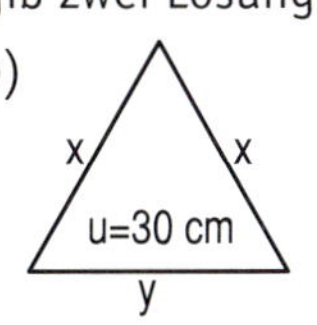


c) 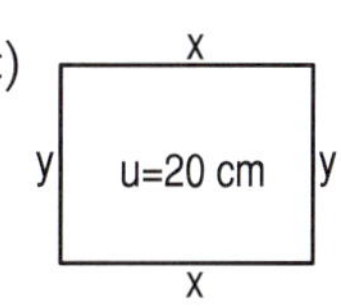


d) 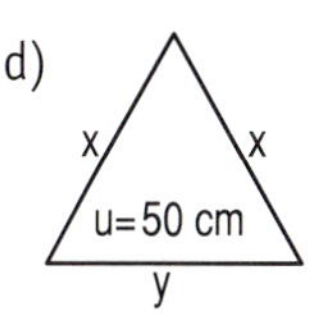


**13.** Stelle eine Gleichung auf und ermittle drei mögliche Lösungen.

a) Die Summe zweier Zahlen ist −8. b) Zwei Zahlen unterscheiden sich um 19.

c) Die Summe aus dem Doppelten einer Zahl und dem Dreifachen einer anderen ist 120.

d) Vermindert man das Fünffache einer Zahl um das Doppelte einer anderen, so erhält man 34.

**14.** Ermittle drei Lösungen der Gleichung und formuliere eine zur Gleichung passende Textaufgabe.

a) $2(x + y) = 2$ b) $x + \frac{1}{2}y = -1$ c) $0{,}5x + 0{,}5y = 0$ d) $2x + 0{,}5y = -2$ e) $\frac{1}{3}x + y = 0$

## Zwei Gleichungen mit zwei Variablen

**Lösungen von Axel und Tim**

| x | y | 2x + 4y | = 32 |
|---|---|---|---|
| 1 | 11 | 2 + 44 = 46 | f |
| 2 | 10 | 4 + 40 = 44 | f |
| 3 | 9 | 6 + 36 = 42 | f |
| 4 | 8 | | |

**Lösung von Rina und Metin**

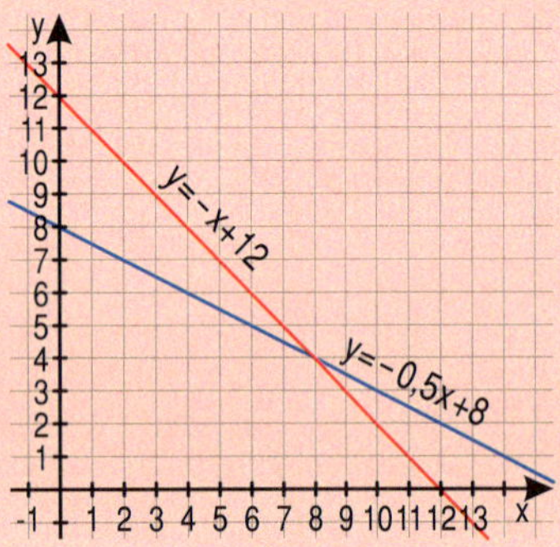


**Lösung von Cansu und Merle**

| | A | B | C | D | E |
|---|---|---|---|---|---|
| 1 | 1 | 11 | 2 | 44 | 46 |
| 2 | 2 | 10 | 4 | 40 | 44 |
| 3 | 3 | 9 | 6 | 36 | 42 |
| 4 | 4 | 8 | 8 | 32 | 40 |
| 5 | 5 | 7 | 10 | 28 | 38 |
| 6 | 6 | 6 | 12 | 24 | 36 |

**1.** *Gruppenarbeit:* Vergleicht und beurteilt die Lösungswege der drei Partnergruppen. Wie viele Hühner und Kaninchen sind in dem Stall?

**2.** Überlegt in Gruppen, welche Aufgabe sich aus dem Comic ergibt. Löst sie grafisch oder mit Tabellenkalkulation. Präsentiert der Klasse Lösungsweg und Ergebnis.

**3.** a) Wie heißen die Gleichungen der gezeichneten Geraden?
b) Lies die Koordinaten des Schnittpunkts der Geraden aus der Zeichnung ab und kontrolliere mit einer Rechnung.

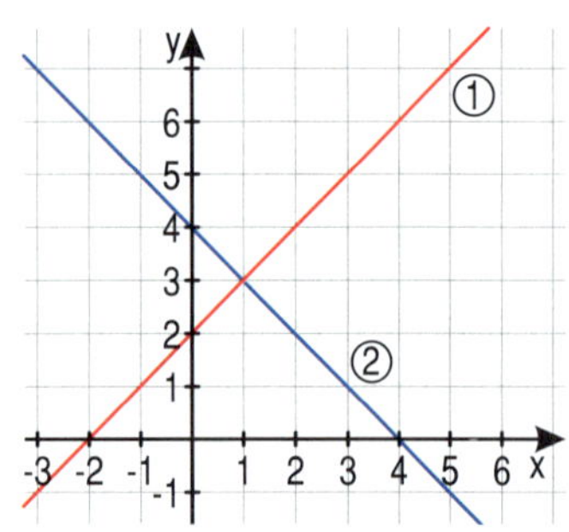


**4.** Bestimme die gemeinsame Lösung der beiden Gleichungen $y - 3x = -1$ und $y - 5x = -5$ grafisch und schreibt zum Lösungsweg eine Kurzanleitung.
Beginne so: 1. Beide Gleichungen nach y auflösen.

## Lineare Gleichungssysteme

Zwei lineare Gleichungen bilden ein lineares **Gleichungssystem**. Seine Lösung erfüllt beide Gleichungen. In der grafischen Darstellung können Lösungen als gemeinsame Punkte der zugehörigen Geraden abgelesen werden (z.B. ihr Schnittpunkt).

**1.**

**2.** In einem Gästehaus werden zwei gleich große Ferienwohnungen von ihren Besitzern zu unterschiedlichen Bedingungen angeboten.
Wohnung A: Tagesmiete 57 €, zusätzlich pro Aufenthalt 40 € für die Endreinigung.
Wohnung B: Tagesmiete 65 €, die Endreinigung ist in diesem Preis bereits enthalten.

a) Bei wie viel Urlaubstagen kosten beide Wohnungen gleich viel? Löse grafisch.

b) Welche Wohnung ist bei einem längeren Aufenthalt preiswerter?

**3.**

a) *Partnerarbeit:* Was könnt ihr zu den Lösungen der drei Gleichungssysteme sagen?

b) Löse die Gleichungen nach y auf. Wie kann man an den aufgelösten Gleichungen erkennen, wie viele Lösungen das Gleichungssystem hat? Schreibe 3 Merksätze auf.

**4.** Löse die Gleichungen nach y auf und entscheide, wie viele Lösungen es gibt. Wenn es genau eine Lösung gibt, dann bestimme sie zeichnerisch.

a) $3x + 2y = 16$
$2x + 3y = 19$

b) $3x + 4y = 1$
$-6x - 8y = -2$

c) $3x + y = 14$
$4x + 2y = 20$

d) $3x + 2y = 8$
$6x + 4y = 12$

e) $4x + 2y = 10$
$6x + 3y = 18$

**5.** Ein Gleichungssystem hat die Lösung $x = 4$, $y = 7$. Die Gerade zu der einen Gleichung hat die Steigung $-2$. Die andere Gerade schneidet die y-Achse bei $-5$. Stelle dein Gleichungssystem in der Klasse vor.

**6.** Gegeben ist ein Gleichungssystem: **I:** $6x + y = 3$ **II:** $-2x + \frac{1}{3}y = \frac{1}{3}$

a) Löse die Gleichungen nach y auf und zeichne die Graphen.

b) Lies die Koordinaten des Schnittpunktes ab und führe die Probe durch.

c) Welchen Nachteil kann das grafische Lösen haben? Diskutiere mit anderen.

## Gleichsetzungsverfahren

**1.** a) Welches Gleichungssystem ist auf dem linken Bild dargestellt?
b) Welcher Rechenschritt beschreibt den Übergang zum rechten Bild? Welche Lösung ergibt sich?

**2.** Löse das Gleichungssystem wie im Beispiel.

a) $y = 8x + 4$
$y = 3x + 14$

b) $y = 5x - 23$
$y = 3x - 11$

c) $x = 7y - 11$
$x = 3y - 3$

d) $x = 2y - 3$
$x = 4y + 5$

| **Gleichungssystem:** | I $y = 3x - 5$<br>II $y = 4x - 9$ |
|---|---|
| Gleichsetzen und Gleichung lösen | $3x - 5 = 4x - 9$<br>$x = 4$ |
| Diesen Wert in eine Gleichung einsetzen und lösen | $y = 3 \cdot 4 - 5$<br>$y = 7$ |
| Probe durch Einsetzen in die andere Gleichung | li. Seite: 7<br>re.Seite: $4 \cdot 4 - 9 = 7$ |

**3.** Löse zuerst beide Gleichungen nach derselben Variablen auf.

a) $x + 2y = 3$
$x + 4y = 5$

b) $x + 4y = 25$
$x + 5y = 30$

c) $6x + y = 34$
$x + y = 9$

d) $2y + x = 5$
$5y + x = 14$

**4.** Löse erst nach dem gleichen Vielfachen auf.

a) $2x + 2y = 10$
$2x + 18y = 42$

b) $6x + y = 57$
$2y + 6x = 60$

c) $-3x - 6y = -30$
$2x - 6y = -60$

d) $8y - 4x = 20$
$-x + 8y = 23$

e) $6x - 3y = 39$
$6x - y = 33$

f) $9y - 3x = 21$
$-x + 9y = 25$

| | | |
|---|---|---|
| I | $2y - 5x = 4$ | Nach 2y auflösen |
| II | $2 + 2y = 6x$ | |
| I | $2y = 5x + 4$ | Gleich-setzen |
| II | $2y = 6x - 2$ | |

Vielfaches einer Variablen.

**5.** Lisa und Malte lösen dasselbe Gleichungssystem. Diskutiert in der Gruppe die unterschiedlichen Lösungswege und führt die Rechnungen zu Ende.

**6.** Löse das Gleichungssystem möglichst geschickt, indem du beim Umformen Brüche vermeidest.

a) $x + 9y = 14$
$7x + 6y = 41$

b) $2x - 3y = 5$
$3x - y = -3$

c) $2y - 3x = 2$
$6y + 7x = 6$

d) $2y - 4x = -2$
$5y + 3x = 34$

**7.**

a) $x + 2y = -1$
$x - 2y = 5$

b) $3x - 6y = 3$
$4x - 4y = 8$

c) $3x + 2y = 14$
$2x + 2y = 4$

d) $3x - 2y = 0$
$5x - 2y = -4$

e) $2x + 6y = 12$
$2x - 3y = -15$

$x = 2$; $y = -1{,}5$ — $x = -4$; $y = 3$ — $x = -2$; $y = -3$ — $x = 10$; $y = -8$ — $x = -3$; $y = 3$ — $x = 3$; $y = 1$

## Einsetzungsverfahren und Additionsverfahren

**1.** *Partnerarbeit:* Wie sind Sven und Britta beim Lösen ihres Gleichungssystems jeweils vorgegangen? Den einen Lösungsweg nennt man „Einsetzungsverfahren“, den anderen „Additionsverfahren“. Wer wendet welches Verfahren an? Führt jeweils die Rechnung zu Ende.

**2.** Löse das Gleichungssystem nach beiden Verfahren. Dann stellen zwei aus der Klasse jeweils einen Rechenweg vor.

I $3x + 6y = 12$
II $x + 3y = -1$

**3.** Löse das Gleichungssystem und mache die Probe.

a) $3x + 2y = 12$, $y = 2x - 1$
b) $x = 5y - 19$, $2x + 9y = 38$
c) $y = x + 25$, $6x + 6y = 66$
d) $9x + 3y = 30$, $x = 7y - 4$
e) $y = 7x - 32$, $8x + 4y = 52$
f) $y = 2x + 7$, $3x + 4y = 6$

**4.**
a) $3y - 2x = 4$, $x - 2y = 3$
b) $x + 8y = 45$, $3x + 6y = 45$
c) $3x + 8y = 34$, $x + 7y = 20$
d) $y - 6x = 15$, $7x - 2y = -25$
e) $x + 5y = 17$, $2x - 4y = 20$
f) $y - 2x = -19$, $7x - 6y = 89$

**5.**
a) $3x - y = 4$, $4x + y = 3$
b) $x + 2y = 20$, $-4x - 2y = -26$
c) $6x + 7y = 56$, $-6x + 5y = -32$
d) $-5x - 5y = 6$, $5x - 6y = 38$
e) $2x + 5y = 16$, $3x - 5y = -1$
f) $4x + 9y = 35$, $-3x - 9y = -33$

**6.** Multipliziere eine Gleichung so, dass die Faktoren bei x oder bei y Gegenzahlen sind.

a) $2x + y = 6$, $6x + y = -6$
b) $4x - 3y = 46$, $4x - 7y = -14$
c) $-6x + 2y = 26$, $2x + 2y = 10$
d) $2x + 7y = 51$, $6x - 3y = -63$
e) $2x + 9y = -3$, $4x + 4y = 8$
f) $-8x + 6y = 26$, $6x + 3y = 33$

**7.** *Partnerarbeit:* Diskutiert die Behauptungen der Schüler und begründet eure Meinung. Löst die Gleichungen mit dem Verfahren eurer Wahl.

**8.** Löse die Gleichungen möglichst geschickt.

a) $4y - 5x = 22$, $y = 3x + 9$
b) $3x + 4y = 10$, $2x - 4y = 0$
c) $2x - 3y = 8$, $5x + 6y = 20$
d) $2x = 32 - 10y$, $2x + 4y = 20$

## Vermischte Aufgaben

**1.** Schreibe zu den Waagebildern das passende Gleichungssystem auf und löse es.

a) 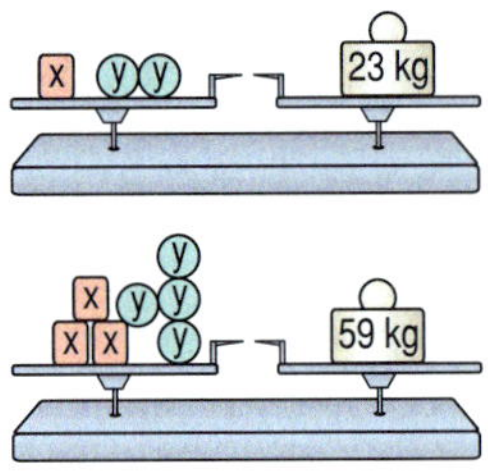


b) 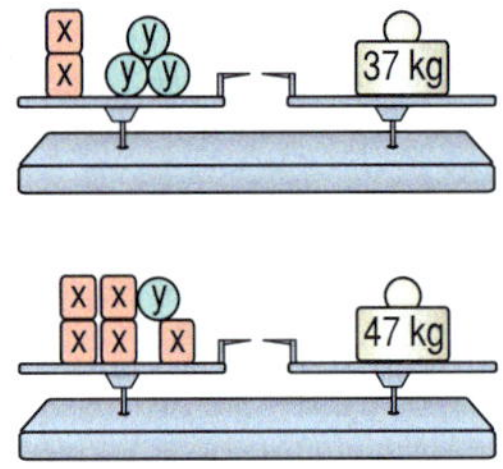


c) 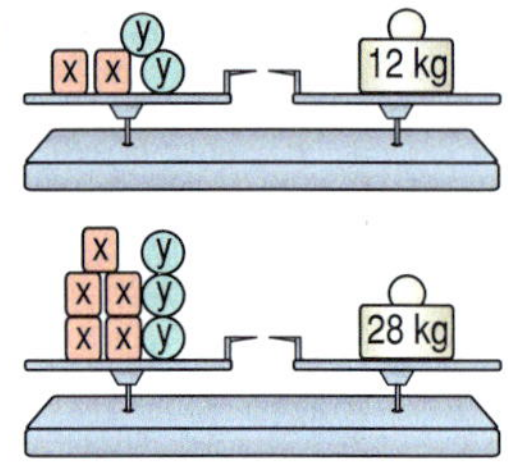


**2.** Löse das Gleichungssystem mit dem Einsetzungsverfahren.

a) $y = 3x - 13$
$8x + 6y = 78$

b) $9x + y = 35$
$9x = 59 - 4y$

c) $x + 7y = 50$
$9x + 4y = 37$

d) $3x - \frac{1}{2}y = 4$
$-\frac{1}{2}y = 8 - 5x$

e) $\frac{2}{3}x + 3y = 12$
$3y = 9 - \frac{1}{3}x$

f) $0{,}7x - 0{,}6y = -0{,}9$
$0{,}6y = 0{,}4x + 1{,}8$

**3.** Löse das Gleichungssystem mit dem Gleichsetzungsverfahren.

a) $y = 5x - 12$
$y = 6x - 15$

b) $x = 6y + 1$
$x = 4y + 3$

c) $8x - y = -9$
$-6x - y = 5$

d) $\frac{1}{2}x + 3y = 4$
$\frac{1}{2}x + 6y = 7$

e) $-\frac{1}{3}x + 3y = 11$
$-\frac{1}{6}x + 3y = 10$

f) $0{,}2x + 0{,}8y = 4{,}8$
$0{,}6x + 0{,}6y = 5{,}4$

**4.** Löse das Gleichungssystem mit dem Additionsverfahren.

a) $5x + 5y = 60$
$-5x + 4y = 3$

b) $5x + 6y = 26$
$-7x - 6y = -34$

c) $2x + 2y = -10$
$5x + 2y = -7$

d) $9x - 7y = 1$
$-6x + 8y = 16$

e) $3x + 6y = 3$
$2x + 5y = 1$

f) $0{,}6x + 0{,}5y = -2{,}7$
$1{,}8x + 0{,}7y = -5{,}7$

**5.** Löse das Gleichungssystem mit einem Verfahren deiner Wahl.

a) $-8x + 3y = -35$
$8x - y = 17$

b) $x = 2y - 11$
$x = 8y - 65$

c) $-x - 9y = 31$
$6x + 7y = -45$

d) $-5x + 3y = 33$
$3x + 3y = -39$

e) $x = 50 - 7y$
$9x + 4y = 37$

f) $y = 14 - 8x$
$y = 13 - 7x$

**6.** a) $9x - 8y = 97$
$9x + 2y = 77$

b) $8x + 2y = -82$
$x + 2y = -19$

c) $6y = 98 - 7x$
$6y = 18 + 3x$

d) $7x + 7y = 14$
$9x + 5y = -6$

e) $-8x + 6y = -36$
$-4x + 6y = 0$

f) $x + 5y = 38$
$4x + 8y = 80$

**7.**

a) $5p - 3q = 47$
$p + 3q = 13$

b) $5a - 2b = 4$
$3a + 7b = 27$

c) $y = 5z + 15$
$y = 3z + 11$

d) $p = 3q + 13$
$2p + 3q = -1$

e) $0{,}5b = -11 - 7a$
$3a - 0{,}5b = -9$

f) $2z - 5y = 21$
$5y + 2z = -9$

g) $5p + 6q = 15$
$3p - 7q = 9$

h) $-3y + 7z = 4$
$8z + 3y = 11$

i) $4a - 3b = -35$
$6a + 2b = -20$

| | |
|---|---|
| 10 | 1 |
| 4 | −3 |
| −5 | 5 |
| −2 | 6 |
| 3 | 0 |
| 5 | −2 |
| 1 | 1 |
| 3 | −3 |
| 2 | 3 |

# Bleib FIT!

**Das Lösungswort ergibt drei Begriffe aus Afrika.**

**1.** a) 400,37 + 325,98 – 125,63 – 45,17
b) 234,78 – 148,92 – 67,39 + 216,09

**2.** a) 334,8 : 23,25  b) 358,05 : 34,1

**3.** a) $(4\frac{3}{4} + 2\frac{1}{5}) \cdot 6{,}2$  b) $6{,}25 + 3\frac{1}{4} \cdot 2\frac{2}{5}$

**4.** a) $3{,}25\ m^2 + 37\ cm^2 + 3{,}2\ dm^2 = ▪\ dm^2$
b) $3{,}75\ l + 125\ dm^3 + 1\,250\ cm^3 = ▪$ Liter

**5.** Berechne den Unterschied zwischen $3{,}5 \cdot 10^3$ und $5{,}4 \cdot 10^4$.

**6.** Wie viel Prozent der Gesamtfläche ist gefärbt?

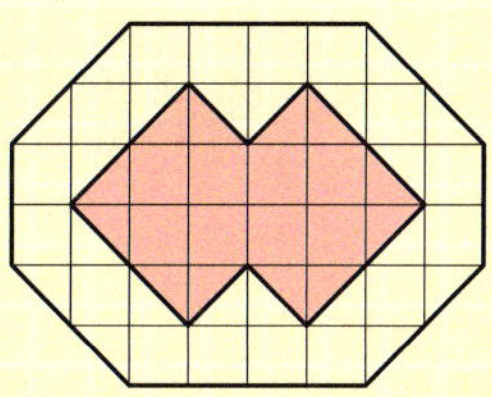

**7.** Ein quaderförmiger Holzbalken ist 9,5 cm breit, 4 cm hoch und 3,5 m lang. Berechne die Masse ($1\ cm^3$ Holz wiegt 0,7 g) in g.

**8.** Ein Quadrat mit der Seitenlänge 12 cm ist flächengleich mit einem Rechteck. Das Rechteck hat eine Seitenlänge von 9 cm. Berechne die andere Seitenlänge in cm.

**9.** a) Berechne den Flächeninhalt in $cm^2$.

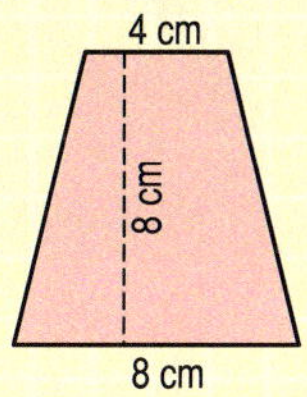


b) Berechne das Volumen in $cm^3$.

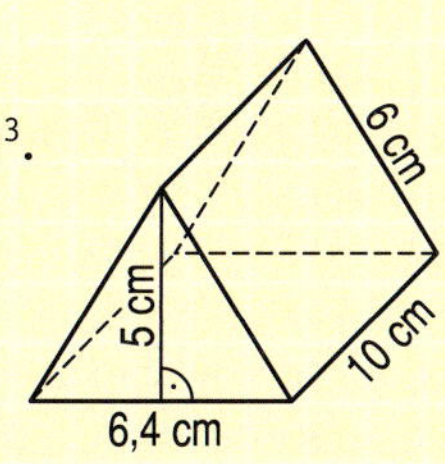


10,5 K
14,05 I
14,4 L
14,5 E
14,6 R
15 L
16 H
17 G
34 H
35 S
36 O
43,09 A
43,9 B
46 M
48 A
120 T
130 O
134,56 A
160 D
234,56 I
328,57 R
328,67 Z
555,55 N
555,66 F
5 050 O
9 310 C
9 320 L
40 500 B
50 500 T
500 500 I

## Anwendungen

Dana kauft kleine Kerzen zu 3 € und große zu 5 €. Für insgesamt 11 Kerzen zahlt sie 43 €.
Wie viele Kerzen jeder Sorte hat sie gekauft?

| | Anzahl | Preis (€) |
|---|---|---|
| kl. Kerzen | x | 3 x |
| gr. Kerzen | y | 5 y |
| zusammen | x + y = 11 | 3 x + 5 y = 43 |

Gleichungssystem
**I** x + y = 11
**II** 3 x + 5 y = 43
lösen:
...

Probe am Text:
– Kerzen insgesamt:
...
– Gesamtpreis (€)
...

**1.** Löse die Beispielaufgabe zu Ende und mache die Probe am Text.

**2.** Für eine Klassenfete kaufen Julia und Marco Limonade zu 0,80 € und Cola zu 1,50 € ein. Für insgesamt 35 Flaschen zahlen sie 42 €. Wie viele Flaschen jeder Sorte haben sie gekauft?

**3.** Saed bezahlt für die Entwicklung von 2 Filmen und 72 Abzüge 24,78 €. Nadine lässt in demselben Geschäft 3 Filme entwickeln und 85 Abzüge herstellen und zahlt 30,50 €. Berechne den Preis für eine Filmentwicklung und einen Abzug.

**4.**

**5.** Für ein Wohnmobil zahlt man pro Tag eine Grundgebühr und einen Geldbetrag pro gefahrenen Kilometer. Familie Koschak zahlt 614,85 € für 4 Tage und 465 km. Familie Wöhler ist 7 Tage unterwegs und fährt insgesamt 920 km. Sie muss 1 106,80 € bezahlen. Wie hoch sind die Grundgebühr pro Tag und der Preis für einen Kilometer?

!!!! **6.** Beim schwersten Pferderennen der Welt werden regelmäßig Reiter abgeworfen. Die Pferde laufen dann reiterlos durchs Ziel. Bisweilen stürzen Pferd und Reiter auch so heftig, dass beide nicht im Ziel ankommen. In diesem Jahr waren 32 Pferde am Start; ins Ziel kamen 53 Köpfe und 162 Beine. Erstelle einen Bericht über Ausfälle im diesjährigen Rennen und erläutere ihn vor der Klasse.

**7.** Frau Galuhn kauft 200 g Salami und 300 g Schinken für zusammen 12,49 €. Herr Brand zahlt für 500 g Salami und 200 g Schinken 15,33 €. Wie viel kosten jeweils 100 g?

**8.** Herr Berg kauft 500 g Fleisch und 250 g Aufschnitt und zahlt 8,60 €. Für 750 g Fleisch und 200 g Aufschnitt zahlt Frau Stüwe 10,31 €. Wie teuer sind jeweils 100 g?

**9.** Ein Sohn der Familie Dörries sagt: Ich habe doppelt so viele Schwestern wie Brüder. Eine seiner Schwestern sagt: Ich habe genauso viele Schwestern wie Brüder. Wie viele Kinder sind es?

**10.** Eine Mutter war vor 8 Jahren 3-mal so alt wie ihr Sohn. In 2 Jahren wird der Sohn halb so alt wie seine Mutter sein.

| Alter (Jahre) | heute | vor 8 Jahren | in 2 Jahren |
|---|---|---|---|
| Mutter | x | x – 8 | x + 2 |
| Sohn | y | y – 8 | y + 2 |
| | | x – 8 = ▒ | x + 2 = ▒ |

**11.** Fabian ist heute 4-mal so alt wie seine Schwester. Vor 3 Jahren war er 7-mal so alt.

**12.** Vor 3 Jahren war Mirko 3-mal so alt wie Kader. Heute ist er 2 Jahre jünger als beide vor 3 Jahren zusammen waren.

**13.** Jennifers Großmutter ist heute 5-mal so alt wie Jennifer. Vor 5 Jahren war sie 7-mal so alt.

**14.** Addiert man zum 4-Fachen einer Zahl das 6-Fache einer zweiten, erhält man 6. Zieht man jedoch vom Doppelten der ersten Zahl das 6-Fache der zweiten ab, so erhält man 12.

1. Zahl: x  2. Zahl: y
4-Faches 1. Zahl + 6-Faches 2. Zahl = 6
I $4x + 6y = 6$
Doppeltes 1. Zahl – 6-Faches 2. Zahl = 12
II $2x - 6y = 12$

**15.** Die Summe aus dem 4-Fachen einer Zahl und dem 3-Fachen einer anderen ist 1. Die Summe aus dem 3-Fachen der ersten Zahl und dem 4-Fachen der zweiten ist 6.

**16.**
a) Die Summe aus zwei Zahlen ist 9. Ihre Differenz ist 14.
b) Die Quersumme einer zweistelligen Zahl ist 12. Die Zehnerziffer ist um 4 kleiner als die Einerziffer.
c) Addiert man zum Dreifachen einer Zahl eine zweite, erhält man 48. Subtrahiert man vom Dreifachen der ersten Zahl die zweite erhält man 12.
d) Die Differenz zweier Zahlen ist 11. Addiert man zum Dreifachen der größeren die kleinere Zahl, so erhält man 65.
e) Die Summe aus dem 3-Fachen einer Zahl und dem Doppelten einer zweiten Zahl ist 1. Die Summe aus dem Doppelten der ersten Zahl und dem Dreifachen der zweiten ist – 6.
f) Die Summe zweier Zahlen ist 37. Subtrahiert man vom Doppelten der ersten das Dreifache der zweiten Zahl, erhält man 13.

**17.** a) Die Quersumme einer zweiziffrigen Zahl ist 14. Vertauscht man die beiden Ziffern, so wächst die Zahl um 18.
b) Die Quersumme einer zweiziffrigen Zahl ist 11. Vertauscht man die beiden Ziffern, so wird die Zahl um 45 kleiner.

**TIPP**
zweiziffrige Zahl: 10 x + y
x = Zehnerziffer,
y = Einerziffer

**18.** Für den Umzug in die erste eigene Wohnung möchte Tina für einen Tag einen Kleintransporter mieten. Der Autoverleih bietet zwei Tarife an.
Tarif A: Tagespauschale 59 € zuzüglich 0,28 € je gefahrenen Kilometer
Tarif B: Tagespauschale 79 € zuzüglich 0,20 € je gefahrenen Kilometer
a) Tina rechnet mit einer Fahrstrecke von insgesamt 180 km. Welchen Tarif soll sie wählen?
b) Bei welcher Fahrstrecke ist der Endpreis bei beiden Tarifen gleich?

**19.** Murat hat zwei Internettarife zur Auswahl.
Tarif A: monatlich 4,99 € Grundgebühr, zusätzlich 0,28 Cent pro Minute
Tarif B: 1,49 Cent pro Minute (keine Grundgebühr)
a) Bei welcher „Surfzeit" ist der Rechnungsbetrag bei beiden Tarifen gleich?
b) Murat hat gehört, Tarife ohne Grundgebühr seien nur für Wenignutzer interessant. Erkläre.

## Anwendungen in der Geometrie

**1.** Der Umfang eines Rechtecks beträgt 168 cm. Die größere Seite ist um 12 cm länger als die kleinere. Welchen Flächeninhalt hat das Rechteck?

**2.** Der Umfang eines Rechtecks beträgt 132 cm. Die eine Seite ist um 8 cm kürzer als die andere. Welchen Flächeninhalt hat das Rechteck?

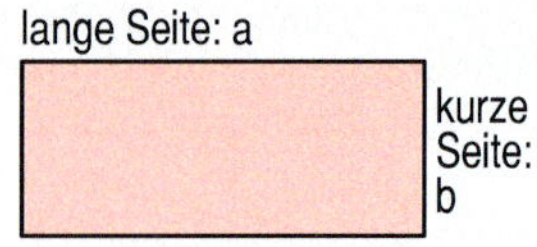


a um 12 cm länger als b:
**I** $a = b + 12$
Umfang 168 cm:
**II** $2a + 2b = 168$

**3.** Berechne die Seiten im Rechteck.

a) Eine Seite ist 9 cm kürzer als die andere. Der Umfang beträgt 50 cm.

b) Das Rechteck ist doppelt so lang wie breit. Sein Umfang ist 21 cm.

c) Der Umfang beträgt 58 cm. Die Differenz der Seiten ist 7 cm.

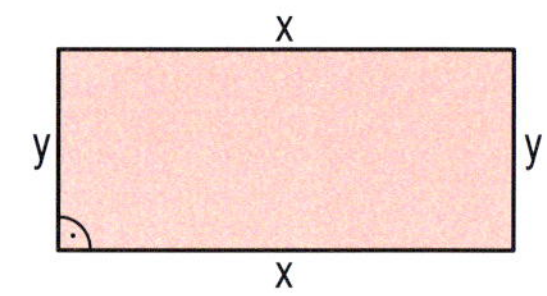


**4.** Berechne die Seiten im gleichschenkligen Dreieck.

a) Ein Schenkel ist 6,5 cm kürzer als die Basis. Der Umfang beträgt 41 cm.

b) Ein Schenkel ist dreimal so lang wie die Basis. Der Umfang beträgt 17,5 cm.

c) Die Basis ist halb so lang wie ein Schenkel. Der Umfang beträgt 36 cm.

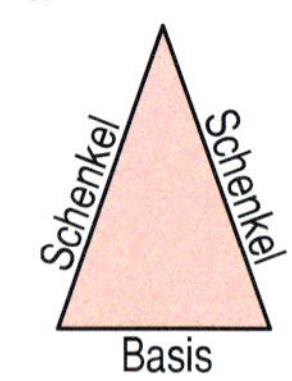


**5.** Berechne die Winkel im gleichschenkligen Dreieck.

a) Ein Basiswinkel ist um 66° kleiner als der Winkel an der Spitze.

b) Der Winkel an der Spitze ist 2,5-mal so groß wie ein Basiswinkel.

c) Die Summe der Basiswinkel ist um 46° größer als der Winkel an der Spitze.

d) Ein Basiswinkel ist um 27° größer als der Winkel an der Spitze.

**TIPP**
Die Winkelsumme hilft dir.

38° | 42° | 69° | 104° | 100° | 40° | 67° | 56,5°

**6.** Ein Rechteck mit den Seiten x und y hat 42 cm Umfang. Verkürzt man Seite x um 4 cm und verlängert Seite y um 4 cm, entsteht ein neues Rechteck mit 4 cm² weniger Flächeninhalt.

a) Gib zwei Gleichungen an:
**I** Umfang des 1. Rechtecks = 42
**II** Fläche 1. Rechteck = Fläche 2. Rechteck + 4

b) Forme die zweite Gleichung so um, dass sie linear wird.

c) Löse das Gleichungssystem. Wie lang sind die Seiten des ursprünglichen Rechtecks?

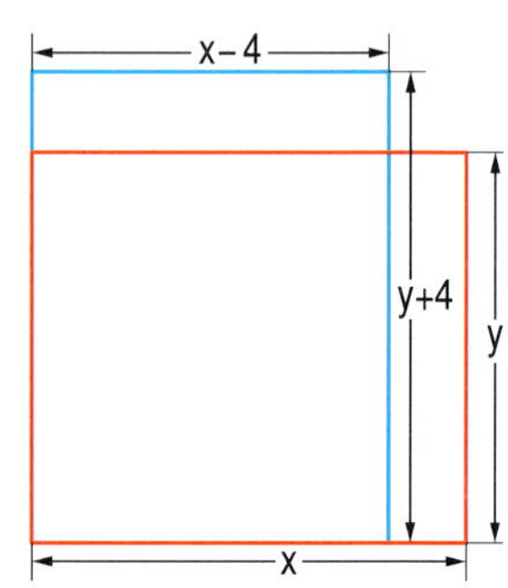


**7.** Erkläre deinen Mitschülerinnen und Mitschülern, wie du die folgende Aufgabe löst. Verlängert man die kurze Seite eines Rechtecks um 7 cm und verkürzt die längere um 5 cm, so wächst der Flächeninhalt um 31 cm². Verlängert man die kurze Seite um 5 cm und verkürzt die längere um 7 cm, so verringert sich der Flächeninhalt um 29 cm². Wie lang sind die Seiten?

**8.** a) Verkürzt man in einem Rechteck die längere Seite um 6 cm und die kürzere um 3 cm, so entsteht ein Quadrat, dessen Fläche um 126 cm² kleiner ist, als die Fläche des Rechtecks.

b) Verlängert man in einem Rechteck die längere Seite um 8 cm und die kürzere um 19 cm, so entsteht ein Quadrat, dessen Fläche um 820 cm² größer ist als die Fläche des Rechtecks.

## Vermischte Aufgaben

**1.** Welches Zahlenpaar ist Lösung des Gleichungssystems?

a) $y = 3x - 7$
$y = 3 - 2x$
| $x = -2$; $y = 1$ | $x = 2$; $y = -1$ |

b) $2x + 5y = 2$
$4x - 5y = 10$
| $x = 2$; $y = -0{,}4$ | $x = 0{,}2$; $y = -4$ |

c) $y = 2x + 1$
$x - 10 = y - 14$
| $x = 4$; $y = 6$ | $x = 3$; $y = 7$ |

d) $4x - 2y = 10$
$3x - 2y = 6$
| $x = 4$; $y = 3$ | $x = 3$; $y = 4$ |

**2.** Löse mit einem Verfahren deiner Wahl. Achtung: Es gibt Gleichungssysteme ohne Lösung.

a) $7x - 8y = 47$
$5x + 6y = -25$

b) $y = 2x + 7$
$4x - 2y = 8$

c) $3x = -7y - 45$
$3x = -4y - 30$

d) $x = 8y - 45$
$x = 7y - 39$

e) $6y = 2x + 24$
$\frac{1}{3}x = -y - 7$

f) $y - 4x = 12$
$3y - 4x = -4$

g) $y - 2x = -9$
$\frac{1}{2}y - x = 2$

h) $2x = 24 - 2y$
$2x + 8y = 42$

**3.** Wie viele Münzen oder Scheine jeder Sorte sind in dem Sparschwein?

a)

b)

c)

**4.** a) Tom kauft 3 Skalare und einen Wels für 12,80 €. Seine Freundin Tina zahlt für 2 Skalare und 2 Welse 13,80 €.

b) Norman kauft 20 Neonfische und 3 Schwertträger für 16,35 €, sein Vater 10 Neonfische und 5 Schwertträger für 13,25 €.

c) An Pflanzen kauft Niko 5 Valisnerien und 3-mal Wasserpest und zahlt 3,10 €. Für 3,30 € bekommt Felix 3 Valisnerien und 5-mal Wasserpest.

**5.** a) Die Summe zweier Zahlen ist –4. Ihre Differenz ist 22.

b) Die Quersumme einer zweistelligen Zahl ist 13. Die Zehnerziffer ist um 3 größer als die Einerziffer.

**6.** Vereinfache zuerst, dann löse das System mit einem Verfahren deiner Wahl.

a) $4(2x + 3y) = 28$
$3(x - 2y) = 0$

b) $3(x + y) = -24$
$2(7x - 5y) = -40$

c) $5(2x - 5y) = -150$
$2(x + 3y) = 58$

d) $3(4x + 9y) = 93$
$2(4x - 3y) = -106$

e) $4(9x - 2y) = 96$
$3(7x + y) = 33$

f) $2(3y - 2x) = 10$
$3(2y - 3x) = 0$

**TIPP**
I $5(4y - x) = -5$ |: 5
II $3(5y - x) = -6$ |: 3
I $4y - x = -1$
II $5y - x = -2$

**7.** a) $8x + 2y = 54 + 2x - y$
$7y + 4x = -2 + 6x + 4y$

b) $5y - x = -8 + 2y - 5x$
$3x - 2y = 72 + 9x - 5y$

c) $12x + 2y = 5x - 3y + 33$
$2y - 2x = 6y + 2x - 4$

d) $5x + 3y = 2y - 8x + 29$
$2x + 5y = y - 3x + 22$

e) $6x - 2y = 4x + 3y + 19$
$4x + y = 3x - 4y - 13$

f) $7y - 3x = 4y + 2x - 16$
$5y + 4x = 2y - 4x + 10$

**TIPP**
Erst ordnen und zusammenfassen.

**8.** a) $(x + 2)(y - 3) + (3 + x)(2 - y) = -5$
$(x + 3)(y - 1) + (2 - x)(3 + y) = 10$

b) $(x - 3)^2 + 3(y - 4) = x^2$
$(y + 4)^2 + 3(x + 2) = y^2 + 49$

c) $(x - 1)(y + 3) = (x + 4)(y - 3) + 6$
$(x - 2)(y + 2) = (x - 1)(y + 3) - 6$

d) $(y + 2)^2 + 2(x - 3) = y^2 - 20$
$(x - 3)^2 + 3(4 - y) = x^2 + 12$

**TIPP**
Klammern ausmultiplizieren, ordnen und zusammenfassen ...

!!!!

## Mischungsaufgaben

Bildet vier Gruppen aus eurer Klasse. Jede Gruppe befasst sich mit einer Aufgabe. Folgt den Hinweisen, löst die Aufgabe und bereitet eine Präsentation von Aufgabe und Lösung vor.

**1.**

Die Flasche C oben rechts ist leer. Sie soll aus den beiden Flaschen A und B gefüllt werden; und zwar so, dass als Mischung 60%iger Alkohol entsteht.

- Überlegt, wie viel Liter reiner Alkohol in der Flasche C „ankommen" muss.
- Geht an den Computer und nehmt eine Tabellenkalkulation vor.
  A: Anteil in *l* aus Flasche A } zusammen
  B: Anteil in *l* aus Flasche B } 10 *l*
  C: Reiner Alkohol aus A
  D: Reiner Alkohol aus B
  E: Summe von C und D

**2.**

Das 3-*l*-Gefäß soll aus der Flasche A und dem Wasserhahn W so gefüllt werden, dass es voll ist und 5%ige Essigsäure enthält.

- Wie viel Milliliter reine Essigsäure muss das 3-*l*-Gefäß enthalten?
- Nennt x die Flüssigkeitsmenge aus A in ml.
- Beschreibt mit einem Term, wie viel ml reine Essigsäure x ml aus A enthalten.
- Schreibt eine Gleichung für x auf und löst sie.
- Warum beschreibt der Term (3 000 – x) die Flüssigkeitsmenge aus dem Wasserhahn?

**3.**

Ein Goldschmied mischt Silber vom Feingehalt 600 und Silber vom Feingehalt 800. Er erhält 100 g Silber vom Feingehalt 750.
Welche Mengen der beiden Sorten hat er verbraucht?

- Findet im Internet (Suchmaschine) unter dem Stichwort „Feingehalt von Silber" heraus, was „Feingehalt 600", „Feingehalt 800" und „Feingehalt 750" bedeuten.
- Nennt x die Menge in Gramm an Silber mit FG 600 in der Mischung.
- Nennt y die Menge in Gramm an Silber mit FG 800 in der Mischung.
- Beschreibt mit Termen den Anteil in Gramm an reinem Silber in den Mengen x und y.
- Gebt an, wie viel Gramm reines Silber in der Mischung ist.
- Findet zwei Gleichungen mit x und y.

**4.**

Mischt man 1,5 kg Gold mit einem bestimmten Feingehalt (Sorte A) und 3 kg Gold eines anderen Feingehaltes (Sorte B), so erhält man eine Legierung vom Feingehalt 800. Mischt man dagegen die umgekehrten Mengen, ist der Feingehalt der Legierung 750.

- Findet heraus, was „Feingehalt" bedeutet.
- Welche Sorte (A oder B) hat den höheren Feingehalt?
- Unter welchem Wert muss der Feingehalt der Sorte mit dem geringeren Feingehalt, über welchem Wert der Feingehalt der anderen Sorte liegen?
- Wie viel g reines Gold enthält der erste 4,5 kg schwere Goldklumpen, wie viel der zweite?
- Findet mit einer Tabellenkalkulation die Feingehalte der Sorten A und B heraus.

**1.** Löse die Gleichung nach y auf und zeichne den Graphen. Lies vier Lösungen ab.

a) $x + y = 3$  b) $\frac{1}{3}y + x = 2$  c) $\frac{1}{2}(x + y) = 3$

**2.** Eine Jugendherberge hat x Vierbettzimmer und y Sechsbettzimmer, insgesamt 60 Betten.

a) Notiere die Gleichung für x und y.

b) Löse die Gleichung nach y auf und zeichne den Graphen.

c) Markiere auf der Geraden alle Punkte, die zu möglichen Lösungen gehören.

**3.** Bestimme die Lösung zeichnerisch und mache die Probe mit beiden Gleichungen.

a) $y = 2x + 1$, $y = 3x - 2$  b) $x + y = 2$, $-x + 3y = 6$  c) $4x + 2y = -8$, $2x - y = -8$

**4.** Die Summe zweier Zahlen ist 11. Ihre Differenz beträgt 3.

**5.** Löse mit dem Gleichsetzungsverfahren.

a) $x + 2y = 8$, $x - 3y = -2$  b) $3x - 2y = -3$, $2x - 2y = -4$  c) $x - 3y = 7$, $-2x + y = 1$

d) $3x + y = 5$, $y - 2x = -10$  e) $4x - 2y = 18$, $2y + 4x = 6$  f) $2y + 3x = 0$, $5y + 2x = 11$

**6.** Löse mit dem Einsetzungsverfahren.

a) $y = 3x - 5$, $2x + 3y = 7$  b) $3x - 2y = 5$, $x = 3y - 3$  c) $2x + 7y = -1$, $2x = 3y + 9$

d) $2x - 3y = 5$, $y = 3x - 11$  e) $3x - 2y = 13$, $-2y + x = 7$  f) $3y = 5x + 3$, $2x - 3y = 6$

**7.** Löse mit dem Additionsverfahren.

a) $2x + y = 4$, $3x - y = 1$  b) $x + 3y = -2$, $x - 2y = 8$  c) $2x + 3y = 6$, $x - 6y = -27$

d) $3x + 4y = 18$, $9x - 6y = 0$  e) $3x + 2y = 4$, $4x - 3y = 11$  f) $4x - 9y = -48$, $5x + 4y = 1$

**8.** Herr Grundmeier kauft für den Technikunterricht Cuttermesser zu 0,98 € und Schraubendreher zu 3,85 €. Er zahlt für 36 Teile insgesamt 81,20 €. Wie viele Cuttermesser und wie viele Schraubendreher hat er eingekauft?

Die Lösungen einer linearen Gleichung mit zwei Variablen sind Zahlenpaare. Alle Lösungen lassen sich durch eine Gerade darstellen.

*Beispiel:* $y - x = 2$
$y = x + 2$

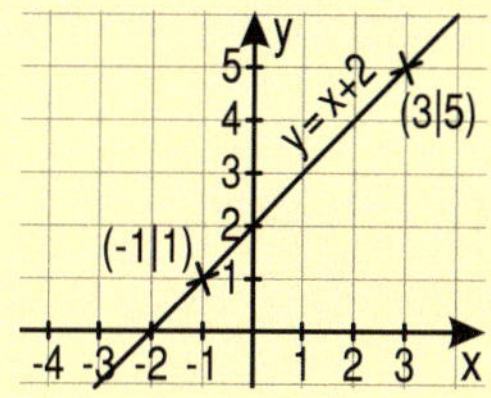


Zwei lineare Gleichungen zusammen bilden ein lineares **Gleichungssystem.** Seine Lösung erfüllt beide Gleichungen. Sie kann durch den Schnittpunkt der zugehörigen Geraden dargestellt werden, wenn diese nicht parallel verlaufen.

*Beispiel:* **I** $y = x + 1$
**II** $y = -2x + 4$

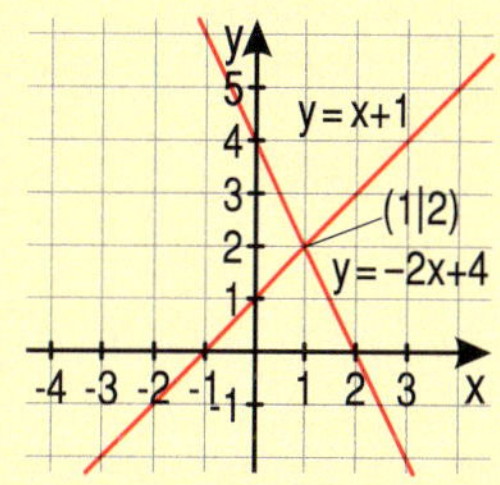


*Lösung: x = 1; y = 2*

**Gleichsetzungsverfahren**

| | | |
|---|---|---|
| **I** | $y - 2x = -1$ | Beide Gleichungen nach derselben Variablen auflösen |
| **II** | $y + 3x = 9$ | |
| **I** | $y = 2x - 1$ | Gleichsetzen |
| **II** | $y = 9 - 3x$ | $2x - 1 = 9 - 3x$ |

**Einsetzungsverfahren**

| | | |
|---|---|---|
| **I** | $3x + y = 6$ | Eine Gleichung nach einer Variablen auflösen |
| **II** | $2x + 3y = 11$ | |
| **I** | $y = 6 - 3x$ | Einsetzen |
| **II** | $2x + 3y = 11$ | $2x + 3(6 - 3x) = 11$ |

**Additionsverfahren**

| | | |
|---|---|---|
| **I** | $2x - 3y = 5$ | Umformen, sodass vor einer Variablen Gegenzahlen stehen |
| **II** | $4x - 2y = 22$ | |
| **I** | $-4x + 6y = -10$ | Addieren |
| **II** | $4x - 2y = 22$ | |
| | $4y = 12$ | |

**9.** Die Firma Büro-Discount bietet Druckerpatronen zu einem Stückpreis von 17,95 € an, dazu kommen 7,95 € Versandkosten. Bei Paper-Office kosten dieselben Patronen 19,80 €, ohne zusätzliche Versandkosten. Ab wie viel Patronen muss man bei Büro-Discount nicht mehr bezahlen als bei Paper-Office?

**10.** In einem gleichschenkligen Dreieck ist der Winkel $\gamma$ um 24° kleiner als ein Basiswinkel. Wie groß sind die Winkel?

DIAGNOSETEST

**1.** Löse das Gleichungssystem. a) **I** $y = 3x - 1$ **II** $y = 5x - 5$ b) **I** $2x + y = 6$ **II** $3x + y = 7{,}5$

**2.** Eine Pension hat x Zweibett- und y Dreibettzimmer. In 8 Zimmern sind insgesamt 18 Betten.
a) Stelle zwei Gleichungen auf und zeichne die Graphen im Koordinatensystem.
b) Lies ab, wie viele Zimmer jeder Sorte es gibt.

**3.** Welches Zahlenpaar ist Lösung des Gleichungssystems?

$x = 2 \quad y = 4$ | $x = 4 \quad y = -2$ | $x = 4 \quad y = 2$

**I** $2x + y = 6$
**II** $5x - y = 22$

**4.** Die Summe zweier Zahlen ist 5, ihre Differenz ist 7. Wie heißen die beiden Zahlen?

**5.** Der Umfang eines Rechtecks beträgt 64 cm. Eine Seite ist 8 cm länger als die andere. Wie lang sind die Seiten?

## Wähle weitere 5 Aufgaben aus.

**1.** Löse das Gleichungssystem. a) **I** $2x - 3y = 0$ **II** $2x + 4y = 14$ b) **I** $6x + 4y = 38$ **II** $4x + 5y = 30$

**2.** a) Welche Geraden gehören zum Gleichungssystem **I** $x + y = 7$ **II** $4x - 2y = 10$?
b) Lies die Lösung des Gleichungssystems aus der Zeichnung ab.

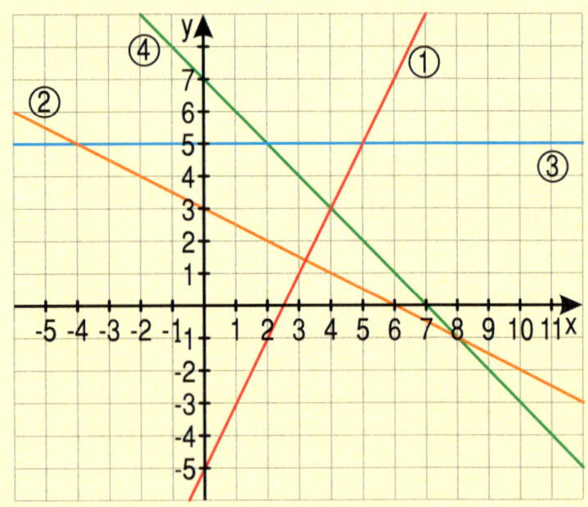


**3.** Addiert man zum 3-Fachen einer Zahl das Doppelte einer anderen Zahl erhält man 66. Subtrahiert man dagegen das Doppelte der zweiten Zahl vom 3-Fachen der ersten, erhält man 30.

**4.** Die Quersumme einer zweistelligen Zahl ist 12. Die Einerziffer ist um 6 größer als die Zehnerziffer.

**5.** Der Umfang eines gleichschenkligen Dreiecks beträgt 26 cm. Die Basis ist 7 cm kürzer als ein Schenkel. Wie lang sind die Seiten?

**6.** In einem Rechteck ist die Summe zweier benachbarter Seiten 14 cm. Verkürzt man die Länge um 3 cm und die Breite um 2 cm, so entsteht ein neues Rechteck mit 28 $cm^2$ weniger Flächeninhalt.

**7.** Max und Julia kaufen Getränke ein. Apfelsaft kostet 0,95 € je Flasche und Mineralwasser 0,45 € je Flasche. Für 25 Flaschen zahlen sie 16,25 €. Wie viele Flaschen jeder Sorte sind es?

**8.** Vor sechs Jahren war Herr Wollny 5-mal so alt wie sein Sohn. In 3 Jahren wird er 3-mal so alt sein. Wie alt sind beide heute?

**9.** Ein Autoverleih bietet den Tazda 500 zu verschiedenen Bedingungen an: Tarif A: Tagespauschale 40 €, zusätzlich 0,15 € pro gefahrenen Kilometer, Tarif B: Tagespreis 37 €, zusätzlich 0,19 € pro gefahrenen Kilometer. Bei welcher Fahrstrecke zahlt man bei beiden Tarifen gleich viel für 1 Tag?

**10.** Ein Goldschmied mischt 600er Silber mit 850er Silber. Er erhält 400 g 750er Silber. Wie viel Silber der einzelnen Sorten hat er genommen?

# Ähnlichkeit

# 6

## Maßstab

**1.** *Partnerarbeit:* Überlegt, ob die Jungen die Wanderung in 2 Stunden schaffen können.

**Maßstab** = Länge im Bild : Länge in der Wirklichkeit

Maßstab 5:2 Vergrößerung: 5 cm im Bild entsprechen 2 cm in der Wirklichkeit

Maßstab 1:50 000 Verkleinerung: 1 cm im Bild entsprechen 50 000 cm (= 500 m) in der Wirklichkeit (z. B. auf einer Landkarte)

5:2
lies: „5 zu 2"

**2.** Ordne den passenden Maßstab zu: 1:150 000, 1:1 500 000, 1:4 000 000.

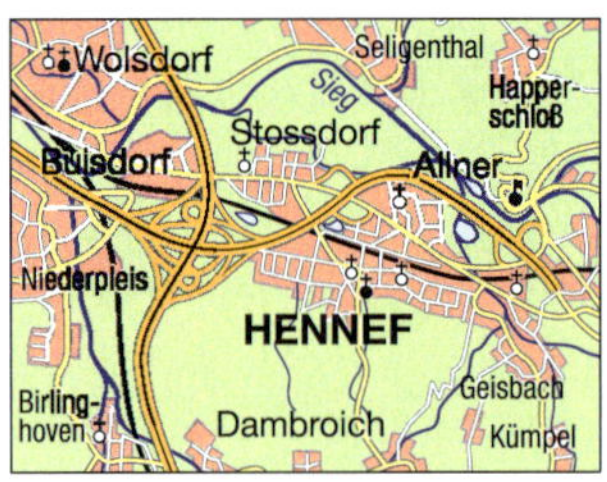

**3.** Wie viel km in Wirklichkeit ist 1 cm auf der Landkarte?

a) 1:25 000 (Stadtplan) b) 1:150 000 (Straßenkarte)
c) 1:4 000 000 (Atlas) d) 1:140 000 000 (Atlas)

| Maßstab 1:400 000 |
|---|
| 1 cm für 400 000 cm |
| 1 cm für 400 0~~00~~ m |
| 1 cm für 4~~00 000~~ km |

**4.** Bestimme den Maßstab der Landkarte.

a) 1 cm für 250 m b) 1 cm für 5 km c) 1 cm für 0,75 km
d) 1 cm für 15 km e) 1 cm für 720 km f) 1 cm für 0,2 km

**5.** Auf der Klassenfahrt plant die 9a eine Wanderung nach einer Karte mit dem Maßstab 1:50 000.

a) Bis zum Zielort sind es auf der Karte 16 cm. Wie lang ist die Wanderung mit Rückweg?
b) Die Klasse wandert etwa 5 km in einer Stunde. Wie lange braucht sie ungefähr?
c) Später wandert die 9a zu einer 6 km entfernten Burg. Wie lang ist der Weg auf der Karte?

**6.** Übertrage die Tabelle ins Heft und ergänze für eine Karte im Maßstab 1:200 000.

| Länge auf der Karte | 5 cm | 11 cm | 1,5 cm | d) | e) | f) |
|---|---|---|---|---|---|---|
| Länge in der Wirklichkeit | a) | b) | c) | 4 km | 500 m | 5,8 km |

**7.** Berechne die Luftlinienentfernung der Orte.

a) Bonn – Kassel  b) Siegen – Minden
c) Siegen – Paderborn  d) Hamm – Bielefeld
e) Kassel – Essen  f) Gelsenkirchen – Köln
g) Wuppertal – Bochum  h) Münster – Dortmund

**8.** Welche Stadt liegt 100 km von Köln entfernt?

**9.** Wie lang ist die Entfernung zwischen Bonn und Dortmund auf einer Europakarte (Maßstab 1 : 5 000 000)?

!!!! **10.** Stelle anderen ähnliche Aufgaben wie 7. bis 9. und kontrolliere die Lösungen.

**11.** a) Zeichne von Udos Zimmer einen Plan im Maßstab 1 : 50.

b) Woran erkennst du, dass die Skizze von Udos Zimmer nicht maßstäblich gezeichnet ist?

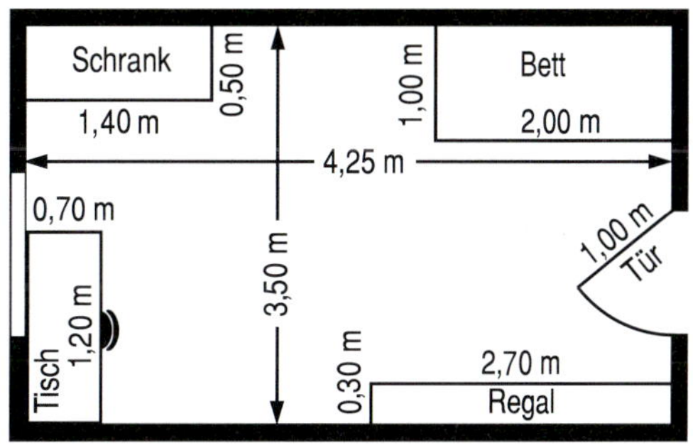


**12.** In einer Bauzeichnung (Maßstab 1 : 50) ist ein Zimmer 10,8 cm lang und 8,6 cm breit.

a) Wie lang und wie breit ist es in Wirklichkeit?

b) Wie lang und wie breit ist es in einer Zeichnung im Maßstab 1 : 100?

c) Welchen Flächeninhalt hat das Zimmer in den Zeichnungen, welchen in Wirklichkeit? Vergleiche mit den Maßstäben.

**13.** a) Recherchiere die Höhen der Bauwerke. Berechne die Maße zum Zeichnen im Maßstab 1 : 2 000.

b) Bei welchem Maßstab passt auch eine Zeichnung des höchsten Gebäudes noch auf ein DIN-A4-Blatt (Höhe 29,7 cm)?

**14.**

Miss die Längen im Bild und berechne mit dem angegebenen Maßstab die wirklichen Längen.

## Modelleisenbahnen

Modelleisenbahnen verkleinern die Originallängen in einem bestimmten Maßstab. Je nach Maßstab werden sie bezeichnet als Spur G, Spur H0 ...

| Spur | G | 1 | 0 | H0 | TT | N | Z |
|---|---|---|---|---|---|---|---|
| Maßstab | 1 : 22,5 | 1 : 32 | 1 : 45 | 1 : 87 | 1 : 120 | 1 : 160 | 1 : 220 |

Stelle zu den Informationen Fragen und beantworte sie.

**1.** 1989 fuhr in Südafrika ein Güterzug mit der Rekordzahl von 660 Waggons. Er war 7,3 km lang. Jens würde den Zug gern als H0-Modell nachbauen.

**2.** In Hamburg werden die ICE- Züge in einer Halle gewartet, 430 m lang, 65 m breit und 8,5 m hoch.

**3.** 1993 fuhr im Stuttgarter Hauptbahnhof ein Modellbahnzug der Baugröße H0 mit einer Länge von 242,42 m. 10 Lokomotiven zogen 2 108 Güterwagen.

**4.** Der Abstand zwischen den Innenkanten der Eisenbahnschienen beträgt in den meisten Ländern 1,435 m.

**5.** Das 0-Modell einer Lokomotive ist 36,4 cm lang.

**6.** Die Lokomotive 120 der Deutschen Bundesbahn hat eine Länge von 19,20 m.

**7.** Die kleinste Modelleisenbahnanlage der Welt passt in eine Zigarettenschachtel. Die Mini-Lok der Baugröße Z ist nur 45 mm lang.

**8.** Die Tür eines Modellbahnhofs der Baugröße N ist 16 mm breit und 13 mm hoch.

## Vergrößern und Verkleinern

**1.** Beantwortet in Partnerarbeit die Frage und stellt eure Lösungen vor.

Beim **Vergrößern** und **Verkleinern** ändert sich die Größe einer Figur, die Form ändert sich nicht.
Alle Strecken der Figur werden mit demselben Faktor k verlängert oder verkürzt.
Die Winkel bleiben unverändert.

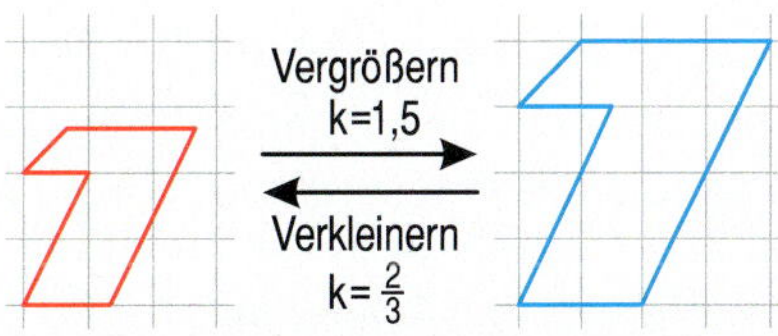


**TIPP**
Maßstab 1 : 2
Vergrößerungsfaktor
$k = 1:2 = \frac{1}{2} = 0{,}5$

**2.** Ist die blaue Figur eine Vergrößerung oder Verkleinerung der roten? Wenn ja, bestimme den Faktor k.

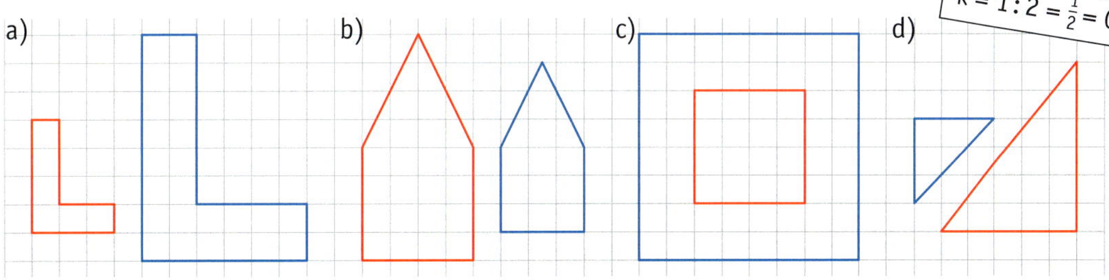


**3.** Das „Familienfoto" der Peanuts wurde so vergrößert, dass die Seiten dreimal so lang sind. Vergleiche die Flächeninhalte.

**4.** a) Eine Figur wird so vergrößert, dass die Seiten verdoppelt, versechsfacht, verzehnfacht werden. Wie ändert sich der Flächeninhalt?
b) Welchen Faktor muss man wählen, damit der Flächeninhalt einer Figur vervierfacht (verneunfacht, mit 0,49 multipliziert) wird?

**5.** *Partnerarbeit:* Übertragt die Figur ins Heft. Vergrößert (verkleinert) mit dem angegebenen Faktor k. Vergleicht die Flächeninhalte beider Figuren und formuliert eine Gesetzmäßigkeit.

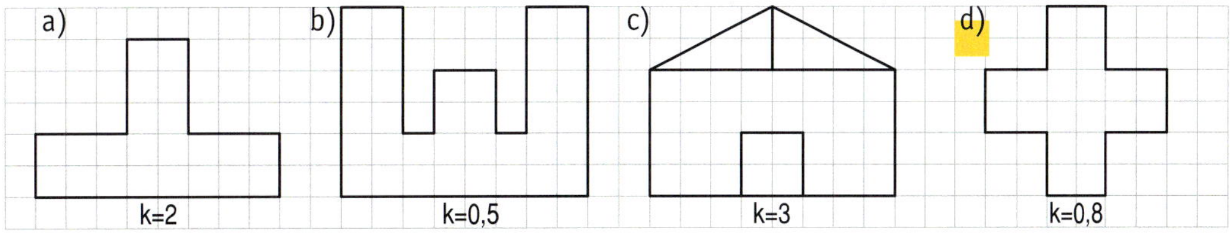

## Seitenverhältnisse

**1.** Von der Fußballweltmeisterschaft 2006 in Deutschland wurden alle Spiele im Bildformat 16 : 9 übertragen, sodass beim Fernsehbild Breite und Höhe im Verhältnis von 16 : 9 standen. Überprüft in Partnerarbeit, ob folgende Bildschirme für dieses Format geeignet sind.

| | a) | b) | c) | d) | e) |
|---|---|---|---|---|---|
| Breite | 54 cm | 72 cm | 80 cm | 78,9 cm | 102,4 cm |
| Höhe | 41 cm | 40,5 cm | 45 cm | 51,1 cm | 57,6 cm |

a = 8 cm    b = 12 cm

Um das Verhältnis zweier Seiten einer Figur zu bestimmen, teilt man die Längen durcheinander. Man notiert das Verhältnis mit ganzen Zahlen, so weit wie möglich gekürzt, und gibt es in der Verhältnisschreibweise oder in der Bruchschreibweise an.

$a : b = 8 : 12$
gekürzt durch 4

Verhältnisschreibweise $a : b = 2 : 3$

Bruchschreibweise $\frac{a}{b} = \frac{2}{3}$

**2.** Notiere das Verhältnis der beiden Seiten (Verhältnisschreibweise und Bruchschreibweise).

a) a = 16 cm; b = 20 cm  b) a = 30 cm; b = 25 cm  c) a = 18 cm; b = 12 cm  d) a = 32 cm; b = 10 cm  e) a = 18 cm; b = 33 cm

**3.** Bestimme das Seitenverhältnis a : b.

a) a = 48 cm; b = 64 cm  b) a = 6,5 cm; b = 5,2 cm
c) a = 4,2 cm; b = 2,8 cm  d) a = 4,2 cm; b = 10,5 cm
e) a = 25 cm; b = 2 m  f) a = 32,7 cm; b = 10,9 mm
g) a = 32 mm; b = 4,8 cm  h) a = 1,9 m; b = 76 cm

a = 2,4 cm; b = 3,6 cm
2,4 : 3,6 = 24 : 36 = 2 : 3
erweitert mit 10   gekürzt durch 12

**4.** Bestimme das Seitenverhältnis a : b. Kürze so weit wie möglich.

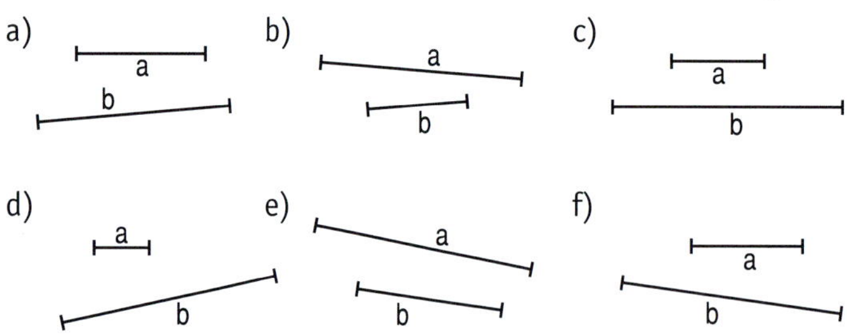


3 : 2 S   1 : 2 E
2 : 1 L   1 : 4 S
2 : 5 A   2 : 3 K

**5.** Vom Kleinbildnegativ (24 mm x 36 mm) wurde ein Foto gemacht. Bei welchem der Formate 9 cm x 13 cm bzw. 10 cm x 15 cm hat das Foto dasselbe Seitenverhältnis wie das Negativ? Mit welchem Maßstab wurde das Negativ vergrößert?

**6.** Berechne die fehlende Streckenlänge.

a) a = 24 m; a : b = 2 : 5  b) b = 33 mm; a : b = 4 : 3
c) x = 4,5 cm; x : y = 9 : 4  d) y = 3,5 cm; x : y = 3 : 5

$\frac{24}{b} = \frac{2}{5} \xrightarrow{\text{Kehrbrüche}} \frac{b}{24} = \frac{5}{2}$

$b = \frac{5 \cdot 24}{2}$

## Streckenteilung

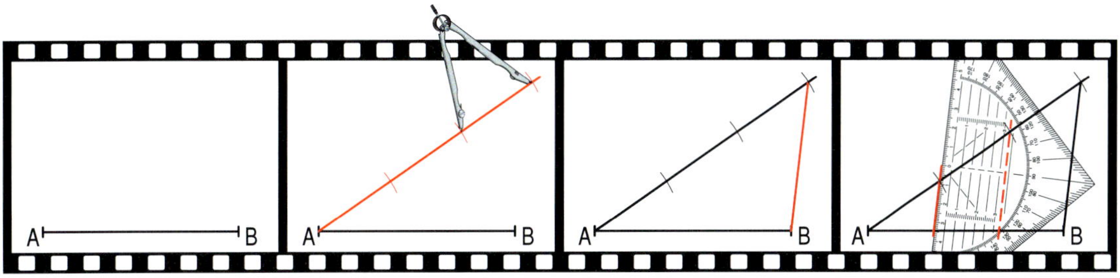

**1.** *Partnerarbeit:* Die Strecke $\overline{AB}$ mit der Länge 8 cm soll in 3 gleich lange Teilstrecken geteilt werden.

a) Teilt in euren Heften die Strecke nach Augenmaß. Überprüft dann eure Zeichnungen durch Rechnung. Welche Nachteile haben diese Verfahren?

b) Führt die Schritte der Konstruktion im Heft durch und erklärt sie euren Mitschülerinnen und Mitschülern.

c) Erklärt, warum die blauen Dreiecke kongruent sind.

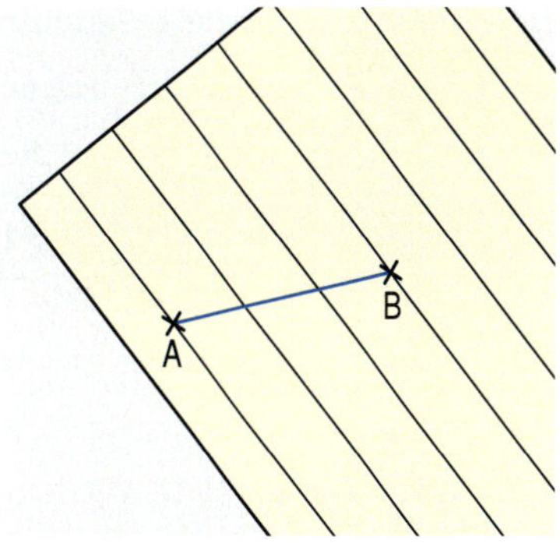


**2.** Sabine hat auf die Strecke $\overline{AB}$ passend eine Folie mit Linien gelegt und teilt damit $\overline{AB}$ in 3 gleich lange Teile.

a) Erkläre dieses Verfahren.

b) Teile auf Karopapier eine 9 cm lange Strecke in 5 gleich lange Teilstrecken und stelle deine Lösung vor.

**3.** Teile die Strecke $\overline{PQ}$ in n gleich lange Teilstrecken. Miss und überprüfe durch Rechnung.

a) $\overline{PQ} = 13{,}9$ cm; n = 5
b) $\overline{PQ} = 15{,}2$ cm; n = 9
c) $\overline{PQ} = 11{,}3$ cm; n = 7
d) $\overline{PQ} = 14{,}7$ cm; n = 8

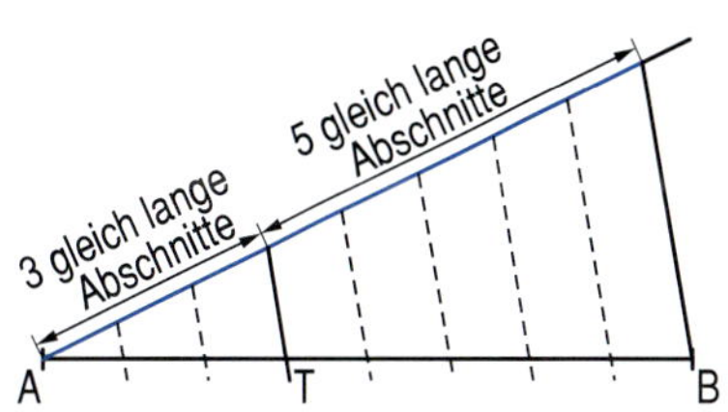


**4.** a) Teile die Strecke $\overline{AB} = 10$ cm wie im Bild im Verhältnis 3 : 5. Berechne anschließend die Längen und prüfe.

b) Teile die Strecke $\overline{CD} = 13$ cm im Verhältnis 1 : 8. Überprüfe durch Rechnung.

c) Die Strecke $\overline{EF}$ ist 10,9 cm lang. Teile sie im Verhältnis 5 : 2. Überprüfe durch Rechnung.

**5.** a) Teile die Strecke $\overline{AB} = 12$ cm durch einen Punkt P so, dass $\overline{AP} : \overline{PB} = 5 : 6$.

b) Teile die Strecke $\overline{CD} = 10{,}5$ cm durch einen Punkt Q so, dass $\overline{CQ} : \overline{CD} = 5 : 9$.

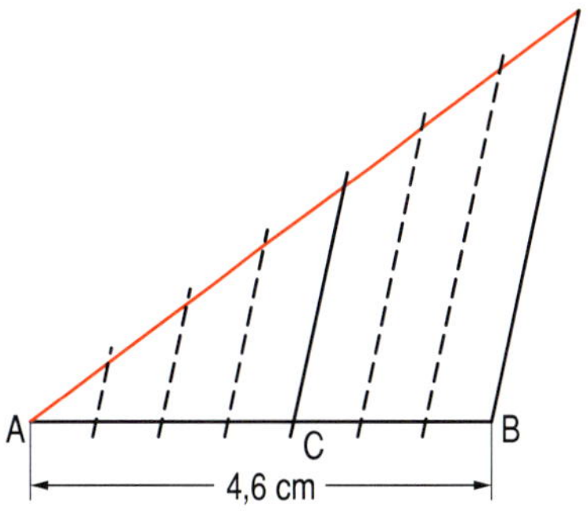


**6.** Formuliere zwei Aufgaben, die zu dieser Zeichnung passen. Sprich mit deinen Mitschülerinnen und Mitschülern über die Lösungen.

**7.** Ein Rechteck hat einen Umfang von 44 cm, Länge und Breite verhalten sich wie 3 : 8. Ermittle die Seitenlängen des Rechtecks und zeichne es.

**8.** Stelle deinen Mitschülerinnen und Mitschülern ähnliche Aufgaben wie 3. bis 7. Kontrolliere die Lösungen.

## Vergrößern und Verkleinern von einem Punkt Z aus

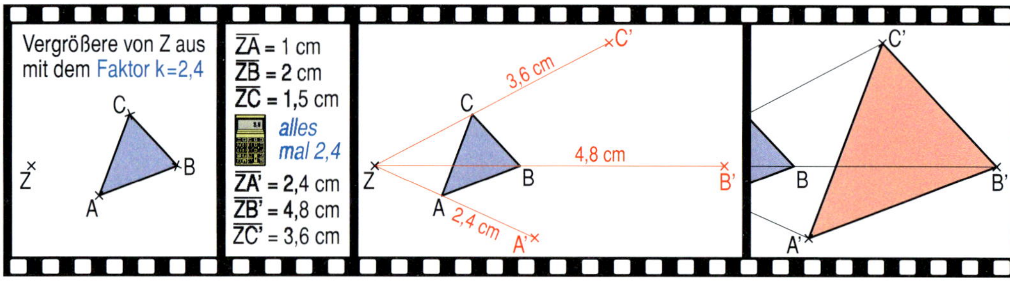


**1.** a) Beschreibe die Vergrößerung des Dreiecks ABC vom Punkt Z aus. Erkläre vor der Klasse.

b) Überlege mit anderen, wie ein Dreieck ABC von Z aus mit dem Faktor k = 0,8 verkleinert wird. Präsentiert eure Lösung.

c) Wie liegen entsprechende Seiten in der Originalfigur und in der Bildfigur zueinander? Begründe mit Winkelpaaren.

d) Mark sagt: „Ich berechne die Lage von A', dann arbeite ich mit dem Geodreieck weiter." Erkläre, wie Mark die Bildfigur konstruiert, und führe die Konstruktion selbst durch.

**2.** Übertrage ins Heft. Vergrößere von Z aus mit dem angegebenen Faktor k wie in Aufgabe 1.

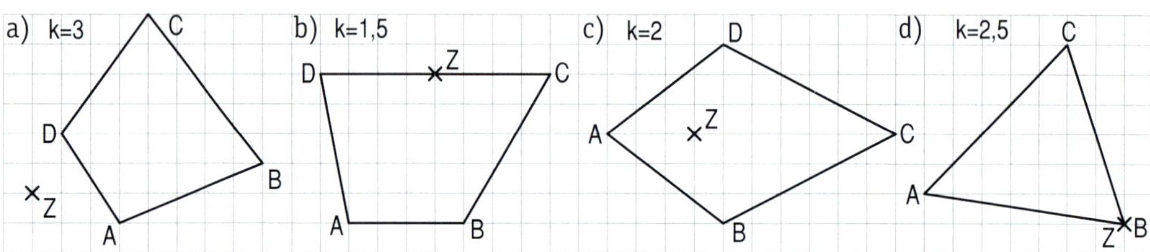


**3.** Übertrage ins Heft. Verkleinere von Z aus mit dem angegebenen Faktor k.

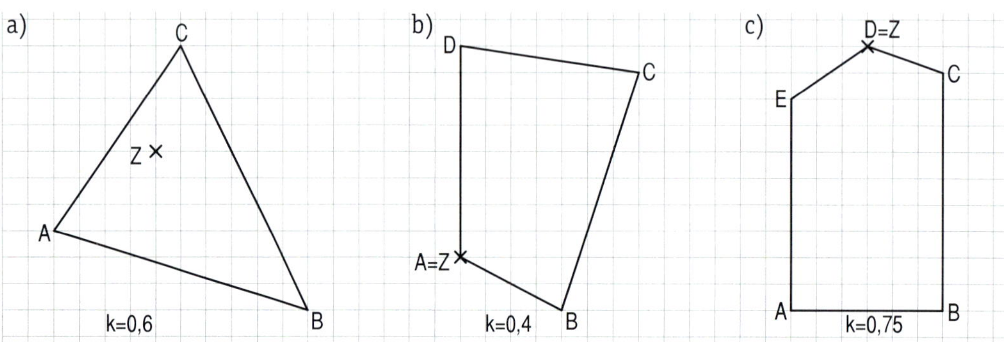


**4.** Volker hat Cola über sein Heft geschüttet.

a) Übertrage den Rest der Zeichnung ins Heft und vervollständige sie.

b) Erfinde eine ähnliche Aufgabe und lasse sie in der Klasse lösen.

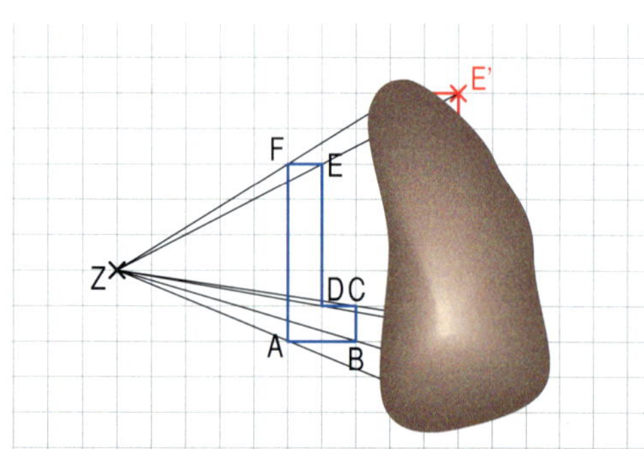


**5.** Erfinde selbst eine Figur zum Vergrößern oder Verkleinern. Gib die Koordinaten der Eckpunkte und des Punktes Z sowie den Faktor k an und lasse die Aufgaben von anderen bearbeiten.

# Bleib FIT!

**Die Ergebnisse der Aufgaben 1 bis 6 ergeben zwei berühmte Vulkane der Erde.**

**1.** Bestimme den Prozentsatz.

a) 85,8 $m^2$ von 214,5 $m^2$ b) 11,85 kg von 15,8 kg
c) 75 € von 1500 € d) 21 m von 1,4 km

**2.** Zeichne die Dreiecke ① bis ④ in ein Koordinatensystem (Einheit 1 cm).

① A(1|1) B(4|1) C(1|5) ② A(4|4) B(4|7) C(2|7)
③ A(5|1) B(7|1) C(5|4) ④ A(5|5) B(8|2) C(8|8)

a) Dreieck ① hat einen Flächeninhalt von ■ $cm^2$.

b) Welche Dreiecke sind kongruent?

① und ② (12) ② und ③ (23)
① und ③ (13) ④ und ① (41)

**3.** Hier ist der Notenspiegel eines Tests in der Klasse 9a.

| Note | 1 | 2 | 3 | 4 | 5 | 6 |
|---|---|---|---|---|---|---|
| Anzahl | 1 | 4 | 9 | 7 | 3 | 1 |

a) Die relative Häufigkeit der Note 3 beträgt ■ %.

b) Der Mittelwert der Testnoten beträgt ■.

c) ■ % der Noten sind schlechter als 3.

**4.** Aus Zinkblech (Dichte: $7\frac{g}{cm^3}$) wurde eine 5 mm dicke Platte hergestellt (Maße in cm).

a) Die graue Plattenfläche ist ■ $cm^2$ groß.

b) Die Platte wiegt ■ kg.

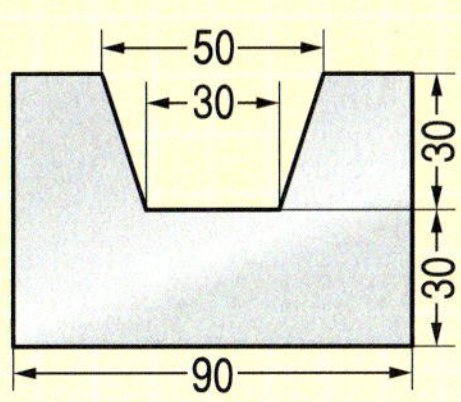


**5.** a) $\frac{2}{3}$ von 1,2 $m^2$ = ■ $cm^2$ b) $\frac{2}{5}$ von 1,5 m = ■ cm
c) $\frac{3}{4}$ von 0,2 $l$ = ■ $cm^3$ d) $\frac{9}{10}$ von 0,8 km = ■ m

**6.** Ein quaderförmiger Wasserbehälter ist 4 m lang, 2 m breit und 1,8 m hoch.

a) Wie viel $l$ Wasser passen hinein?

b) Wenn jede Minute 20 $l$ hineinfließen, dauert die vollständige Füllung ■ Stunden.

| | | | |
|---|---|---|---|
| 0,6 | G | 1,5 | O |
| 2,1 | R | 3,4 | L |
| 5 | R | 6 | M |
| 12 | U | 9,9 | A |
| 14,7 | R | 13 | F |
| 36 | O | 23 | B |
| 40 | S | 60 | K |
| 41 | A | 75 | T |
| 44 | I | 80 | E |
| 150 | A | 225 | F |
| 375 | E | 720 | T |
| 4200 | K | 8000 | A |
| 14400 | A | | |

## Ähnliche Figuren

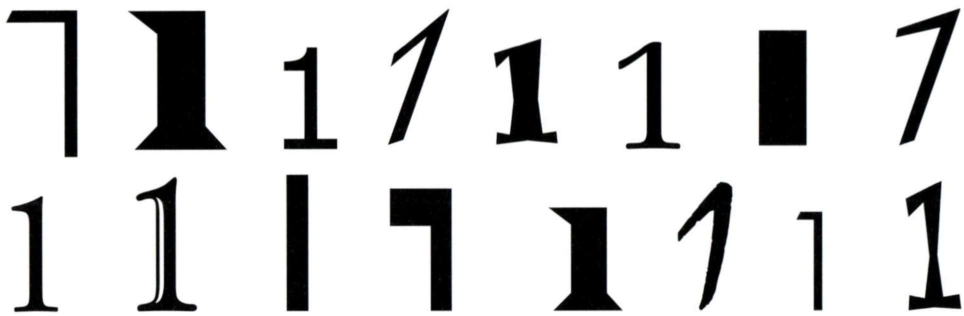

**1.** Auf den ersten Blick sehen die Einsen mehrerer Computerschriften verschieden aus. Suche zwei aus, die du ähnlich findest, und begründe.

Figuren sind **ähnlich,** wenn die eine Figur durch Vergrößern oder Verkleinern aus der anderen entstanden sein kann.
Entsprechende Winkel der Figuren sind dann gleich groß: $\alpha' = \alpha$
Die Seitenverhältnisse entsprechender Seiten der Figuren sind dann gleich: $\frac{a'}{a} = \frac{b'}{b}$

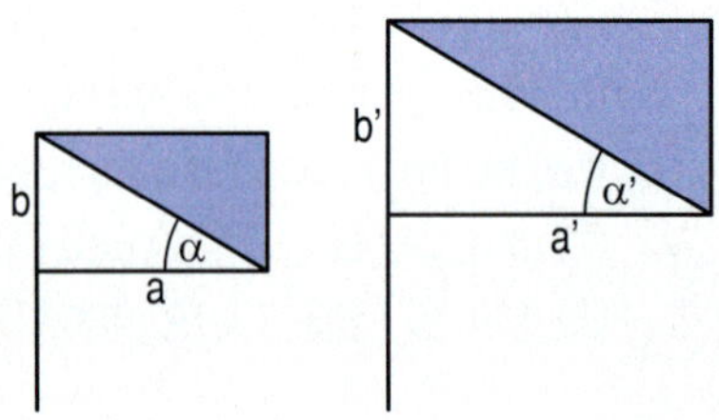


**2.** Welche der Figuren sind zueinander ähnlich?

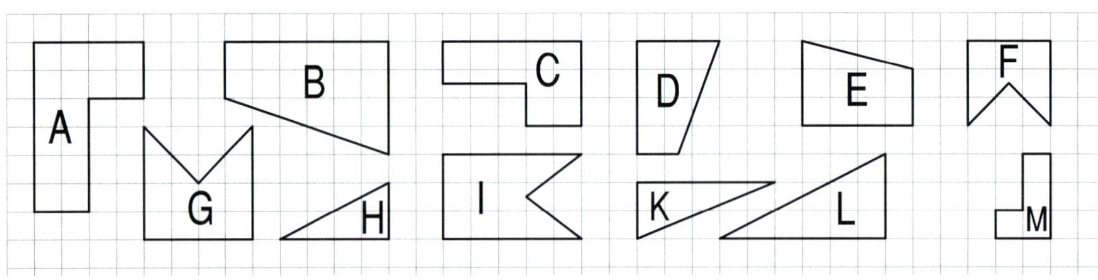


**3.** Zeichne zu einem Rechteck mit a = 5 cm und b = 2 cm ähnliche Rechtecke, indem du mit k = 2,5 vergrößerst und mit k = 0,5 verkleinerst. Wie verändern sich jeweils der Umfang und der Flächeninhalt?

**4.** Zeichne ein Rechteck (a = 4 cm, b = 3 cm). Konstruiere zwei dazu ähnliche Rechtecke, bei denen jeweils eine Seite 6 cm lang ist.

**5.** Welche der abgebildeten Rauten sind zueinander ähnlich? Begründe.

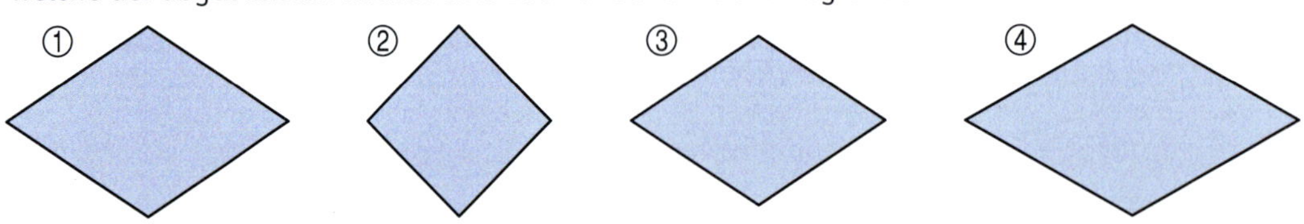


**6.** *Partnerarbeit:* Versucht zwei Quadrate bzw. zwei Kreise zu zeichnen, die nicht zueinander ähnlich sind. Begründet eure Lösungen vor der Klasse.

## Ähnliche Dreiecke

**1.** a) Berechne in jedem Dreieck den fehlenden Winkel. Warum sind sie gleich groß?

!!!! b) Überlegt in Partnerarbeit, warum die Verhältnisse entsprechender Seiten gleich sind.

Zwei Dreiecke, die in zwei Winkeln übereinstimmen, sind ähnlich. Sie stimmen dann auch im dritten Winkel und in den Verhältnissen entsprechender Seiten überein.

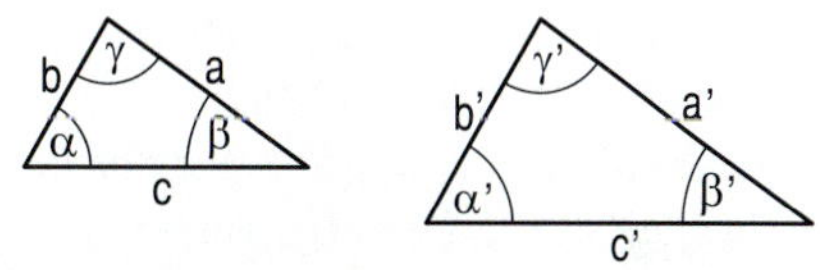


$\alpha = \alpha'$ und $\beta = \beta'$, dann auch $\gamma = \gamma'$ und $\frac{a}{b} = \frac{a'}{b'}$, $\frac{a}{c} = \frac{a'}{c'}$, $\frac{b}{c} = \frac{b'}{c'}$

**2.** Welche Dreiecke sind zueinander ähnlich? Beachte: Die Winkelsumme im Dreieck ist 180°.

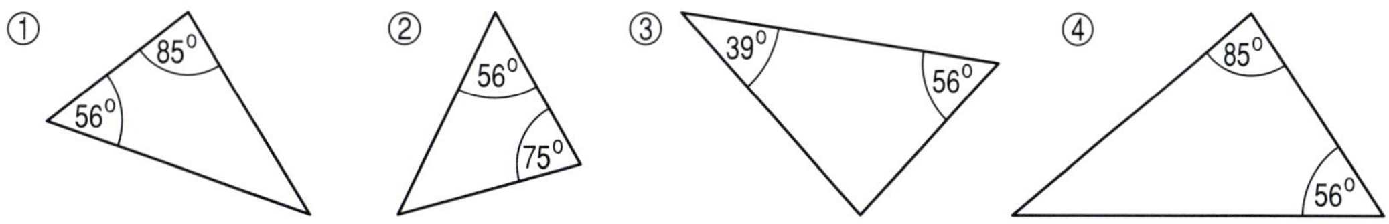


**3.** Weshalb sind alle gleichschenklig-rechtwinkligen Dreiecke zueinander ähnlich? Begründe.

**4.** Prüfe, ob das Dreieck DEF ähnlich zu Dreieck ABC (a = 3,6 cm; b = 4,5 cm; c = 6,3 cm) ist.

a) d = 5,6 cm; e = 6,5 cm; f = 8,3 cm

b) d = 4,8 cm; e = 6 cm; f = 8,4 cm

**5.** Welche Dreiecke sind zueinander ähnlich? Begründe.

① c = 8 cm; $\alpha = 74°$; $\beta = 41°$

② a = 5,2 cm; b = 6,6 cm; c = 7,8 cm

③ a = 6,6 cm; b = 9 cm; c = 11,4 cm

④ b = 6 cm; $\alpha = 41°$; $\gamma = 74°$

⑤ a = 4,1 cm; b = 3 cm; c = 3,5 cm

⑥ a = 3 cm; b = 3,8 cm; c = 2,2 cm

**6.** Die Dreiecke ABC und DEF sind ähnlich, es gilt: $\alpha = \delta$.
Der Umfang $u_1$ des Dreiecks ABC ist 1,7-mal so lang wie der Umfang $u_2$ des Dreiecks DEF. Außerdem sind $\overline{BC} = 6{,}63$ cm; $\overline{FD} = 2{,}4$ cm und $\overline{DE} = 3{,}7$ cm lang.

a) Wie lang sind die Umfänge $u_1$ und $u_2$?
Berechne zuerst die Längen von $\overline{AC}$, $\overline{AB}$ und $\overline{EF}$.

b) Wie lang sind die drei Seiten eines ebenfalls ähnlichen Dreiecks OPQ, dessen Umfang $u_3 = 50$ cm lang ist?

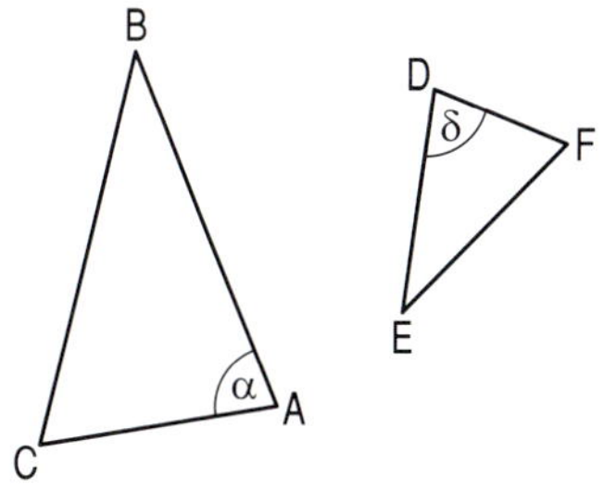

**7.** *Gruppenarbeit:* Hier entdeckt ihr eine andere Möglichkeit, wie man den Kathetensatz, den Höhensatz und daraus den Satz des Pythagoras herleiten kann. Alle Gruppen bearbeiten die Teilaufgabe a), ungefähr gleich viele Gruppen entweder b) oder c). Stellt euch gegenseitig eure Lösungen vor und beantwortet dann Teilaufgabe d).

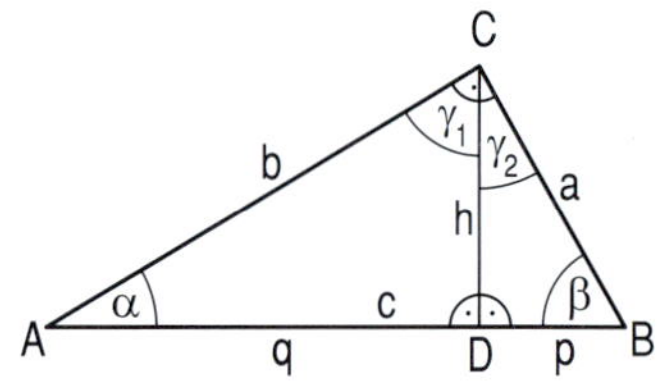


a) Begründet, warum die Dreiecke ADC und DBC ähnlich sind. Überlegt, wie groß $\gamma_1$ und $\gamma_2$ sind.

b) Ergänzt a : p = c : $\square$ und b : q = c : $\square$. Formt so um, dass ihr rechts c · p bzw. c · q habt. Die Gleichungen kennt ihr aus Kapitel 3.

c) Ergänzt die Gleichung p : h = h : $\square$. Formt so um, dass ihr eine Gleichung erhaltet, die ihr aus Kapitel 3 kennt.

d) Stellt eure Gruppenergebnisse vor und beweist mit ihnen den Satz des Pythagoras unter Verwendung von Termen und Gleichungen.

**8.**

**1. Strahlensatz**
Wenn zwei Strahlen mit gleichem Anfangspunkt S von Parallelen geschnitten werden, dann verhalten sich Strecken auf dem einen Strahl wie entsprechende Strecken auf dem anderen Strahl.

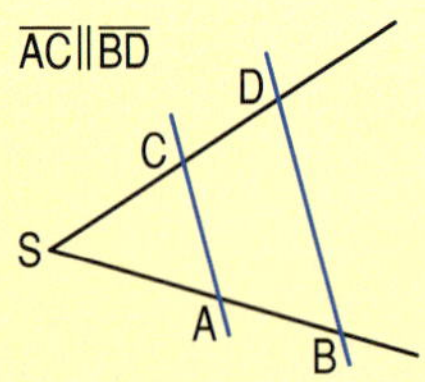


**2. Strahlensatz**
Wenn zwei Strahlen mit gleichem Anfangspunkt S von Parallelen geschnitten werden, dann verhalten sich die Strecken auf zwei Parallelen wie die zugehörigen von S gemessenen Strecken auf einem der Strahlen.

In der Formelsammlung findet ihr diese Strahlensätze.

a) Überlege mit deiner Nachbarin oder deinem Nachbarn, warum die Dreiecke SAC und SBD zueinander ähnlich sind.

b) Ordnet die Gleichungen $\frac{\overline{AC}}{\overline{BD}} = \frac{\overline{SA}}{\overline{SB}}$, $\frac{\overline{SB}}{\overline{SA}} = \frac{\overline{SD}}{\overline{SC}}$, $\frac{\overline{AC}}{\overline{BD}} = \frac{\overline{SC}}{\overline{SD}}$ den Strahlensätzen zu.

**9.** Ergänzt mit Hilfe der Strahlensätze. Es kann mehrere Lösungen geben. Denkt euch eigene Aufgaben aus und stellt sie euren Mitschülerinnen und Mitschülern vor.

a) $\frac{\overline{SE}}{\overline{SF}} = \frac{\square}{\square}$ b) $\frac{\overline{SA}}{\overline{SC}} = \frac{\square}{\square}$ c) $\frac{\overline{SF}}{\overline{SE}} = \frac{\square}{\square}$ d) $\frac{\square}{\square} = \frac{\overline{SB}}{\overline{SC}}$

e) $\frac{\overline{AD}}{\overline{BE}} = \frac{\square}{\square}$ f) $\frac{\overline{SD}}{\square} = \frac{\square}{\overline{SC}}$ g) $\frac{\overline{SF}}{\square} = \frac{\square}{\overline{AD}}$ h) $\frac{\overline{SB}}{\square} = \frac{\square}{\overline{CF}}$

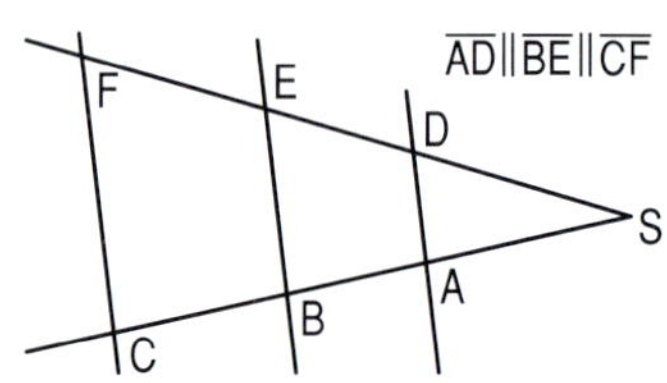


**10.** Berechne die fehlende Seite der beiden ähnlichen Dreiecke. Wenn sie ineinander gezeichnet sind, trenne sie. Die Trennung kann man sich auch vorstellen und spart dann das Zeichnen.

a) 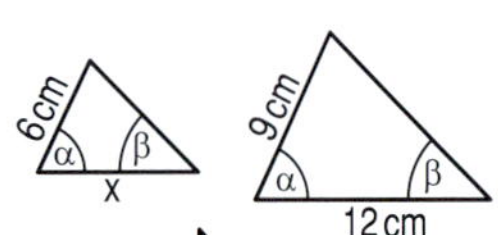


b) 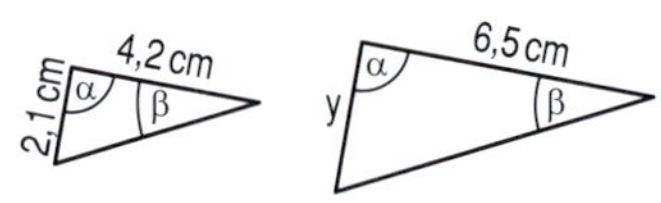


c) 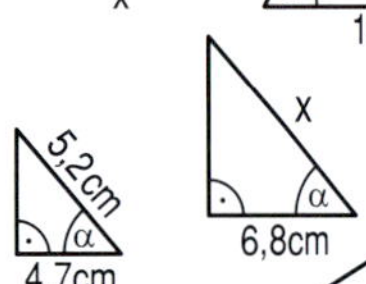


d) 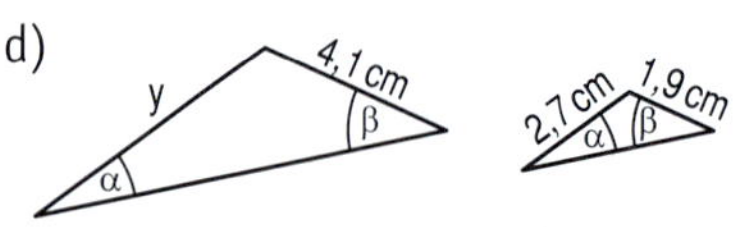


e) 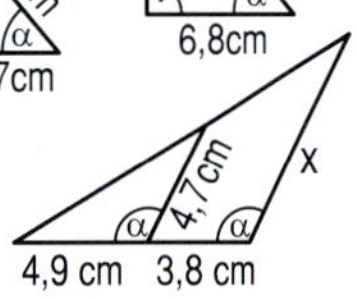


f) 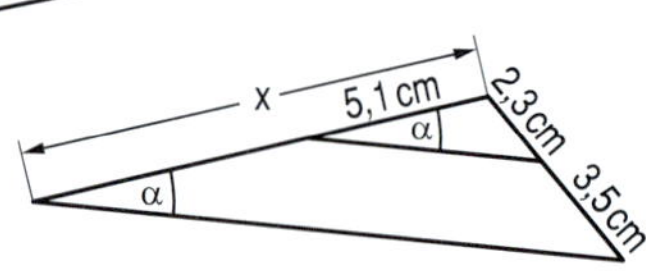


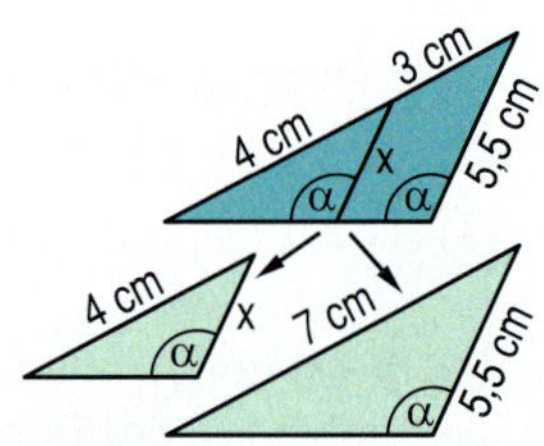


$\frac{x}{4} = \frac{5{,}5}{7} \quad | \cdot 4$

$x = \frac{5{,}5 \cdot 4}{7}$

$x = 3{,}1428\ldots$

$x = 3{,}14$ cm (gerundet)

## Anwendungen

**1.** *Gruppenarbeit:* Rechnet die Aufgaben zu Ende. Erklärt euren Mitschülerinnen und Mitschülern die Gleichungen und die Lösungswege.

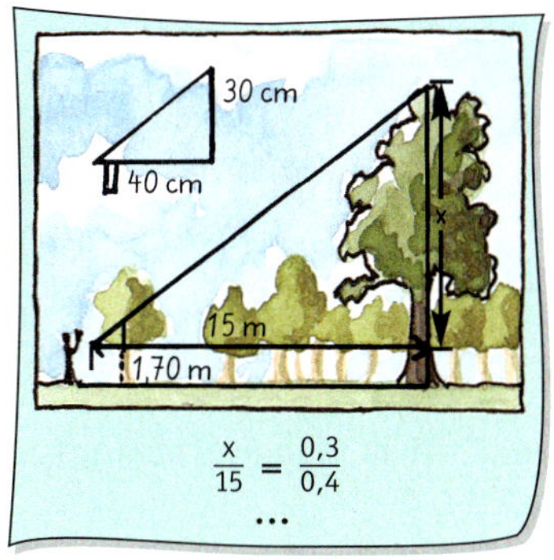


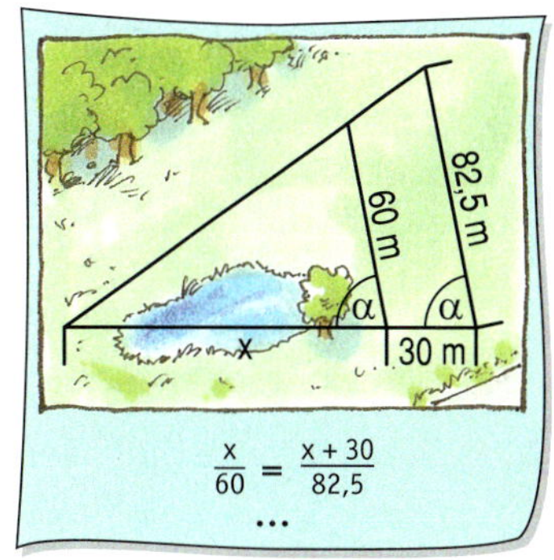


**2.** Berechne die Länge der Strecke x, die nicht gemessen werden konnte.

a)

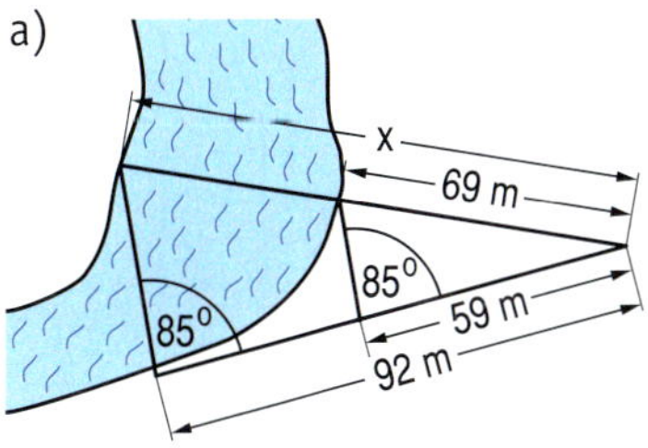


b)

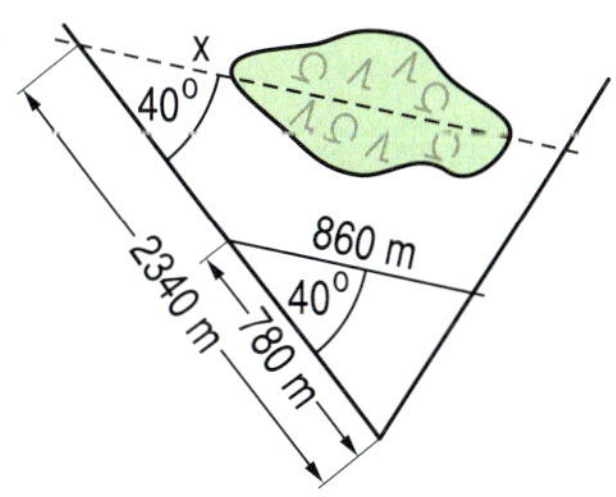


c)

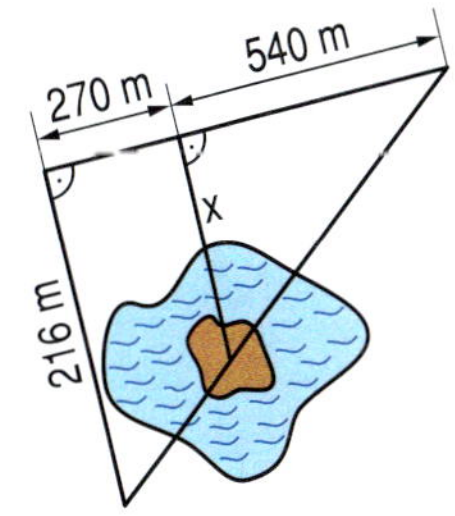


**3.** a)

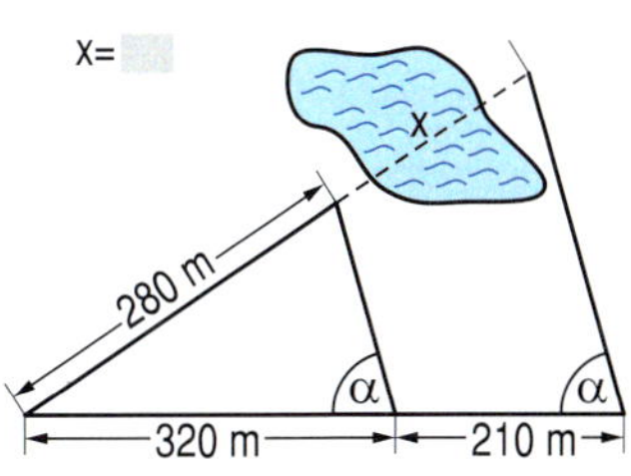


b)

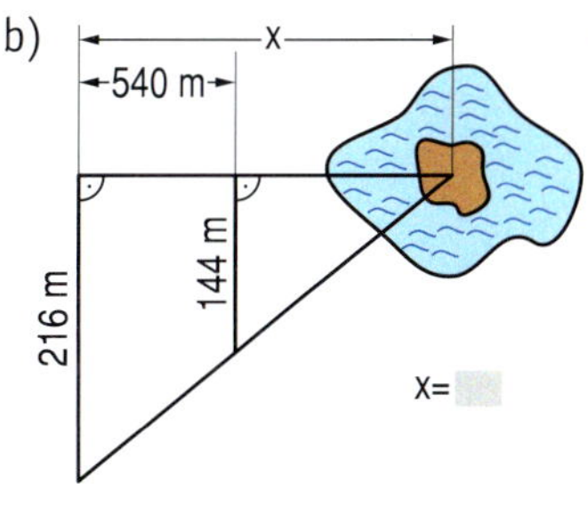


c)

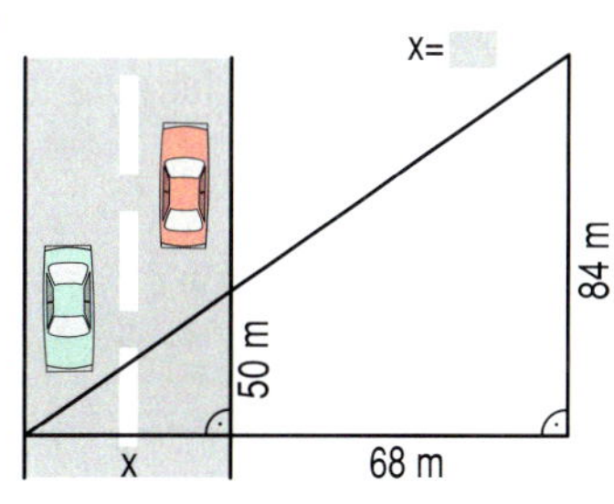


**4.**

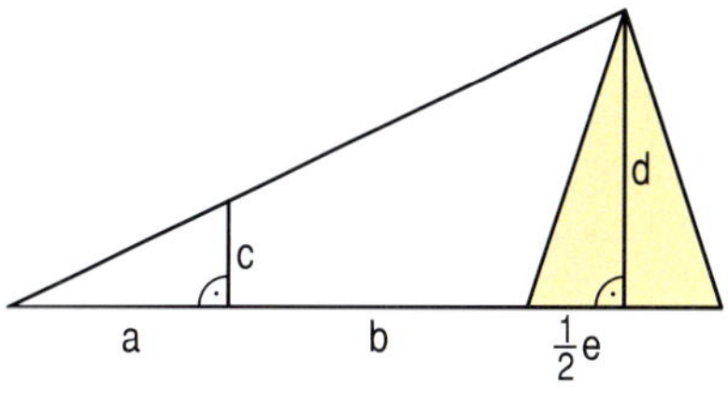


a) Die Ägypter bestimmten die Höhe einer Pyramide durch Messung der Schattenlänge eines Stabes. Berechne die Höhe für a = 3 m, b = 100 m, c = 2 m und e = 240 m.

b) Für welche Längen des Stabes ergeben sich größere bzw. kleinere Werte für die Höhe der Pyramide? Überlegt in Partnerarbeit. Bestätigt dann eure Vermutung durch Rechnung.

c) Für welche Länge des Stabes ergibt sich eine Höhe der Pyramide von 100 m?

**5.** Bestimme zeichnerisch die Zahl x und vergleiche mit dem Rechenergebnis.

a) $x : 4{,}5 = 7{,}7 : 3{,}1$ b) $6{,}8 : x = 4{,}1 : 7{,}9$ c) $5{,}2 : 9{,}4 = x : 8{,}1$

**6.** Marco steht in seinem Zimmer 1,50 m vom Fenster entfernt und blickt auf einen Sportplatz. Kann er die ganze Länge des Fußballfeldes (90 m) überblicken? Fertige eine Skizze von zwei ähnlichen Dreiecken an und notiere die bekannten Messwerte.

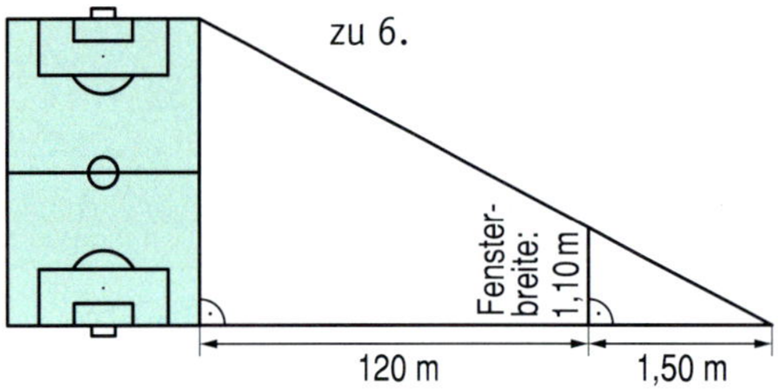


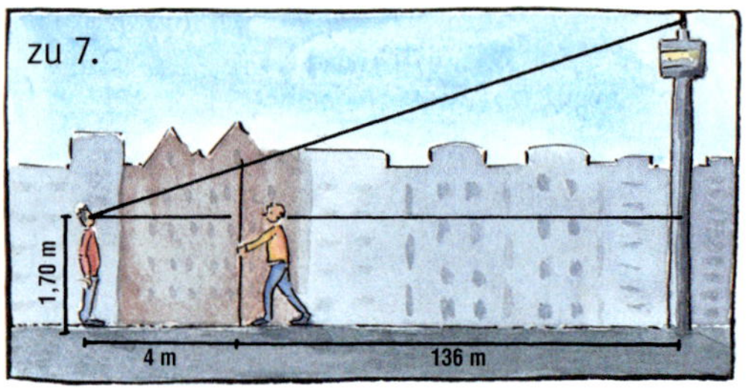


**7.** Die Turmspitze wird über einen 3,95 m langen Stab angepeilt. Bestimme die Höhe des Turmes.

**8.** Ein Schornstein wirft einen Schatten von 42 m Länge. Zur gleichen Zeit ist der Schatten einer 1,80 m großen Schülerin 2,25 m lang.

a) Wie hoch ist der Schornstein?

b) Wie lang ist zur gleichen Zeit der Schatten eines 17 m hohen Baumes neben dem Schornstein?

c) Wie hoch wäre der Schornstein, wenn der Schatten des Mädchens 15 cm länger wäre? Schätze zunächst.

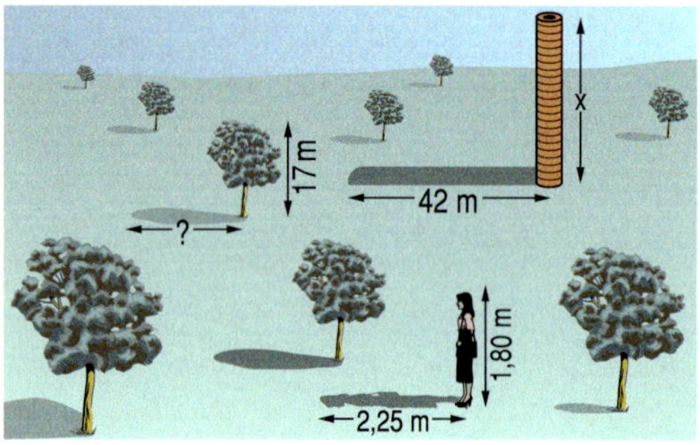


**9.** *Partnerarbeit:* Erklärt, wie man mit dem Messkeil (links) kleine Öffnungen und wie man mit der Messlehre (rechts) die Dicke dünner Platten oder von Drähten bestimmt. Berechnet die Öffnung und die Dicke des Drahtes.

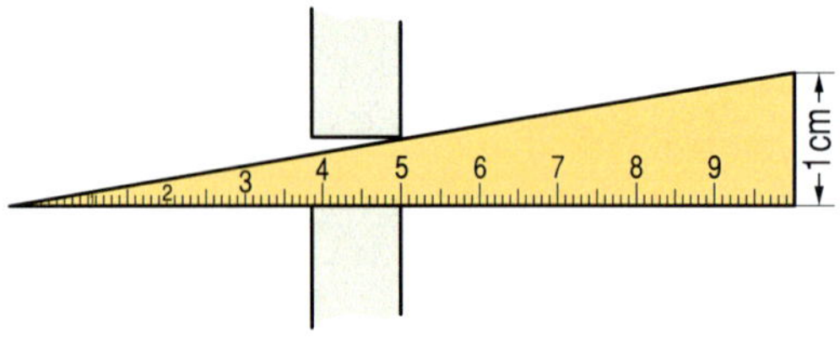


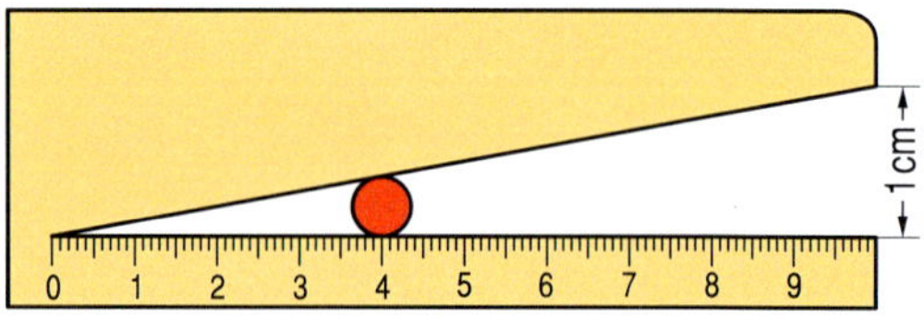


**10.**

Von einem Segelschiff wurde der Frachter unter einem Winkel von 90° gegen die Fahrtrichtung angepeilt, die Entfernung betrug 3,6 km. Nachdem das Segelschiff 8 km zurückgelegt hat, befindet sich der Frachter unter demselben Winkel in 1,7 km Entfernung.

a) Skizziere die Situation im Heft und trage die Entfernungen ein.

b) Diskutiert in der Klasse, in welcher Gefahr sich die Schiffe befinden, wenn sie ihre Fahrtrichtung und Geschwindigkeit beibehalten? Berechnet die Entfernung des Segelschiffes von der Gefahrenstelle.

## Ähnlichkeit im Gelände

!!!!

**1.**

Die Klasse 9b bestimmt mit zwei Latten und einem Bandmaß die Höhe der Schule. Zu welchem Rechenergebnis kommen die Schülerinnen und Schüler?

**2.** Die Klasse 9a hat Spaß daran gefunden, unzugängliche Strecken im Gelände durch Peilen und Rechnen zu bestimmen.
Auf einem Wandertag haben die Schülerinnen und Schüler in Gruppen die Breite x des Flusses bestimmt. Hier die gerundeten Ergebnisse:
Gruppe I: 25 m Gruppe II: 27 m
Gruppe III: 26 m Gruppe IV: 26,50 m
Von welcher Gruppe sind die Messergebnisse in der Zeichnung abgebildet?

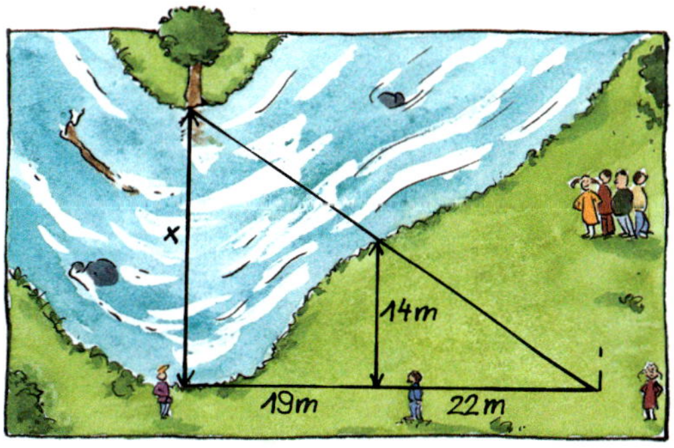


**3.** Um die Luftlinienentfernung des Berggipfels vom Haus im Tal zu bestimmen, wurde der Gipfel vom Tal aus über eine Vorrichtung angepeilt. $\overline{ZB} = 1\,800$ m wurde einer Landkarte entnommen.

a) Bestimmt $\overline{ZD}$. Die Augenhöhe kann unberücksichtigt bleiben.

b) Bestimmt $\overline{ZD}$, wenn $\overline{ZA}$ gleich 0,3 m ist.

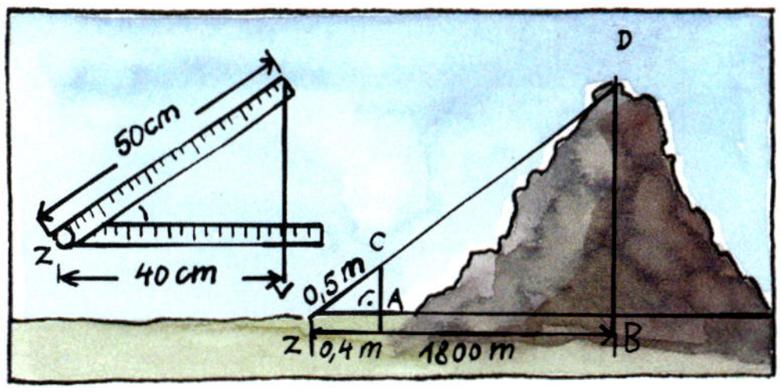


**4.** Ihr könnt die Länge von Strecken abschätzen, indem ihr den Daumen senkrecht so vor ein Auge haltet, dass er die Strecke genau verdeckt.

a) Bestimmt die Breite eines Gebäudes, das 510 m vom Standort entfernt ist und genau von einer Daumenbreite (a = 2,4 cm) überdeckt wird (Abstand Auge – Daumen: 64 cm).

b) Ein Haus von 12 m Breite wird von einer Daumenbreite (a = 2,2 cm) überdeckt. Wie weit ist das Haus vom Auge entfernt? Der Abstand Auge – Daumen beträgt 33 cm.

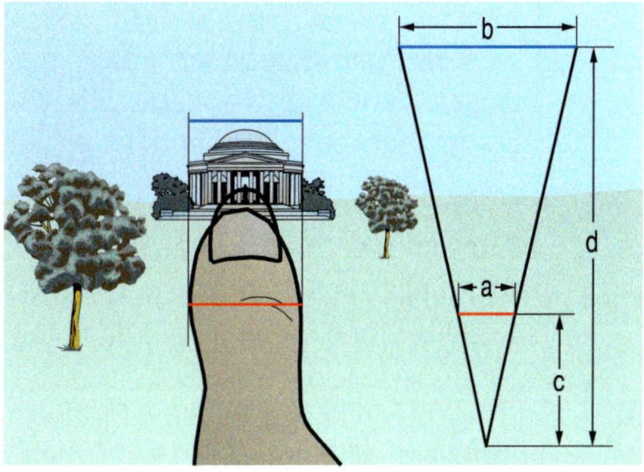


**5.** Bestimmt in Gruppen die Höhe von Bäumen oder Gebäuden bzw. die Breite von Objekten auf dem Schulgelände, die ihr nicht direkt messen könnt. Verwendet Bandmaße, eigene Daumenbreite und Armlänge, Geodreiecke, Latten unterschiedlicher Länge und selbst gebastelte Vorrichtungen, wie in den Aufgaben 1 bis 4 dargestellt. Mit welcher Methode sind die genauesten Ergebnisse zu erzielen? Stellt eure Peilungen und Berechnungen in der Klasse vor.

## Vermischte Aufgaben

**1.** Volker hält eine Erbse mit einem Durchmesser von 5 mm so vor sein Auge, dass sie den Mond genau verdeckt. Dabei ist die Erbse 60 cm vom Auge entfernt.

a) Welchen Abstand des Mondes von der Erde berechnet Volker, wenn er als Radius des Mondes 1738 km annimmt?

b) Vergleiche mit dem genauen Wert.

**2.** Warum bedeckt der Mond bei einer totalen Sonnenfinsternis die Sonne fast genau? (Abstand Erde – Sonne: 149 600 000 km, Radius Sonne: 696 000 km)

**3.** a)

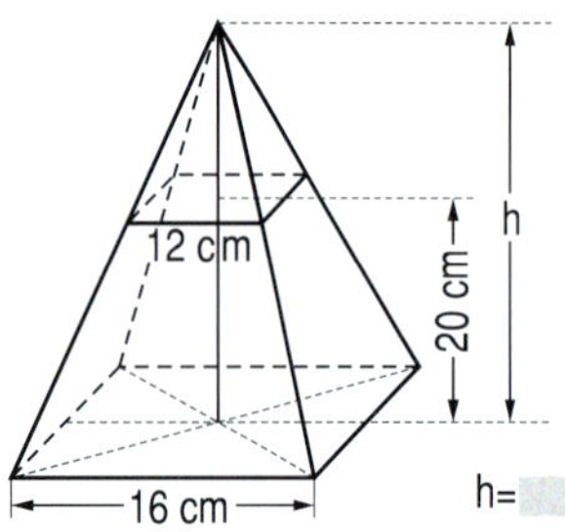


b)

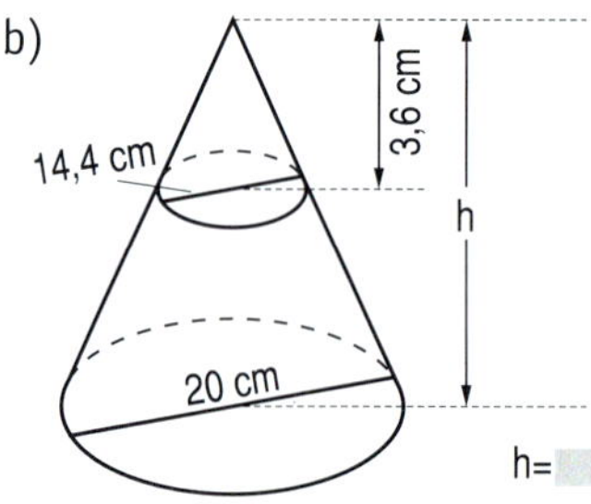


c)

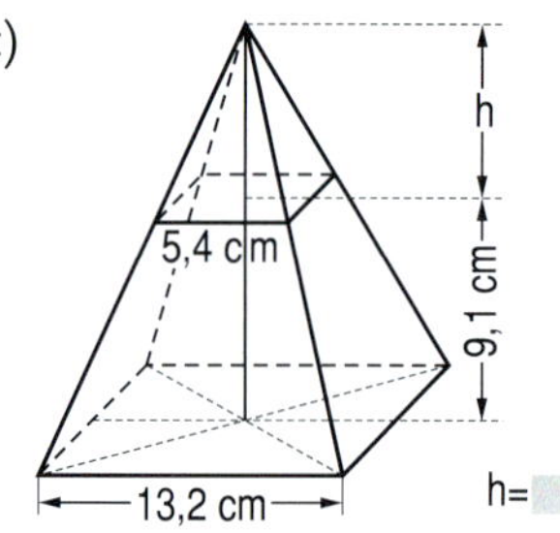


**4.**

*Papierformate DIN A0, A1, A2, ...*
- Das größte Format, A0, ist ein Rechteck mit 1 m² Fläche.
- Halbiert man bei einem Format die längere Seite, erhält man das nächstkleinere Format.
- Alle A-Formate kann man durch Vergrößern oder Verkleinern aus einem Format erhalten.

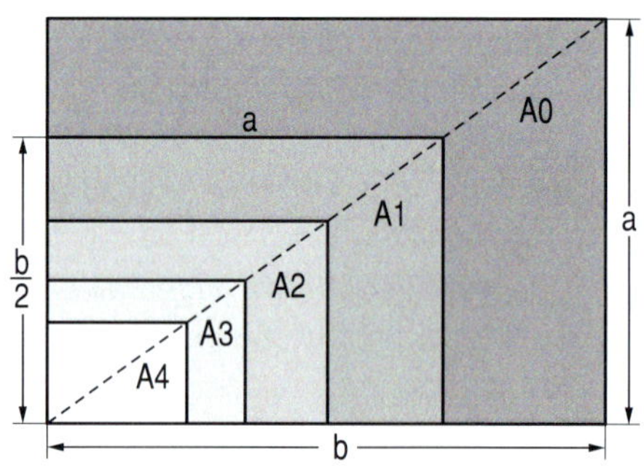


a) Partnerarbeit: Begründet, warum die Seitenlängen a und b des Formates DIN A0 die beiden angegebenen Gleichungen erfüllen.

| | |
|---|---|
| (1) $a \cdot b = 1$ | (2) $\frac{b}{a} = \frac{a}{\frac{1}{2}b}$ |

b) Formt die zweite Gleichung um zu $\left(\frac{b}{a}\right)^2 = 2$. Begründet: Die längere Seite verhält sich zur kürzeren wie $\sqrt{2}$ zu 1 (also $b = \sqrt{2} \cdot a$). Warum gilt das auch für alle anderen DIN-A-Formate?

c) Berechnet die Seitenlängen des DIN-A0-Formates auf mm genau. Setze dazu $b = \sqrt{2} \cdot a$ in die 1. Gleichung ein. Berechnet dann die Seitenlängen der Formate A1, A2, ..., A6.

**5.** Ein Fotokopierer kann Bilder vergrößern und verkleinern. Dazu stellt man den gewünschten Prozentsatz ein. Wählt man 120 %, werden alle Längen mit dem Faktor 1,2 verlängert.

a) Ein Quadrat (Seitenlänge 8 cm) wird mit den Prozentsätzen 120 %, 80 %, 150 %, 75 % kopiert. Berechne die neue Seitenlänge des Quadrates.

b) Mit welchem Faktor wird die Fläche des Quadrates jeweils verändert?

c) Welchen Prozentsatz muss man einstellen, um aus einem DIN-A5-Format ein DIN-A4-Format zu erhalten?

**1.** Der Maßstab einer Wanderkarte ist 1 : 25 000. Wie lang ist die Strecke in Wirklichkeit?

a) 4 cm  b) 12 cm  c) 20 cm  d) 6 cm

**2.** Welchen Maßstab hat eine Karte, auf der eine 600 m lange Strecke 1 cm lang ist?

**3.** Gib das Seitenverhältnis a : b in der Verhältnisschreibweise an.

a) a = 12 cm, b = 18 cm  b) a = 4 m, b = 20 m
c) a = 24 m, b = 16 m  d) a = 15 cm, b = 35 cm

**4.** Wie lang ist die Seite b?

a) a : b = 3 : 4,  a = 15 cm
b) a : b = 5 : 2,  a = 35 cm

**5.** a) Teile eine 11,9 cm lange Strecke $\overline{AB}$ allein durch Zeichnen in 9 gleich lange Teile.

b) Kennzeichne den Punkt P, der $\overline{AB}$ = 7 cm im Verhältnis 4 : 5 teilt.

**6.**

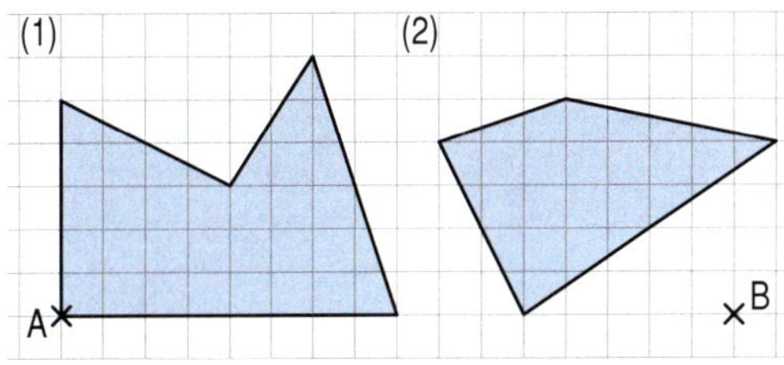


a) Vergrößere die Figur (1) von A aus im Maßstab 3 : 1 (k = 3). Wie ändert sich der Flächeninhalt?

b) Verkleinere die Figur (2) von B aus im Maßstab 1 : 2 (k = 0,5). Wie ändert sich der Flächeninhalt?

**7.** Zeichne die Figuren und überprüfe, ob sie zueinander ähnlich sind. Begründe.

a) Rechteck $R_1$ mit $a_1$ = 3 cm; $b_1$ = 4 cm
Rechteck $R_2$ mit $a_2$ = 4,5 cm; $b_2$ = 5,5 cm

b) Zwei Quadrate ($a_1$ = 4 cm; $a_2$ = 6 cm)

**8.** Welche Dreiecke sind zueinander ähnlich?

(1) c = 8 cm; $\alpha$ = 69°; $\beta$ = 32°
(2) a = 3,2 cm; $\beta$ = 69°; $\gamma$ = 30°
(3) b = 5,6 cm; $\alpha$ = 32°; $\beta$ = 79°

**9.** a)

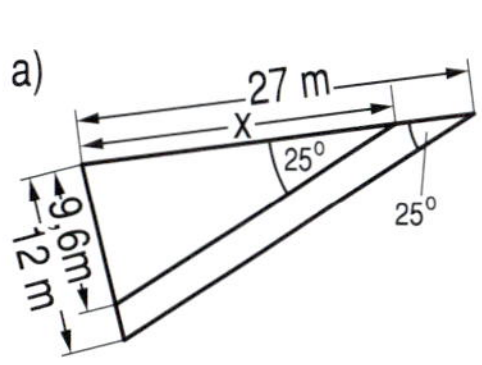


b)

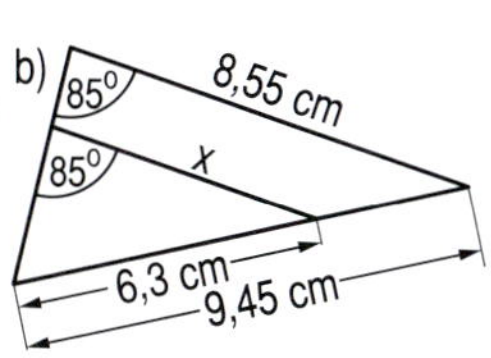


**Maßstab**
Maßstab = Länge im Bild: Länge in der Wirklichkeit

*Maßstab 1 : 20 000*
1 cm im Bild sind 20 000 cm (= 200 m) in der Wirklichkeit.

**Seitenverhältnisse**
Um das Verhältnis zweier Seiten zu bestimmen, teilt man die Längen durcheinander.

*Verhältnisschreibweise*
**a : b** = 12 : 15 = **4 : 5**

*Bruchschreibweise* $\frac{a}{b} = \frac{12}{15} = \frac{4}{5}$

**Streckenteilung**
Teilung von $\overline{AB}$ in 5 gleich lange Teilstrecken

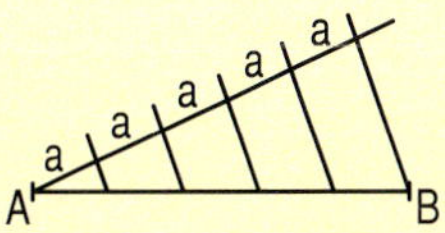


**Vergrößern und Verkleinern**
Die Größe der Figur ändert sich, die Form nicht. Alle Strecken der Figur werden mit demselben Faktor k verlängert oder verkürzt. Die Winkelgrößen bleiben unverändert. Der Flächeninhalt wird mit $k^2$ multipliziert.

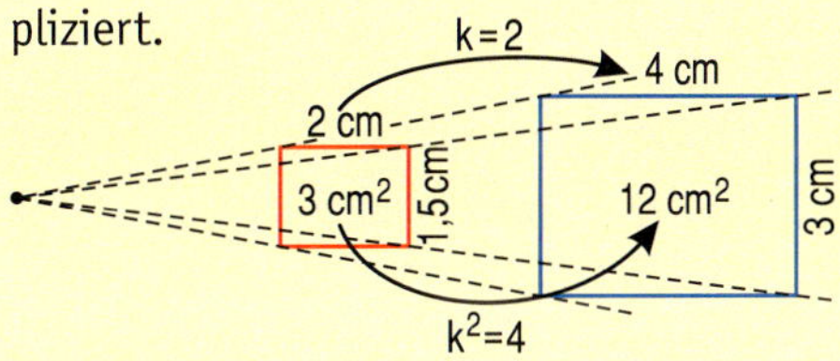


**Ähnliche Figuren**
Figuren sind ähnlich, wenn die eine Figur durch Vergrößern oder Verkleinern aus der anderen entstanden sein kann.
Bei ähnlichen Figuren sind entsprechende Winkel gleich groß; die Verhältnisse entsprechender Seiten sind gleich.

**Dreiecke** sind ähnlich, wenn sie in zwei Winkeln übereinstimmen.

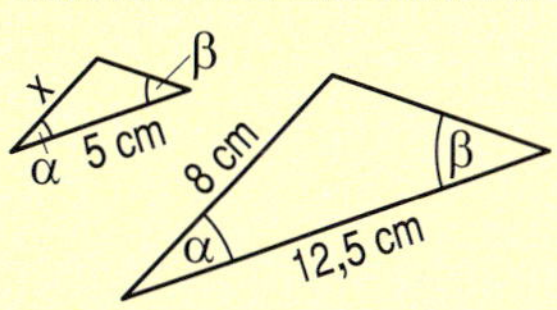


$\frac{x}{5} = \frac{8}{12{,}5}$

$x = \frac{8 \cdot 5}{12{,}5}$

x = 3,2 cm

DIAGNOSETEST

**1.** a) Auf einer Wanderkarte (Maßstab 1 : 25 000) ist ein Rundwanderweg 14,7 cm lang. Wie lang ist er in Wirklichkeit?

b) Bestimme den Maßstab der Karte, wenn 1 cm auf der Karte 50 km in Wirklichkeit entspricht.

**2.** Zeichne ein Dreieck ABC aus a = 4,1 cm; b = 3,6 cm; c = 5,4 cm.

a) Vergrößere das Dreieck mit k = 2. b) Verkleinere das Dreieck mit k = 0,7.

**3.** Bestimme das Seitenverhältnis a : b. a) a = 4 cm, b = 6 cm b) a = 24 cm, b = 20 cm

**4.** Bestimme die Länge der Strecke x.

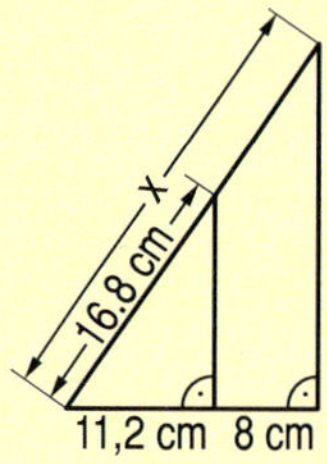


**5.** Bestimme die Länge der Strecke y.

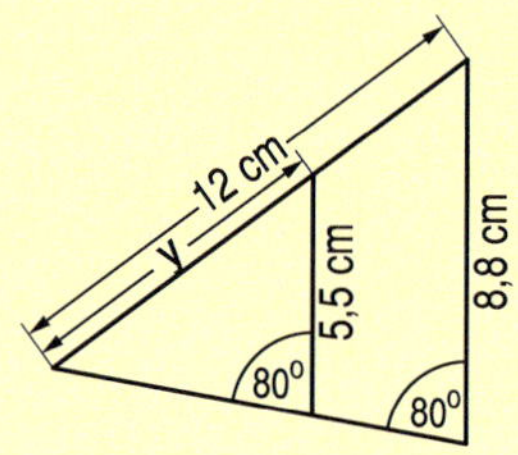


## Wähle weitere 5 Aufgaben aus

**1.** Bestimme den Maßstab der Landkarte und die markierte Luftlinienentfernung.

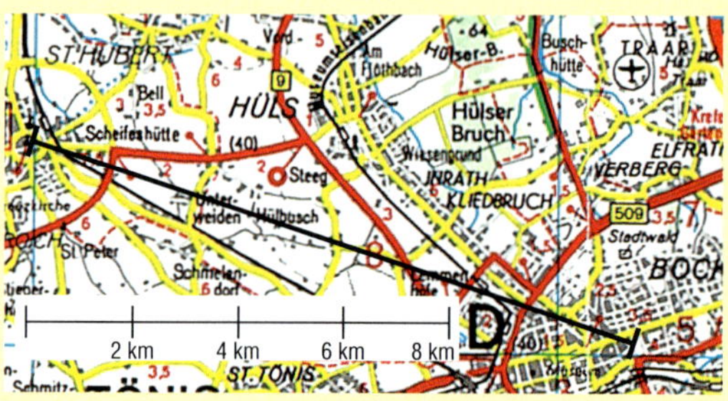


**2.** Ein gleichschenkliges Trapez mit a = 6,2 cm, β = 65°, c = 3,5 cm wird im Maßstab 5 : 1 vergrößert.
Bestimme die entsprechenden Größen des neuen Trapezes ohne Zeichnung.

**3.** Teile eine 7,4 cm lange Strecke $\overline{AB}$ allein durch Zeichnen in 5 gleich lange Teile.

**4.** Welche Dreiecke sind zueinander ähnlich?

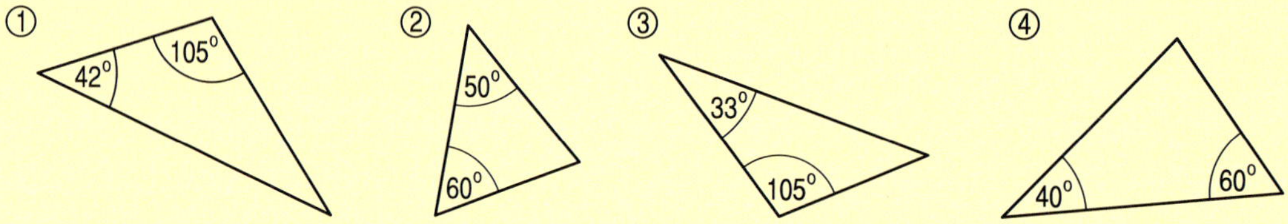


**5.** Bestimme die Länge der Strecke x.

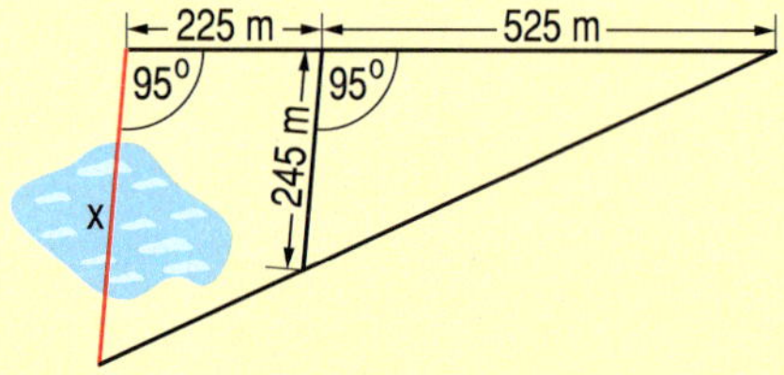


**6.** Bestimme die Länge der Strecke x.

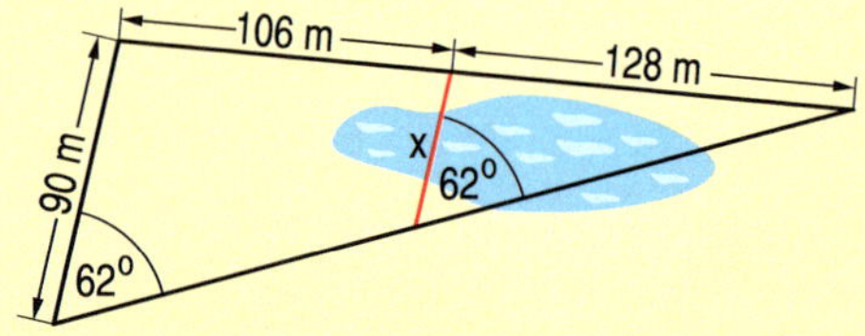


**7.** Ein Stab wird senkrecht so aufgestellt, dass das Ende seines Schattens mit dem Ende des Schattens einer Tanne zusammenfällt. Wie hoch ist die Tanne, wenn der Stab 1,60 m hoch ist und die Schatten 4,20 m bzw. 32 m lang sind?

# Prozent- und Zinsrechnung

# 7

| Gehaltsempfänger Ilona Kaiser | Steuerklasse I | Kinder 0 | Konfession ev. | Personalnummer: 153.02 | |
|---|---|---|---|---|---|
| Steuerpflichtig Brutto 982,33 € | Lohnsteuer 10,75 € | Solidaritätszuschlag: 0,59 € | Rentenversicherung Anteil: 95,78 € | Kranken/Pflegeversicherung Anteil: 75,15 € | Arbeitslosenversicherung Anteil: 31,93 € |
| Kirchensteuer: 0,97 € | Summe gesetzliche Abzüge: | | Netto | | |

Monats-Lohnsteuertabelle 2005
(Klasse I – unverheiratet)

| Brutto (€) | Lohnsteuer (€) |
|---|---|
| 971,02 | 9,16 |
| 973,32 | 9,58 |
| 975,62 | 10,00 |
| 977,92 | 10,00 |
| 980,22 | 10,33 |
| 982,52 | 10,75 |
| 984,82 | 11,16 |
| 987,13 | 11,58 |
| 989,43 | 11,58 |
| 991,73 | 12,00 |
| 994,03 | 12,33 |
| 996,33 | 12,75 |

## Prozentrechnung

Formel zur Prozentrechnung

$W = G \cdot \frac{p}{100}$

$5\% = \frac{5}{100} = 0{,}05$

$12\% = \frac{12}{100} = 0{,}12$

1. Von 25 kg Tomaten wurden 15% nicht verkauft. Wie viel kg sind das?
2. Von 500 kg Kartoffeln wurden 425 kg verkauft. Wie viel Prozent sind das?
3. Von den Äpfeln waren 12% oder 6 kg schlecht. Wie viel Kilogramm Äpfel waren es insgesamt?

**1.** Bildet Dreiergruppen. Besprecht die Bedeutung der Größen W, G und p% in der Formel zur Prozentrechnung. Löst die Aufgaben gemeinsam und präsentiert euren Lösungsweg der Klasse.

**2.** Erfinde selbst drei Aufgaben zur Prozentrechnung. Dabei soll jeweils einmal eine der Größen W, G bzw. p% berechnet werden. Löse die Aufgaben erst selbst, lass sie anschließend von einer Mitschülerin oder einem Mitschüler bearbeiten.

**3.** Welche Größe ist gesucht, Grundwert, Prozentsatz oder Prozentwert? Berechne sie.
a) 320 Kästen Mineralwasser sind im Lager, davon 60 % „stilles" Wasser mit wenig Kohlensäure.
b) Insgesamt sind 280 Kästen Fruchtsaft im Lager, davon 126 Kästen Orangensaft.
c) 64 Kästen alkoholfreies Bier sind vorrätig, das sind 32% des ganzen Biervorrats.

**4.** Welche Größe ist gesucht, Grundwert, Prozentsatz oder Prozentwert? Berechne sie.
a) 2004 wurden in Deutschland 792 Mordfälle erfasst, davon wurden 769 aufgeklärt.
b) 1 637 Fälle von Totschlag wurden aufgeklärt, das waren 95,6% der gemeldeten Fälle.
c) Insgesamt wurden in Deutschland 6,6 Mio. Straftaten erfasst. Davon wurden 53% aufgeklärt.

**5.** Überlege mit einem Partner oder einer Partnerin drei Fragen zum Jubiläumspreis. Rechnet nach und erläutert anschließend eure Ergebnisse der Klasse.

**Jubiläumspreis**
~~799 €~~
**499 €**
38% reduziert.
Finanzkauf 12 x 43,54 €

**6.** Der Preis eines CD-Players wurde von 180 € auf 153 € heruntergesetzt. Um wie viel Prozent wurde der Preis gesenkt?

**7.** Bei einer 250 km langen Eisenbahnstrecke wurden auf 155 km Streckenlänge neue Gleise verlegt.

**8.** Sabine rechnet zur Lösung einer Sachaufgabe G = 368 : 47% aus. Die Sachaufgabe bezieht sich auf eine Schule, die überwiegend von Mädchen besucht wird. Stelle eine passende Aufgabe und ihre Lösung in der Klasse vor.

**9.** In einer Kleinstadt ist die Hälfte der 20 000 Einwohner im Erwerbsalter zwischen 18 und 65 Jahren. 2 000 sind arbeitslos. Sind das 10% oder 20% Arbeitslose? Begründe deine Antwort.

**10.** a) Können Erwachsene Prozentrechnung? Macht eine Umfrage mit nebenstehender Frage. Dazu müsst ihr natürlich auch die richtige Antwort erklären können.
b) Entwerft entsprechende andere Aufgaben mit: „Jeder Fünfte ..." oder: „Jeder Zwanzigste ...".

***Jeder 40ste ist ...***
Welcher Prozentsatz ist gemeint?

☐ 40% ☐ 4% ☐ 0,4%
☐ 25% ☐ 2,5% ☐ 60%

**11.** Ordne jedem Bruch den zugehörigen Prozentsatz zu. In zwei Fällen stimmt der Prozentsatz nicht ganz genau, sondern nur gerundet. Benutze hierzu das Zeichen „≈".

50% $\frac{1}{2}$ 67% $\frac{2}{3}$ 10% $\frac{1}{5}$ 75% $\frac{1}{4}$ 33% $\frac{1}{10}$ 25% $\frac{3}{4}$ 20% $\frac{1}{3}$

**12.** Bestimme den Prozentwert *ungefähr* mit einem einfachen Bruch.

a) 51% von 720 b) 18% von 55 c) 11% von 275
d) 34% von 642 e) 24% von 88 f) 65% von 522
g) 73% von 480 h) 48% von 764 i) 68% von 333

52% von 328
≈ 50% von 328
= $\frac{1}{2}$ von 328 = 164

**13.** Zeichne einen Kreis und färbe den angegebenen Bruchteil. Berechne zuerst den zugehörigen Winkel am Mittelpunkt. Beachte: 100% ist der Vollwinkel von 360°. Notiere auch den Prozentsatz der nicht gefärbten Kreisfläche.

a) 45% b) 20% c) 90% d) 62% e) 35%

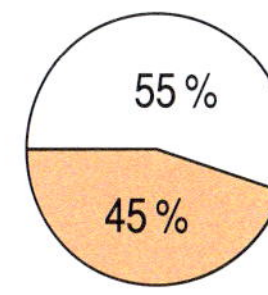


**14.** Wie viel Prozent der Rechteckfläche ist gefärbt?

a)
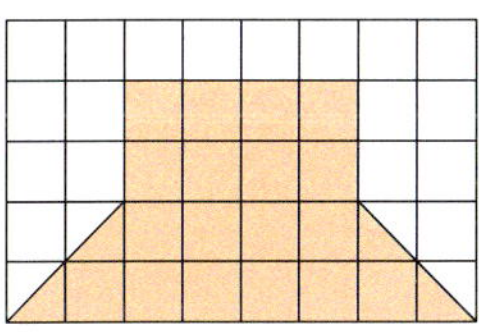
b)
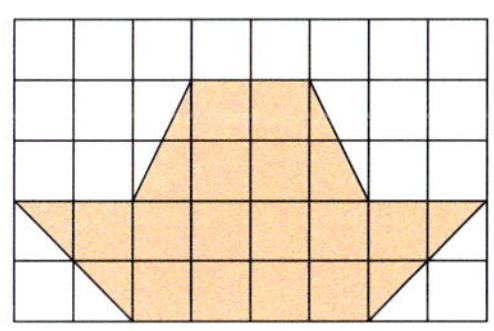
c)
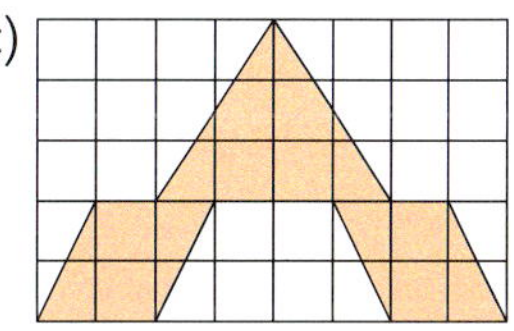
d)
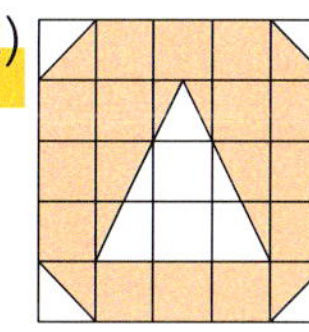

**15.** Ein Rechteck ist 60 m lang und 40 cm breit. Jede Seite soll um 40% verlängert werden.

a) Kira meint: Die neuen Seiten sind 1,4-mal so groß wie die ursprünglichen. Stimmt das? Berechne die neuen Seitenlängen.

b) Leon behauptet: Der Flächeninhalt des neuen Rechtecks ist fast doppelt so groß wie der des ursprünglichen, weil 1,4 · 1,4 ≈ 2 ist. Prüfe Leons Behauptung. Gilt sie für jedes Rechteck, dessen Seiten um 40% wachsen?

**16.** Karen hat im Lexikon gefunden, dass kleine Anteile – z. B. der Alkoholgehalt im Blut – in Promille (‰) angegeben werden. Es gilt 1‰ = $\frac{1}{1000}$ = 0,001.

a) *Gruppenarbeit:* Wie viel Prozent ist 1‰ (Promille)? Schreibt für die Promillerechnung eine Formel auf und präsentiert sie der Klasse.

b) Stellt in Partnerarbeit drei Fragen zum Bild und berechnet die Lösungen.

**17.** a) Für die erfolgreiche Vermittlung eines Bausparvertrages erhält Frau Loh von ihrem Arbeitgeber eine Provision von 2,5‰ des Versicherungsbetrags. Wie hoch ist die Provision in Prozent?

b) Am Wochenende konnte Frau Loh einen Bausparvertrag in Höhe von 30 000 € und einen weiteren in Höhe von 44 000 € vermitteln. Berechne ihre Provision.

!!!!

## Bruttolohn – Nettolohn

| Gehaltsempfänger Herbert Löhnert | Steuerklasse I | Kinder 0 | Konfession ev. | Personalnummer: 153.04 | |
|---|---|---|---|---|---|
| Steuerpflichtig Brutto 1 554,00 € | Lohnsteuer 142,08 € | Solidaritäts-zuschlag 7,81 € | Rentenversicherung Anteil: 151,52 € | Kranken/Pflegever-sicherung Anteil: 121,99 € | Arbeitslosen-versicherung Anteil: 50,51 € |
| Kirchensteuer: 12,79 € | Summe gesetzliche Abzüge: | | Netto | | |

**1.** Lohnsteuer, Solidaritätszuschlag, Renten-, Kranken-, Arbeitslosenversicherung und gegebenenfalls die Kirchensteuer sind die gesetzlichen Abzüge.
Wie hoch sind sie bei H. Löhnert? Wie viel Euro bekommt er also netto ausgezahlt?

**Sozialabgaben (in % vom Bruttolohn), die der Arbeitnehmer zahlt**

| | |
|---|---|
| Rentenversicherung: | 9,75% |
| Krankenversicherung[1]): | 7% |
| Arbeitslosen-versicherung: | 3,25% |
| Pflegeversicherung: | 0,85% |

[1]) Abhängig von der jeweiligen Krankenkasse

**2.** Überprüfe die Angaben bei Herrn Löhnert.
a) Wie viel Prozent des steuerpflichtigen Bruttolohns werden für Sozialabgaben abgezogen?
b) Wie viel € werden insgesamt von Herrn Löhnert an Sozialabgaben entrichtet?

Vom Bruttolohn wird die Lohnsteuer abgezogen. Man kann sie der Lohnsteuertabelle entnehmen.

**3.** Bestimme die Höhe der Sozialversicherung und der Lohnsteuer (Steuerklasse I ohne Kinder) vom angegebenen Bruttolohn. Berechne dann den Nettolohn (ohne Kirchensteuer).

**Lohnsteuer 2005**
in Steuerklasse I
ohne Kinder

| Bruttolohn | Lohnsteuer |
|---|---|
| 890 | 0,– |
| 900 | 0,58 |
| 925 | 3,50 |
| 950 | 6,50 |
| 975 | 10,00 |
| 1 000 | 13,16 |
| 1 100 | 29,83 |
| 1 200 | 49,66 |
| 1 250 | 59,75 |
| 1 300 | 70,91 |
| 1 400 | 97,16 |
| 1 500 | 126,33 |
| 1 750 | 194,16 |
| 2 000 | 261,66 |
| 2 250 | 332,75 |
| 2 500 | 405,50 |
| 2 750 | 481,58 |

Der Solidaritätszuschlag ist 5,5% von der Lohnsteuer.

Als Mitglied der evangelischen bzw. katholischen Kirche zahlt man Kirchensteuer. Das ist ein fester Prozentsatz von der Lohnsteuer (in NRW 9%).

**4.** Berechne den Solidaritätszuschlag (Tabelle rechts).

| Bruttolohn | |
|---|---|
| 800 € | 2 500 € |
| 600 € | |
| 1 250 € | 1 400 € |

**5.** Überprüfe, ob bei Herrn Löhnert die Kirchensteuer richtig berechnet wurde.

**6.** Wie viel werden Frau Müller von 2 750 € Bruttolohn ausgezahlt?

## Rabatt – Skonto

**Rabatt** ist ein Preisnachlass z. B. beim Kauf großer Mengen, bei Barzahlung, beim Schlussverkauf, beim Ausverkauf usw.

**Skonto** ist ein Preisnachlass bei Bezahlung innerhalb einer Frist. Es beträgt meist 2 bis 3 Prozent vom Rechnungsbetrag.

Angebot:

| | | |
|---|---|---|
| 120 Taschenrechner à 11,20 € ..... | 1 344 | € |
| abzüglich 12% Schulrabatt ....... | | € |
| Zwischensumme: .............. | | € |
| zuzügliche 19% MwSt. ........... | | € |
| Endsumme .................. | | € |

Bei Zahlung innerhalb v. 14 Tagen, 2% Skonto

1. Prozentfaktor: 100% – 12% = 88% = 0,88

2. Prozentfaktor: 100% + 19% = 119% = 1,19

$1\,344 \xrightarrow{\cdot\, 0{,}88} \square \xrightarrow{\cdot\, 1{,}19} \square$

**1.** *Partnerarbeit:* Besprecht die beiden Wege zur Berechnung der Endsumme im Angebot für die Taschenrechner. Führt die Berechnung im Heft durch. Berücksichtigt auch den Skonto.

**2.** Wie viel Euro werden bei der Bestellung eingespart?

| | a) | b) | c) | d) |
|---|---|---|---|---|
| Artikel: | Basketball | Sprachbuch 09 | Mikroskop | Amperemeter |
| Menge: | 11 Stück | 95 Stück | 6 Stück | 14 Stück |
| Einzelpreis: | 21,75 € | 15,20 € | 106,15 € | 90,35 € |
| Rabatt: | 4% | 3% | 12% | 8% |

**3.** Welcher Betrag muss bezahlt werden?

a) Firma Linax erhält auf den Rechnungsbetrag von 2 356,70 € einen Rabatt von 5%.

b) Ulrike erhält die Malerrechnung über 1 420 €. Hinzu kommen noch 19% Mehrwertsteuer.

c) Firma Arlt bestellt Werkzeuge zum Preis von 648,30 €. Sie zieht 2% Skonto ab.

**4.** Zum Preis von 200 € werden noch 19% MwSt. hinzugerechnet und 5% Rabatt gewährt. Peter möchte den Rabatt abziehen und dann 19% MwSt. hinzurechnen. Monika sagt, dass die Reihenfolge gleichgültig wäre. Prüfe, ob das richtig ist.

| | | | |
|---|---|---|---|
| Preis: | 200 € | Preis: | 200 € |
| 19% MwSt. | ■ | 5% Rabatt | ■ |
| Zwischensumme: | ■ | Zwischensumme: | ■ |
| 5% Rabatt | ■ | 19% MwSt. | ■ |
| Endpreis | ■ | Endpreis | ■ |

$200\,€ \xrightarrow{\cdot\, ■} ■ \xrightarrow{\cdot\, ■}$ Endpreis

**5.** Wie lautet der Endpreis zuzüglich 19% MwSt.?

| | | | |
|---|---|---|---|
| Preis: | a) 626,70 € | b) 1 245 € | c) 978,60 € |
| Rabatt: | 3% | 7% | 2% |

**6.** Die Firma Esor hat bei Frau Wilbers von 8.00 bis 15.30 Uhr Arbeiten durchgeführt. Sie berechnet für jede angefangene Stunde 35,50 €. Für die An- und Abfahrt wird pauschal eine Stunde in Rechnung gestellt. Als gute Kundin erhält Frau Wilbers 3% Rabatt und bei Barzahlung 2% Skonto.

Berechne den zu zahlenden Betrag a) ohne Skonto; b) mit Skonto.

## Preiskalkulation

| 100% | 18% | | |
|---|---|---|---|
| Bezugspreis | Kosten | 20% | |
| Selbstkostenpreis | | Gewinn | 19% |
| Netto-Verkaufspreis | | | Mehrwertsteuer |
| Ladenpreis (Brutto-Verkaufspreis) | | | |

**1.** Besprecht in Gruppen die schematische Darstellung zur Berechnung des Ladenpreises. Berechnet anschließend den Ladenpreis für die Surf-Ausrüstung mit einer Methode eurer Wahl.

**2.** Die Firma Tiewie bezieht vom Großhändler Rekorder zum Preis von 154 €. Die Kosten werden mit 18%, der Gewinn mit 25% kalkuliert. Die MwSt. beträgt 19%. Berechne den Ladenpreis.

**3.** Ein Bekleidungshaus kauft Artikel in größeren Mengen ein. Es kalkuliert mit 22% Kosten, 35% Gewinn und 19% MwSt. Berechne den Ladenpreis für ein einzelnes Kleidungsstück.

| Artikel | a) T-Shirt Fit-boy al4 | b) Hose Hang down 02 | c) Jeans frisch air pu7 | d) Anzug Tr-8 | e) Mützen Play-cup 9.9 |
|---|---|---|---|---|---|
| Anzahl | 500 | 800 | 130 | 28 | 60 |
| Bezugspreis | 1 825 € | 30 360 € | 5 460 € | 4 799,20 € | 276,60 € |

**4.** Die Firma Löwe GmbH beliefert eine Kaufhauskette.

a) Zu welchem Bezugspreis werden die Drucker an die Kaufhauskette geliefert?

b) Die Kaufhauskette kalkuliert ihren Ladenpreis mit 24% Kosten, 30% Gewinn und 19% MwSt. Zu welchem Preis wird ein einzelner Drucker angeboten?

c) Wie viel € betragen die Kosten, der Gewinn und die MwSt. zusammen je Drucker? Wie viel Prozent des Bezugspreises sind das?

d) Berechne alle Anteile in Prozent vom Ladenpreis und stelle den Sachverhalt in einem Kreisdiagramm dar.

| Ihre Bestellung vom 4. 4. 06 | |
|---|---|
| Artikel: Drucker MTX-V3 | |
| 250 Stück à 137 € | ____ € |
| 5% Mengenrabatt | – ____ € |
| | ____ € |
| 2% Nachlass | – ____ € |
| bei Barzahlung | ____ € |
| Fracht | + 240 € |
| Bezugspreis | ____ € |

**5.** Das Sporthaus Schoebel kalkuliert den Ladenpreis für ein Rennrad mit 15% Kosten, 20% Gewinn und 19% MwSt.

a) Berechne den Bezugspreis für das Rennrad.

b) Wie viel € sind MwSt., Gewinn und Kosten?

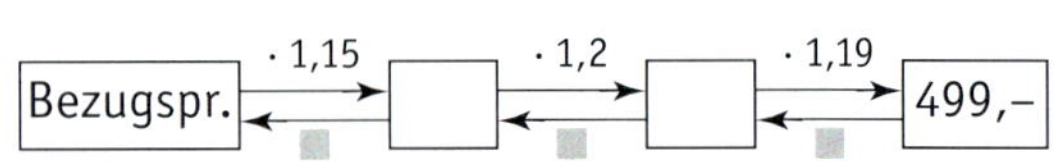


**6.** Ein Autohändler hat im vergangenen Jahr Neuwagen im Gesamtwert von 770 880 € verkauft. Der Händler kalkuliert mit 18% Kosten, 28% Gewinn und 19% MwSt.

a) Zeichne eine Operatorkette und berechne, zu welchem Gesamtbezugspreis der Autohändler die Neufahrzeuge beim Autowerk bestellt hat.

b) Das Modell „Presto“ bezieht er vom Werk zum Preis von 28 270 €. Berechne den Verkaufspreis.

c) Den Transporter „Buggy“ verkauft er zu einem Preis von 38 500 €. Berechne den Bezugspreis.

**7.** Bedeutet eine Erhöhung der Mehrwertsteuer von 16% auf 19% für den Staat 3% mehr Einnahmen?

**8.** Stundenlöhne enthalten mehrere Anteile.

| | |
|---|---|
| **Tariflohn:** Ausgezahlter Jahreslohn für den „produktiv“ Tätigen | **Lohnfolgekosten:** Sozialversicherung, bezahlter Urlaub, etc. |
| **Geschäftskosten:** Verwaltung, Mieten, Versicherungen, … | **Gewinn:** Rücklagen, neue Maschinen, Betriebsschäden … |

**Kalkulation für den Stundenlohn**

| | |
|---|---|
| Tariflöhne im Jahr | 140 180 € |
| 80% Lohnfolgekosten | + ▒ € |
| | ▒ € |
| Geschäftskosten | + 110 000 € |
| | ▒ € |
| 9% Gewinn/Risiko | + ▒ € |
| | ▒ € |
| verteilt auf 8 Gesellen mit je 1 579 Arbeitsstunden im Jahr | ▒ € |

a) Übertrage die Kalkulation für den Stundenlohn in dein Heft und berechne den Preis für eine Arbeitsstunde.

b) Wie viel € muss der Kunde einschließlich 19% MwSt. für eine Arbeitsstunde bezahlen?

**9.** Ein Klempnerbetrieb kalkuliert den Preis für eine Arbeitsstunde.
Tariflohn: 12,15 €, Lohnfolgekosten: 80%, Kosten: 38%, Gewinn/Risiko: 9%

a) Stelle eine Operatorkette auf und bestimme so den Preis für eine Arbeitsstunde. Runde auf Cent.

b) Mit welchem Faktor kannst du den Tariflohn multiplizieren, um sofort den kalkulierten Stundenlohn zu erhalten? Gib alle Stellen nach dem Komma an. Bestimme damit, um wie viel Prozent der Stundenlohn für den Klempnerbetrieb höher ist als der Tariflohn.

**10.** Eine Autowerkstatt kalkuliert den Preis für eine Arbeitsstunde eines Kfz-Mechanikers. Tariflohn: 10,09 € pro Stunde, 80% Lohnfolgekosten, 35% Geschäftskosten und 6% Gewinn/Risiko.

a) Berechne den Preis einer Arbeitsstunde, den ein Kunde einschließlich 19% MwSt. bezahlen muss.

b) Wie viel Prozent vom kalkulierten Kundenpreis entfallen auf den Tariflohn, wie viel auf die Lohnfolgekosten bzw. auf die Geschäftskosten?

c) Stelle die Anteile, die den Kundenpreis für eine Arbeitsstunde ausmachen, in einem Kreisdiagramm dar.

**11.** Ein Einzelhändler bezieht seine Ware mit 3% Rabatt, 2% Skonto und 0,6% Frachtanteil. Er kalkuliert mit 22% Geschäftskosten, 8% Gewinn und 19% MwSt. Berechne mit einer Tabellenkalkulation die Endpreise für folgende Bezugspreise: 12,58 €; 47,35 €; 134,60 €; 50,80 €; 134 €; 83,50 €.

**12.** Eine Einzelhändlerin kalkuliert mit 20% Kosten und 11,5% Gewinn. Welchen Bezugspreis musste sie für eine Ware mit dem Ladenpreis 123,89 € (76,20 €) einschließlich 19% MwSt. bezahlen?

**13.** Eine Lebensmittelkette will Kaffee im Wert von 20 000 € (Selbstkostenpreis) als „Lockangebot“ ohne Gewinn verkaufen. Zum Ausgleich sollen andere Waren mit einem Selbstkostenpreis im Wert von 320 000 € so kalkuliert werden, dass ein durchschnittlicher Gewinn von 8% erzielt wird.

a) Wie viel Euro Gewinn sollen für Kaffee und die anderen Waren insgesamt erzielt werden?

b) Wie viel Prozent vom Selbstkostenpreis der anderen Waren beträgt dieser Gewinn?

c) Kalkuliere den Verkaufspreis mit 8% Gewinn und inkl. 7% MwSt. zum gegebenen Selbstkostenpreis: Käse 1 kg: 12,63 €; Wurst 1 kg: 16,10 €; Waschmittel 3 kg: 5,89 €; Fruchtsaft 1 l: 0,59 €.

!!!! **14.** Autowerbung: Beim Kauf unseres „Power“ für bisher 19 000 € schenken wir Ihnen die Mehrwertsteuer und geben noch 2% Rabatt.

# Bleib FIT!

**Die Lösungen der Aufgaben ergeben die Namen großer Entdecker.**

**1.** Gib das Ergebnis in der angegebenen Einheit an.

a) 3,8 m – 70 cm + 120 mm = ■ m

b) 3 h – 48 min + 34 min = ■ min

c) 7,8 t – 350 kg – 3 715 kg = ■ t

d) 3 dm + 17 cm – 87 mm = ■ cm

**2.** a) 100 g Salami kosten 2,29 €. Für 275 g bezahlt Frau Teuber ■ €, gerundet auf Cent.

b) Zwei Musiker spielen einen Marsch in 3,5 min. Wie viele Minuten braucht eine Kapelle mit 16 Musikern für dasselbe Musikstück?

**3.** Bei einem Trapez sind die parallelen Seiten 6 cm und 10 cm lang. Der Flächeninhalt beträgt 36 cm². Die Höhe ist ■ mm lang.

**4.** a) 72,38 + 15,04 + 82 + 18,3 + 156,55

b) 583,4 – 216,5 – 18 – 145,3

**5.** Wenn alle 32 Schülerinnen und Schüler der Klasse 9a am Wandertag teilnehmen, kostet die Busfahrt pro Person 15 €. Wenn am Tag des Ausflugs zwei Schüler fehlen, muss jeder ■ Euro bezahlen.

**6.** a) $8{,}89 \cdot 45$  b) $19{,}35 \cdot 7{,}4$

c) $371{,}25 : 99$  d) $301{,}68 : 2{,}4$

**7.** Tim gibt im Urlaub an den 6 Tagen 22 €, 19 €, 18 €, 15 €, 9 € und 16 € aus. Das sind im Durchschnitt ■ € täglich.

**8.** a) Berechne die Differenz aus $3 \cdot 10^4$ und $4{,}5 \cdot 10^3$.

b) Berechne die Summe aus $4 \cdot 10^2$ und $3 \cdot 10^{-1}$.

**9.** Eine quaderförmige Schachtel hat ein Volumen von 421,6 cm³. Sie ist 12,4 cm lang, 6,8 cm breit und ■ cm hoch.

| | |
|---|---|
| 3,22 | C |
| 3,3 | V |
| 3,5 | A |
| 3,735 | O |
| 3,75 | C |
| 5 | S |
| 6,30 | M |
| 10 | K |
| 16 | L |
| 16,5 | R |
| 38,3 | K |
| 28 | R |
| 45 | G |
| 125,7 | O |
| 143,19 | N |
| 166 | O |
| 172 | B |
| 203,6 | L |
| 344,27 | E |
| 400,3 | E |
| 400,05 | A |
| 894 | W |
| 25 500 | T |
| 25 600 | P |

## Zinsrechnung

**1.** a) Besprecht in Partnerarbeit den Text, den sich Lina aus der 8. Klasse aufgehoben hat.

b) Schreibt für die Jahreszinsen und für den Bruchteil der Jahreszinsen eine Formel auf und erläutert sie euren Mitschülerinnen und Mitschülern.

Die Zinsrechnung
- Die Zinsen für ein Jahr berechnet man so: Jahreszinsen = Kapital · Zinssatz
- Zinsen für den Bruchteil eines Jahres: Zinsen = Kapital · Zinssatz · Bruchteil d. Jahres

Ein Bankjahr hat 360 Tage.

**2.** Am Jahresanfang zahlt Laura 300 € auf einem Sparkonto ein. Am Jahresende bekommt sie 3% Zinsen dazu. Wie viel Euro hat Laura dann insgesamt auf dem Konto?

**3.** Zum Renovieren ihres Hauses leihen Lauras Eltern 10 000 € bei der Bank. Nach einem Jahr zahlen sie das geliehene Geld und 10% Zinsen zurück. Wie viel Euro müssen Lauras Eltern zurückzahlen?

**4.** a) Kevin berechnet mit einem Tabellenkalkulationsprogramm den Zinssatz. Welche Formel muss im Feld C2, welche im Feld C3 eingefügt werden?

b) Überlegt, wie eine Tabelle aufgebaut werden muss, damit bei gegebenen Zinsen und Zinssatz das Kapital berechnet werden kann.

| | A | B | C |
|---|---|---|---|
| 1 | **Kapital in €** | **Zinsen in €** | **Zinssatz in %** |
| 2 | 3900 | 312 | 8 |
| 3 | 450 | 13,5 | |

**5.**

| | a) | b) | c) | d) | e) | f) | g) |
|---|---|---|---|---|---|---|---|
| Kapital K | 720 € | 320 € | | | | 3 900 € | 1 512 € |
| Zinssatz p% | 3% | 2,8% | 5% | 12,5% | 7% | | |
| Zinsen Z | | | 352,50 € | 900,00 € | 206,29 € | 312,00 € | 83,16 € |

**6.** Überlegt gemeinsam mit einem Partner einen Lösungsweg und stellt ihn der Klasse vor.

a) 1 850 € bringen 55,50 € Zinsen in einem Jahr. Wie viel Prozent Zinsen zahlt die Bank?

b) Für ihr neues Haus haben sich Herr und Frau Franke einen Kredit genommen. Sie müssen 9,5% bezahlen. „Jährlich 11 875 € Zinsen" stöhnen sie. Wie viel Euro haben sie geliehen?

**7.** Nando hat 1 250 € bei der KKF-Bank auf dem Sparbuch. Dafür bekommt er 35 € Zinsen nach einem Jahr. Lea hat nur halb so viel wie Nando gespart. Ihre Bank zahlt 3% Zinsen. Sollte Lea die Bank wechseln? Besprecht das Problem in der Gruppe und unterbreitet dann einen Lösungsvorschlag.

**8.** Dieter hat sein Konto für 25 Tage um 720 € überzogen. Dafür verlangt die Bank Zinsen. Der Zinssatz beträgt 14,5% pro Jahr. Wie viel € Zinsen muss Dieter bezahlen?

**9.** Löse die Formel für Tageszinsen schrittweise durch Umstellen der Gleichung auf, sodass das Kapital K, der Zinssatz $\frac{p}{100}$ = p% bzw. die Zinstage t berechnet werden können. Berechne anschließend die fehlende Größe in der Tabelle.

$Z = K \cdot \frac{p}{100} \cdot \frac{t}{360} \quad | \cdot 360$

$Z \cdot 360 = \ldots$

| | a) | b) | c) | d) | e) | f) | g) |
|---|---|---|---|---|---|---|---|
| Kapital K | 460,80 | | 950 | 2 500 | 856 | 212,50 | |
| Zinssatz p% | 14% | 3,6% | | | 6% | | 10,5% |
| Zinsen Z | 4,30 | 40,32 | 2,64 | 76,67 | 35,66 | 1,77 | 1 077,38 |
| Tage t | | 72 | 25 | 115 | | 100 | 70 |

**10.** Frau Freisings Traum ist ein Reihenhaus, das 220 000 € kostet. Sie hat einen größeren Betrag im Lotto gewonnen. Das Geld hat sie sofort für 5 Monate fest bei einer Bank angelegt und erhält dafür 3 400 € Zinsen bei einer Verzinsung mit 4,8%. Zusätzlich könnte sie ihre Eigentumswohnung zu einem Preis von 48 000 € veräußern. Stelle mehrere Fragen und beantworte sie.

**11.** a) Herr Marx hat 30 Tage lang sein Girokonto um 2 000 € überzogen. Der Zinssatz für Schulden dieser Art beträgt 14% bei seiner Bank. Wie viel Zinsen hat Herr Marx zu zahlen?

b) Frau Marschner hat 4 600 € auf ihrem Sparkonto, der Zinssatz ist 3%. Nach 4 Monaten löst sie das Konto auf. Wie viel Euro bekommt sie dann als Zinsen gutgeschrieben?

**12.** Ein Darlehen von 24 000 € wird mit 8,5% verzinst. Berechne die Zinsen für drei Monate.

**13.** Für ein Darlehen, das zu 6% ausgeliehen war, wurden nach einem viertel Jahr 144,60 € Zinsen gezahlt. Wie hoch war das Darlehen? Löse zuerst die Zinsformel nach K auf.

**14.** Zu Jahresbeginn hat Frau Geiger 7 800 € auf der Bank, die mit 2,5% verzinst werden. Nach 4 Monaten erhöht die Bank auf 3% Zinssatz.

a) Wie viel Zinsen erhält Frau Geiger für die ersten 4 Monate, wie viel für die restlichen 8 Monate?

b) Wie hoch ist der Kontostand am Ende des Jahres?

Wenn sich die Kontostände im Lauf eines Jahres verändern, werden die Jahreszinsen so berechnet:
1. Man unterteilt das Jahr in einzelne Zeitabschnitte, in denen der Kontostand und der Zinssatz unverändert waren.
2. Man berechnet die Zinsen für die einzelnen Abschnitte.
3. Man addiert die einzelnen Zinsen.

**15.** Klaus hat 960 € auf seinem Sparkonto und nimmt zwei Einzahlungen vor. Er möchte die Jahreszinsen berechnen.

a) Erstelle die Tabelle und berechne die Zinsen, die am Ende des Jahres gutgeschrieben werden.

b) Wie ändert sich die Tabelle, wenn die Bank ab 1. Oktober 3% Zinsen zahlt?

| | A | B | C | D | E | F |
|---|---|---|---|---|---|---|
| 1 | Datum | Kontostand in € | Einzahlung in € | Zinssatz in % | Zinstage | Zinsen in € |
| 2 | 01. Jan. | 960 | | 2,5 | | |
| 3 | 01. Apr. | | 430 € | 2,5 | | |
| 4 | 01. Sep. | | 180 € | 2,5 | | |
| 5 | 31. Dez. | | | 2,5 | | |
| 6 | | | | | | |

**16.** Osman erhält von seiner Bank 75 € Zinsen. Er hat 7 500 € angelegt und erhält 3% Zinsen. Wie lange war das Geld angelegt? Löse zuerst die Zinsformel nach t auf.

**17.** Eine Rechnung für eine Autoreparatur in Höhe von 386 € wurde nicht rechtzeitig bezahlt. Die Firma verlangt bei einem Zinssatz von 14% einen Aufschlag von 13,51 €. Wie viele Monate wurde die Rechnung zu spät bezahlt?

**18.** An jedem 1. Tag eines Monats zahlt Kai 100 € auf sein Konto, das mit 3% verzinst wird.

a) Wie viele Monate wird das Geld verzinst, das er im Januar, Februar ... einzahlt?

b) Berechne geschickt die gesamten Zinsen für 1 Jahr und den Sparbetrag mit Zinsen am Jahresende.

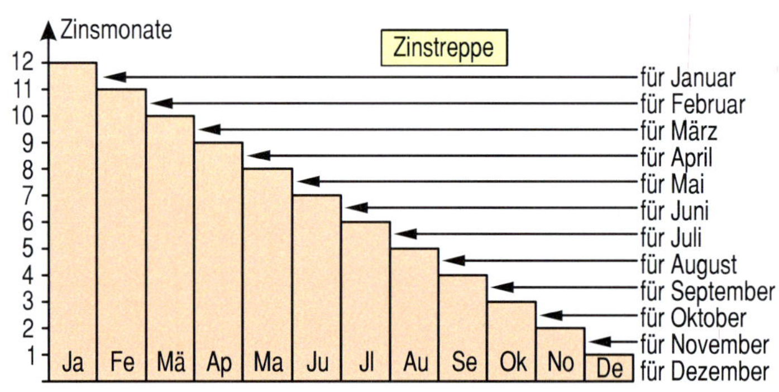

## Geldwachstum über mehrere Jahre

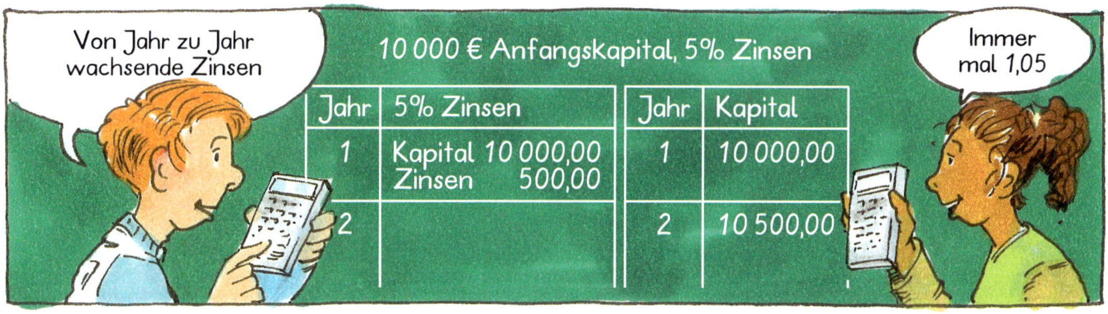


**1.** *Partnerarbeit:* Kai und Kinga berechnen das Kapital nach mehreren Jahren.

a) Besprecht Vor- und Nachteile der beiden Rechenwege.

b) Wie hoch ist das Kapital nach 10 Jahren und wie viel Zinsen sind es dann insgesamt?

---

Wenn die Zinsen mit dem jeweiligen Kapital K zu p% (mit „Zinseszins") weiterverzinst werden, dann berechnet man das Endkapital $K_n$ nach n Jahren so:

1. Berechne den Zinsfaktor: $q = 1 + \frac{p}{100}$ 2. Benutze die Formel: $\mathbf{K_n = K \cdot q^n}$

---

**2.** Bestimme erst den Wachstumsfaktor und dann das Endkapital mit Zinseszins.

a) K = 6 000 €, p% = 6%, n = 8 Jahre
b) K = 4 500 €, p% = 3%, n = 10 Jahre
c) K = 10 000 €, p% = 9%, n = 15 Jahre
d) K = 2 500 €, p% = 4,5%, n = 18 Jahre
e) K = 200 €, p% = 7%, n = 25 Jahre

**3.** Die Eltern von Sven haben anlässlich seiner Geburt einen Betrag von 4 000 € zu einem Zinssatz von 4,5% fest angelegt. Auf welchen Betrag wächst das Sparguthaben in 18 Jahren?

**4.** Die Zwillinge Lutz und Lisa haben im Lotto gewonnen. Jeder bekommt 60 000 €. Beide zahlen den Gewinn auf ein Sparkonto ein. Der Zinssatz beträgt für beide 5,5%.

a) Lutz hebt jeweils seine Zinsen am Ende des Jahres ab. Wie viel € Zinsen sind das nach 6 Jahren?

b) Lisa geht nicht an ihr Konto. Auf wie viel € ist ihr Gewinn nach 6 Jahren angewachsen? Wie viel € hat sie damit an Zinsen verdient?

c) Nach wie viel Jahren hat Lisa erstmals mehr als 100 000 € auf ihrem Konto?

**5.**

| | A | B | C | D |
|---|---|---|---|---|
| 1 | Kapital: | 10.000 € | Zinssatz: | 4% |
| 2 | | | | |
| 3 | | Jahresanfang | | Jahresende |
| 4 | Jahr | Kapital | Zinsen | Kapital |
| 5 | 1 | 10.000,00 € | 400,00 € | 10.400,00 € |
| 6 | 2 | 10.400,00 € | 416,00 € | 10.816,00 € |
| 7 | 3 | | | |

= B6 * $D$1

| | A | B |
|---|---|---|
| 1 | Kapital: | 10.000 € |
| 2 | Zinsfaktor: | 1,04 |
| 3 | | |
| 4 | Jahr | Kapital |
| 5 | 1 | 10.400,00 € |
| 6 | 2 | 10.816,00 € |
| 7 | 3 | |

= B5 * ($B$2)

a) Ein Kapital von 10 000 € wird zu 4% Zinssatz angelegt. An jedem Jahresende werden die Zinsen gutgeschrieben und dann mit verzinst. Wie hoch ist das Kapital nach 10 Jahren? Rechne mit einer Tabellenkalkulation, wähle aus, welche Tabellenart dir besser erscheint.

b) Ändere deine Tabelle so, dass du mit ihr das Endkapital nach 7 Jahren berechnen kannst für ein Anfangskapital von 15 000 € bei 5% Zinssatz.

c) Nach wie vielen Jahren hat sich ein Anfangskapital bei einem Zinssatz von 5% verdoppelt?

**6.** Die Grafik zeigt, wie ein Kapital von 100 € mit 8% einschließlich Zinsen anwächst.

a) Lies ab, nach wie vielen Jahren sich das Kapital etwa verdoppelt bzw. vervierfacht hat.

b) Wie viel € beträgt das Kapital nach 24 J.?

c) Berechne die Werte $K_3$, $K_6$ ... $K_{24}$ genau und trage die Werte in eine Tabelle ein.

d) Fertige selbst eine Grafik für ein Kapital von 1 000 € an und lies daraus ab, ob der Zeitraum, in dem sich das Kapital verdoppelt bzw. vervierfacht, gleich ist.

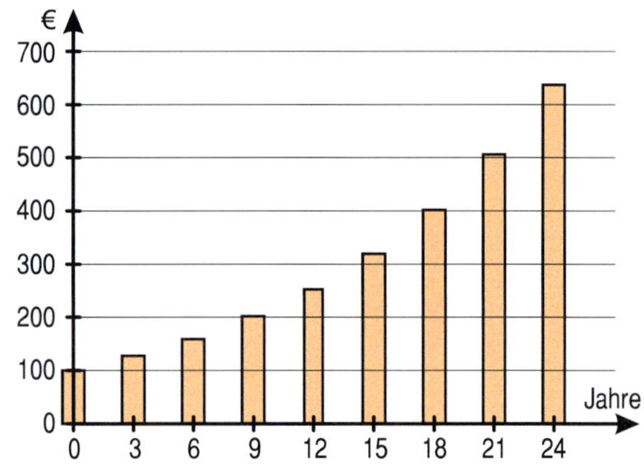


**7.** Überprüfe durch Probieren, nach wie vielen Jahren sich ein Kapital mit Zinsen bei einer Verzinsung von a) 3% verdoppelt; b) 3% vervierfacht; c) 5% verdoppelt; d) 5% verfünffacht.

**8.** Ein Kapital von 2 500 € wird zum Zinssatz von 5,5% inkl. Zinsen angelegt.

a) Berechne das Kapital nach 1, 2, ..., 5 Jahren schrittweise von Jahr zu Jahr. Runde auf Cent und rechne mit den gerundeten Werten weiter.

b) Berechne $K_5$ mit der Formel und vergleiche mit deinem Ergebnis aus a).

$K_1 = K \cdot q$
$K_2 = K_1 \cdot q$
$K_3 = K_2 \cdot q$

**9.** Laura soll zu ihrem 18. Geburtstag 10 000 € erhalten. Wie viel € müssen ihre Eltern bei der Geburt auf einem 6%-Sparkonto festlegen?

a) Löse die Kapitalwachstumsformel nach K auf.

b) Berechne den Betrag, der zur Geburt eingezahlt werden muss.

$K_n = K \cdot q^n \quad |: q^n$

$K = \square$

**10.** Welches Kapital wächst einschließlich Zinsen auf den angegebenen Betrag? Runde auf €.

a) nach 8 Jahren bei 3% auf 3 167 €
b) nach 10 Jahren bei 7% auf 10 426 €
c) nach 12 Jahren bei 4,5% auf 16 959 €
d) nach 25 Jahren bei 6% auf 34 335 €

**11.** Nach wie vielen Jahren ist ein Kapital von 1 800 € bei einer Verzinsung von 6% auf etwa 5 000 € angewachsen? Überlegt gemeinsam eine Lösungsstrategie dazu und präsentiert sie der Klasse.

**12.** In wie vielen Jahren wächst ein Kapital K auf den Betrag $K_n$?

a) $K = 900$ €, $K_n = 1\,586{,}31$ €, $p\% = 6{,}5\%$
b) $K = 5\,000$ €, $K_n = 10\,717{,}94$ €, $p\% = 10\%$
c) $K = 50$ €, $K_n = 111{,}62$ €, $p\% = 5{,}5\%$
d) $K = 80\,000$ €, $K_n = 104\,863{,}68$ €, $p\% = 7\%$

**13.** Ein Betrag von 6 000 € ist nach 8 Jahren einschließlich Zinsen auf 8 864,73 € angewachsen. Bestimme erst den Wachstumsfaktor q durch Probieren. Runde auf 3 Stellen nach dem Komma. Bestimme dann aus dem Wachstumsfaktor q den Zinssatz p%.

$6\,000 \cdot 1{,}04^8 = 8\,211{,}414$ ...
q = 1,04 ist zu klein
$6\,000 \cdot 1{,}06^8 = 9\,563{,}088$ ...
q = 1,06 ist zu groß

**14.** Bestimme den Zinssatz p% durch Probieren auf 1 Stelle nach dem Komma.

a) $K = 6\,000$ €, $K_8 = 9\,208{,}12$ €
b) $K = 400$ €, $K_{18} = 883{,}39$ €
c) $K = 26\,000$ €, $K_{10} = 51\,145{,}94$ €
d) $K = 20\,000$ €, $K_7 = 35\,402{,}84$ €

**15.** Der Quadratmeterpreis eines Grundstücks ist innerhalb von 10 Jahren von 140 € auf 275,40 € angewachsen. Bei welchem Zinssatz wäre ein Kapital in gleicher Weise angewachsen?

## Kredite vergleichen

**KKF-Bank**
Darlehen bis 5 000 €
Zinssatz: 0,48% pro Monat
Bearbeitungsgebühr: 2%
Laufzeit: 12, 24 oder 36 Monate
Sprechen Sie uns an, wir beraten Sie gerne!

**Landbank**
Darlehen bis 10 000 €
Zinssatz: 0,45% p.m.
Bearbeitungsgebühr: 3%
Laufzeit: 12, 24 oder 36 Monate

Beispiel:
Kreditsumme: 3 000,00 € Laufzeit: 36 Monate
Bearbeitungsgebühr: 2% Zinssatz: 0,48% p.m.
Bearbeitungsgebühr: 2% v. 3 000 € .......... ___ €
Zinsen: 0,48% v. 3 000 € = ___ €
36 × ___ € ................ ___ €
Summe Kreditkosten: ............................ ___ €

Monatliche Rate: (3 000 € + ___ €) : 36 = ___ €

**1.** Berechne für 3000 € Kredit und jede der drei Laufzeiten die Summe der Kosten und die monatliche Rate
a) bei der KKF-Bank,
b) bei der Landbank.

| | A | B | C | D |
|---|---|---|---|---|
| 1 | Monat | Schuld zu Beginn | Rate ohne Kosten | Kosten pro Monat |
| 2 | Jan | 3000,00 | 250,00 | 21,00 |
| 3 | Feb | 2750,00 | 250,00 | 19,25 |
| 4 | März | 2500,00 | | |
| 5 | April | | | |
| 6 | Mai | | | |
| 7 | Juni | | | |
| 8 | Juli | | | |
| 9 | Aug | | | |
| 10 | Sept | | | |
| 11 | Okt | | | |
| 12 | Nov | | | |
| 13 | Dez | | | |
| 14 | | Summe: | | |

= B3 – C3
= 3 000 : 12
= B3 · 0,084 : 12

**2.** 3000 € Kredit für 12 Monate bei der Landbank:
a) Prüfe: Die Gesamtkosten sind 8,4% der Kreditsumme. Die erste Monatsrate beträgt 271,00 €, davon sind 21,00 € Kreditkosten.
b) Wie hoch wären die Gesamtkosten, wenn man mit 8,4% Jahreszinssatz monatlich nur die Restschuld verzinst?
c) Wie hoch wären die Gesamtkosten, wenn man mit 15,5% Zinssatz an Stelle von 8,4% rechnet?

Zinssatz: 0,49% pro Monat
einmalige Bearbeitungsgebühr: 8%
einmaliger Risikozuschlag: 11%
Laufzeit: 12, 24 oder 36 Monate

**3.** Vergleicht das Angebot für 3000 € Kredit des Herrn Hai mit den Angeboten der beiden Banken.

!!!!

## Ratenzahlung

Bearbeitet die Aufgaben 1 bis 4 arbeitsteilig und präsentiert sie dann der Klasse.

**1.** a) Wie viel Euro zahlt Jörg insgesamt für das Mofa, wenn er Ratenzahlung wählt?
b) Um wie viel Prozent verteuert sich dadurch das Mofa gegenüber dem Barzahlungspreis?
c) Gibt es Gründe für den Ratenkauf, auch wenn er teurer ist als Barzahlung?

**2.** Wenn Jörg die Raten monatlich auf ein Sparkonto einzahlt, bekommt er Zinsen.
a) Vervollständige die Tabelle für 12 Einzahlungen und berechne die Zinsen, die Jörg nach einem Jahr erhalten würde.
b) Wie viel € hätte Jörg nach einem Jahr insgesamt auf seinem Konto?
c) Wie viel Monate müsste Jörg sparen, um einen Kontostand von 1500 € zu erreichen?

**Sparbank**

Sparen bringt Zinsen: 5% p.a.

Beispiel: Monatszins = $\frac{1}{12}$ Jahreszins

Bei monatlicher Einzahlung von 145 €

| Datum | Kontostand | Monate | Zinsen |
|---|---|---|---|
| 1. 1. | 145 € | 1 | 0,60 € |
| 1. 2. | 290 € | 1 | ▪ € |
| 1. 3. | | | |

**3.** Wenn Jörg auf Raten kauft, verliert er auch die Zinsen, die er bei der Sparbank (vgl. 2 a) erlangen könnte. Um wie viel € verteuert sich das Mofa einschließlich Zinsverlust?

**4.** a) Wie hoch sind die Kreditkosten bei der Stadtbank, wenn Jörg einen Kredit über 1500 € mit einer Laufzeit von 12 Monaten nimmt?
b) Berechne die monatliche Rate.

**Stadt-Bank**

Darlehen bis 5 000 €

| | |
|---|---|
| Zinssatz: | 0,45% pro Monat |
| Bearbeitungsgebühr: | 2% |
| Laufzeit: | 12, 24 oder 36 Monate |

**5.** Welchen Rat würdest du Jörg geben, wenn das Mofa in einem Jahr
a) dasselbe wie heute kostet,
b) 8% teurer ist als heute?

**1.** Berechne die fehlende Größe.

| | a) | b) | c) |
|---|---|---|---|
| Grundwert G | 94 kg | | 206 m |
| Prozentsatz p% | 11% | 16% | |
| Prozentwert W | | 77,81 € | 18,25 m |

**2.** Die Arbeitszeit beträgt 8,5 Stunden täglich. Wie viel Prozent sind das von einem Tag?

**3.** a) Herr Berger erhält für den Abschluss eines Bausparvertrages über 75 000 € eine Provision von 9‰. Wie viel € sind das?

b) In einer Blutprobe von 50 ml wurden 0,06 ml Alkohol nachgewiesen. Wie viel Promille beträgt der Alkoholgehalt im Blut?

**4.** Wie viel € beträgt der Rabatt, wie hoch ist der zu zahlende Betrag?

a) 436,50 € 3% Rabatt  b) 84,50 € 2% Rabatt  c) 790,– € 8% Rabatt

**5.** Wie ist der Endpreis bei gegebenem Warenpreis?

a) 736,80 €; 19% MwSt. und 4% Rabatt

b) 248,60 €; 17% MwSt. und 3% Skonto

**6.** Der Warenpreis ist 1 468 €. Gib den Endpreis an bei 7% MwSt., 6% Rabatt und 2% Skonto.

**7.** Löse die Formel für Jahreszinsen nach K und $\frac{p}{100}$ auf und berechne dann die fehlende Größe.

a) Zinssatz: 3,5%, Jahreszinsen: 56,70 €

b) Kapital: 950 €, Jahreszinsen: 76 €

**8.** Löse die Formel für Tageszinsen nach p%, K und t auf und berechne die fehlende Größe.

a) K = 4 200 €, p% = 3,25%, t = 164 Tage  b) Z = 14,35 €, p% = 7%, t = 72 Tage  c) K = 520 €, Z = 1,23 €, t = 34 Tage

**9.** Auf welchen Betrag wächst das Kapital?

a) K = 6 500 €, p% = 4%, n = 5 Jahre  b) K = 700 €, p% = 8%, n = 12 Jahre  c) K = 9 000 €, p% = 10%, n = 15 Jahre

**10.** a) Welches Kapital wächst in 4 Jahren bei 5% Zinsen auf 8 508,54 €?

b) Nach wie vielen Jahren sind 600 € mit 4% Verzinsung auf über 1000 € gewachsen?

---

In der **Prozentrechnung** gilt die Formel:

$$\mathbf{W = G \cdot \frac{p}{100}}$$

*Beispiel:*
Wie viel Prozent sind 670 € von 3 250 €?
gesucht: $\frac{p}{100}$ = p%

$W = G \cdot \frac{p}{100}$ | : G
$W : G = \frac{p}{100}$
670 : 3 250 = 0,2061...
p% ≈ 20,6%

---

**Promillerechnung:** Es gilt p‰ = $\frac{p}{1000}$

*Beispiel:*
Wie viel ml sind 0,9‰ von 6 000 ml?
Gesucht: W

$W = G \cdot \frac{p}{1000}$
W = 6 000 · 0,0009
W = 5,4 ml

---

**Rabatt:** Preisnachlass auf Waren
**Skonto:** Preisnachlass bei Barzahlung (max. 3%)

*Beispiel:*
Auf den Preis von 864 € werden 5% Rabatt und 2% Skonto gewährt.

1. Rechenweg

| | |
|---|---|
| Warenpreis: | 864,00 € |
| 5% Rabatt | – 43,20 € |
| | 820,80 € |
| 2% Skonto | – 16,42 € |
| Endpreis: | 804,38 € |

2. Rechenweg

864,00 € → · 0,95 → 820,80 € → · 0,98 → 804,38 €

---

In der **Zinsrechnung** gelten die Formeln:

Zinsen für 1 Jahr: $Z = K \cdot \frac{p}{100}$

Zinsen für t Tage: $\mathbf{Z = K \cdot \frac{p}{100} \cdot \frac{t}{360}}$

1 Jahr = 360 Tage  1 Monat = 30 Tage

*Beispiel:*
Auflösen der Formel für t Tage nach $\frac{p}{100}$ = p%:

$Z = K \cdot \frac{p}{100} \cdot \frac{t}{360}$  | · 360 : K : t

$Z \cdot 360 : K : t = \frac{p}{100}$

---

Kapital K nach n Jahren bei p% jährlichem Zinssatz

**Zinsfaktor** $q = 1 + \frac{p}{100}$

Formel: $\mathbf{K_n = K \cdot q^n}$

Beispiel:
K = 4 000 €, p% = 6%, n = 10 (Jahre), gesucht: $K_{10}$

$K_n = K \cdot q^n$ mit q = 1,06
$K_{10} = 4\,000 \cdot 1{,}06^{10}$
$K_{10} \approx 7\,163{,}39$ €

DIAGNOSETEST

**1.** Bei einer Lkw-Kontrolle wurden an 12 Lkws erhebliche Mängel an den Bremsen festgestellt. Das waren 14% der kontrollierten Lkws. Wie viele Lkws wurden untersucht?

**2.** Auf eine Warensumme von 256 € gewährt der Verkäufer einen Rabatt von 3%. Welche Summe muss der Käufer bezahlen?

**3.** Ein Händler bezieht Jacken zum Stückpreis von 45 €. Er kalkuliert 25% Kosten und 30% Gewinn. Berechne den Verkaufspreis einschließlich 19% MwSt.

**4.** Ein Kapital von 1000 € wird 70 Tage zu einem Zinssatz von 9% verzinst. Berechne die Zinsen.

**5.** Auf welchen Betrag wachsen 8 000 €, wenn sie zu einem Zinssatz von 4% genau 15 Jahre verzinst werden?

## Wähle weitere 5 Aufgaben aus

**1.** Herr Berger hat ein monatliches Bruttoeinkommen von 1785,60 €. Netto bekommt er 1177,42 €.

a) Wie viel Prozent von seinem Bruttoeinkommen betragen die monatlichen Abzüge?

b) Er bezahlt 18,33 € Kirchensteuer. Das sind 9% der Lohnsteuer. Wie hoch ist die Lohnsteuer?

c) Für Sozialabgaben muss er insgesamt 374,98 € bezahlen. Wie viel Prozent sind das vom Bruttolohn?

**2.** Nach Abschluss der Tarifverhandlungen erhält Svenja eine Lohnerhöhung von 1,6%. Bisher verdiente sie 1050,67 € brutto. Berechne den neuen Bruttolohn.

**3.** Ein Einzelhändler kalkuliert mit 23% Kosten und 9% Gewinn. Berechne den Ladenpreis (Brutto-Verkaufspreis) eines Artikels einschließlich 19% MwSt., dessen Bezugspreis 148 € beträgt.

**4.** Für den erfolgreichen Abschluss einer Lebensversicherung über 150 000 € erhält Herr Werner eine Provision von 2 100 €. Wie hoch ist die Provision a) in Promille? b) in Prozent?

**5.** Übertrage in dein Heft, vervollständige das Angebot und berechne den Endpreis.

a)

| Angebot über 35 Stühle | |
|---|---|
| Stückpreis 64 € ................ | ■ |
| Zuzüglich 19% MwSt. ............ | ■ |
| Zwischensumme: ............... | ■ |
| Mengenrabatt 6% .............. | ■ |
| Endpreis ...................... | ■ |

b)

| Angebot über Installationsarbeiten | |
|---|---|
| ca. 5 Stunden à 27,30 € .......... | ■ |
| Zuzüglich 19% MwSt. ............ | ■ |
| Zwischensumme: ............... | ■ |
| Kundenrabatt 4% .............. | ■ |
| Endpreis ...................... | ■ |

**6.** Auf den Warenpreis von 856 € werden 5% Rabatt und bei Barzahlung 2% Skonto gewährt. Wie hoch ist der Endpreis der Ware einschließlich 19% MwSt.?

**7.** Bernd hat zur Konfirmation 1 000 € erhalten. Er legt das Geld zu einem Zinssatz von 6% fest an.

a) Auf welchen Betrag wächst sein Kapital in 5 Jahren, wenn die Zinsen nicht abgehoben werden?

b) Wie viele Jahre müsste er warten, bis sich sein Kapital verdoppelt hat?

**8.** Welches Angebot ergibt ein höheres Kapital nach 2 Jahren? Begründe.

(1) In beiden Jahren 4% Zinsen. (2) Im 1. Jahr 2% Zinsen, im 2. Jahr 6%.

# 8 Flächenberechnung

**Fahrradtacho-Gebrauchsanweisung**

So können Sie den Radumfang messen:

(1) Messen Sie den Radumfang (L in cm) mit einem Bandmaß, das Sie um den vorderen Reifen legen.

oder (2) Messen Sie die Strecke (L) einer Radumdrehung (in cm).

oder (3) Messen Sie den Radius (R in cm). Dann errechnen Sie den Radumfang (L in cm) nach der Formel $L = 2\pi R = 6{,}283\ R$

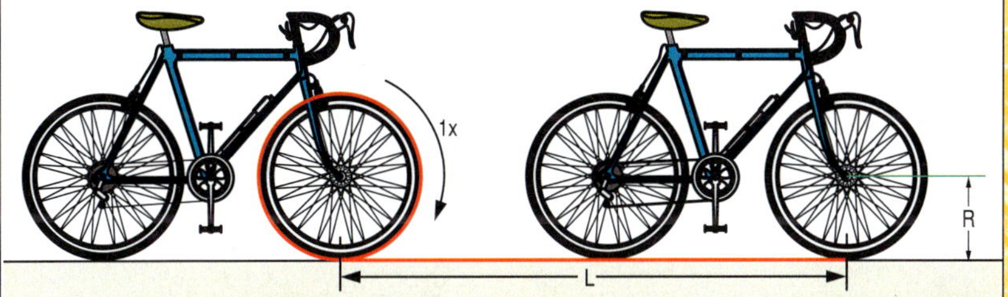


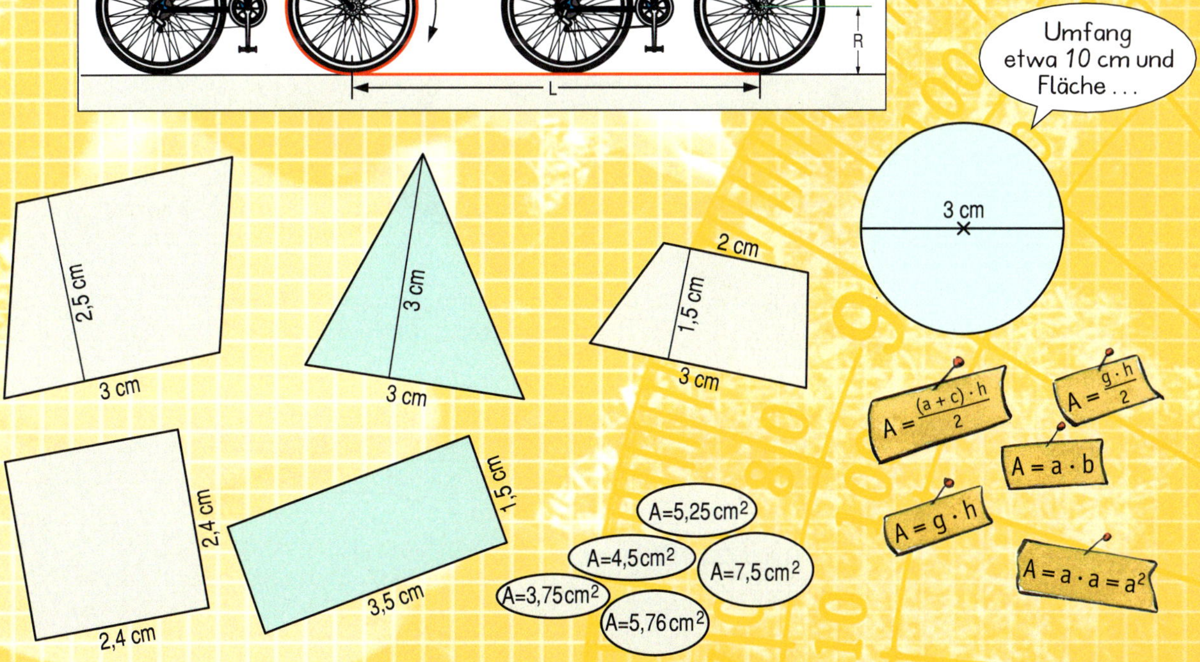

## !!!! Messen und Entdecken am Kreis

Bildet Gruppen. Jede wählt mindestens eine der 6 Situationen aus.

- Überlegt, wonach gefragt wird. Was könnt ihr messen oder ablesen und was berechnen?
- Einer aus jeder Gruppe berichtet über eure Ergebnisse und Entdeckungen vor der Klasse.

**1.**

**2.**

**3.**

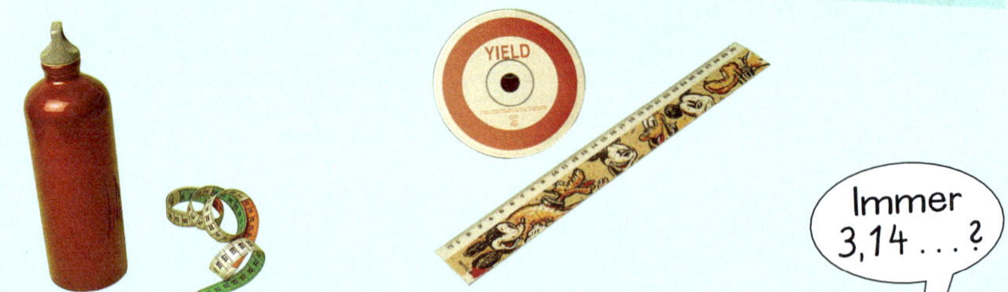

| | Durchmesser d | Umfang u | $\frac{u}{d}$ = ▢ |
|---|---|---|---|
| Fahrradreifen | 89,0 cm | 279,6 cm | 3,141... |
| Flasche | 7,5 cm | 23,6 cm | 3,146... |
| CD | 12,0 cm | 37,7 cm | 3,1 |
| | | | |

!!!!

**4.** a) Messt im Ausschnitt des Kreises den Radius r, den Winkel α und die Strecke $\overline{AB}$.

b) Welchen ungefähren Wert erhaltet ihr für den Umfang des ganzen Kreises?

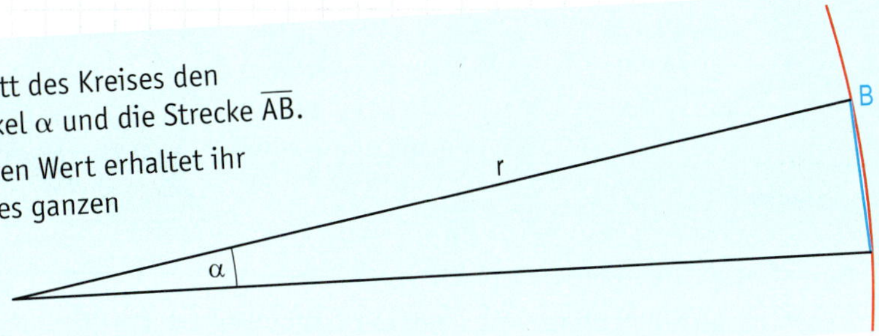


**5.**

**6.**

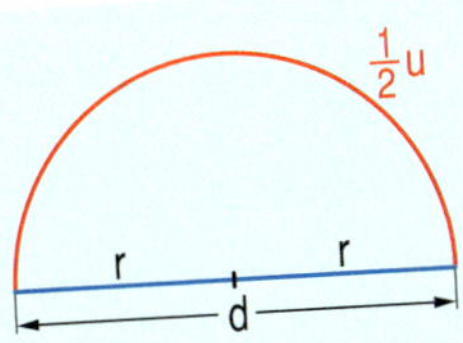

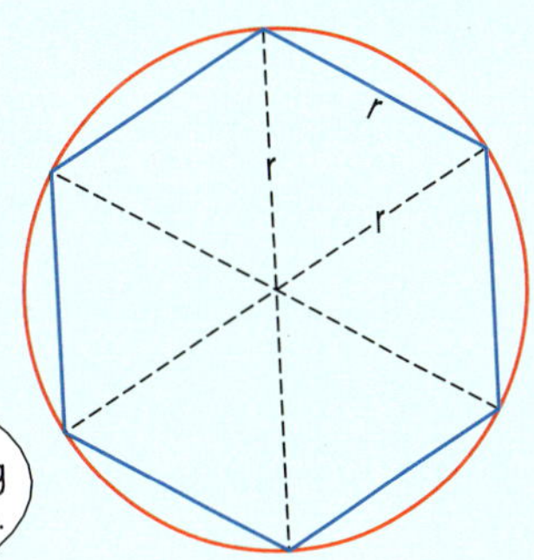

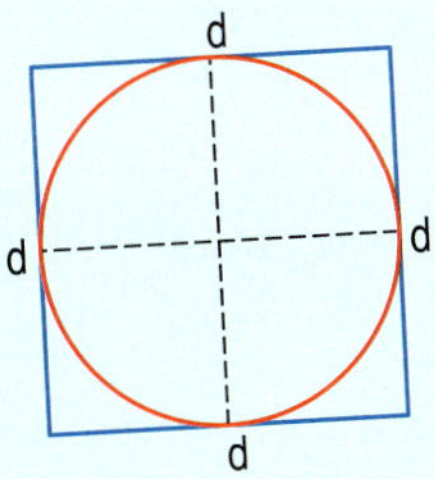

Für den Kreisumfang u gilt:

$u > 2\,d = 4\,r$

$u < 4\,d = 8\,r$

$u > 3\,d = 6\,r$

## Umfang des Kreises

**1.** *Partnerarbeit:* Beschreibt, wie im dargestellten Versuch der Umfang des Kreises bestimmt wird. Führt den Versuch in der Klasse durch. Tipp: Als Kreisscheibe eignen sich z. B. CDs, Bierdeckel und Fahrradreifen. Auf dem Rand sollte man einen Punkt markieren.

Das Verhältnis $\frac{u}{d}$ von **Umfang** u und Durchmesser d ist für alle Kreise gleich.
Es ist die Zahl π (lies „Pi").
Ohne Taschenrechner rechnet man mit $\pi \approx 3{,}14$.

$u = \pi \cdot d$
$u = 2\pi \cdot r$

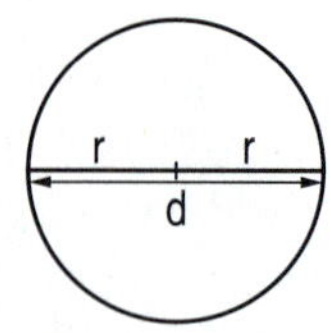


π = 3.1415926...

Berechne den Umfang des Kreises.

(1) Durchmesser d = 5,0 cm
*Überschlag:* $u = \pi \cdot d \approx 3 \cdot 5\text{ cm} = 15\text{ cm}$
*Rechnung:* $u = \pi \cdot 5{,}0\text{ cm} = 15{,}70...\text{ cm}$
$u \approx 15{,}7\text{ cm}$

(2) Radius r = 3,84 m
*Überschlag:* $u = 2\pi \cdot r \approx 2 \cdot 3 \cdot 4\text{ m} = 24\text{ m}$
*Rechnung:* $u = 2\pi \cdot 3{,}84\text{ m} = 24{,}127...\text{ m}$
$u \approx 24{,}13\text{ m}$

**2.** Sascha meint: „Wenn ich mit π = 3,14 den Kreisumfang berechne und auf mm runde, erhalte ich denselben Wert, den ich auch mit dem π-Wert des Taschenrechners bekomme." Stimmt das? Prüfe mit deinem Taschenrechner für a) d = 10 cm und b) r = 50 cm.

**3.** Berechne den Umfang des Kreises mit dem gegebenen Durchmesser. Runde auf mm.
a) d = 15 cm b) d = 30 cm c) d = 10,8 cm d) d = 21,4 cm e) d = 7,9 cm

**4.** Der Radius ist gegeben. Berechne den Umfang des Kreises. Runde auf cm.
a) r = 1 m b) r = 2,35 m c) r = 0,57 m d) r = 2,67 m e) r = 0,98 m

**5.** Berechne den Umfang in cm, runde auf mm.

a) 

b) 

c) 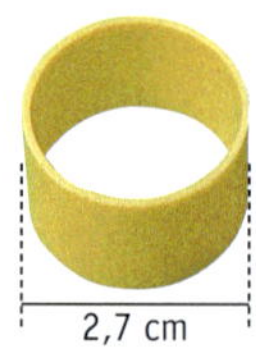


d) 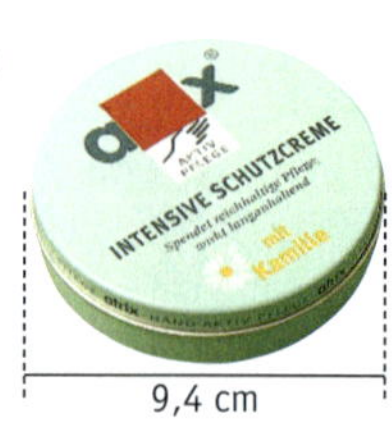


**6.** Berechne den Radius und den Durchmesser mit einer Formel für den Kreisumfang. Es lohnt sich, die Formel zuerst nach r oder d umzuformen und dann alle 6 Werte zu berechnen.
① u = 2,5 cm ② u = 7,5 cm ③ u = 31,4 m ④ u = 17,5 m ⑤ u = 1,1 km ⑥ u = 110 km

**7.** Beim Programmieren des Fahrradcomputers ist der Radumfang in mm einzugeben. Der Felgendurchmesser d ist auf dem Reifen angegeben. Für den zusätzlichen Durchmesser b des aufgepumpten Reifens nimmt man als Näherungswert (bei nicht zu schmalen Reifen) die angegebene Reifenbreite.

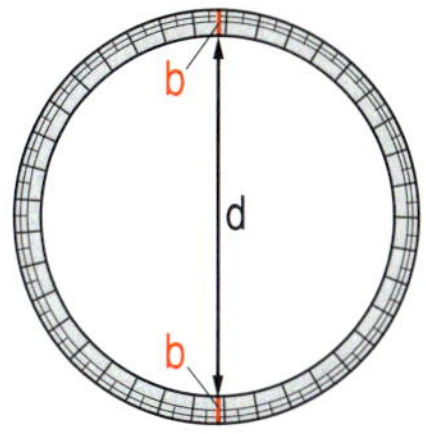


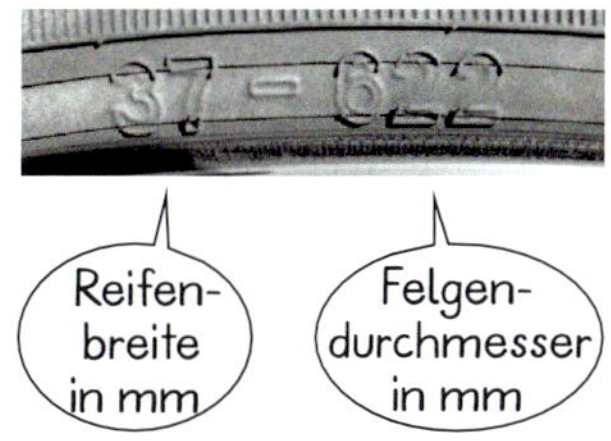


a) Notiere eine Formel zur Berechnung des Radumfangs u mit 3,14 als Näherungswert für $\pi$.

b) Berechne die Radumfänge für Reifen „37-622“ (Trekkingrad) und „47-559“ (Mountainbike).

c) Wie lässt sich testen, ob die vom Computer angezeigte Fahrstrecke wirklich stimmt?

**8.** Jan hat neue Reifen „54-559“ für sein Mountainbike bekommen. Bisher hatte er den Computer für den Reifentyp „50-559“ eingestellt.

a) Welchen Fehler macht Jans Fahrradcomputer bei 1 000 Rad-Umdrehungen, wenn Jan ihn nicht neu programmiert?

b) Zeigt der Computer eine zu große oder zu kleine Geschwindigkeit an, wenn er nicht auf die neuen M2-Reifen programmiert wird?

**9.** Auf 1 km dreht sich ein Rad etwa 500-mal. Welchen Radius hat es? Runde auf cm.

**10.** Anne hat einen kreisrunden Spiegel mit einem Durchmesser von 50 cm.

a) Wie lang ist der Rand von Annes Spiegel? Runde auf Millimeter.

b) Boris' Spiegel hat einen halb so großen Durchmesser. Wie lang ist dessen Rand?

c) Katis Spiegel hat einen doppelt so großen Radius wie Annes Spiegel.

**11.** a) Recherchiert zwei verschieden genaue Angaben für die Länge des Äquators unserer Erde im Internet oder im Lexikon.

b) Welcher Unterschied ergibt sich für den Erdradius am Äquator, wenn ihr ihn aus den recherchierten Umfängen mit $\pi = 3{,}14$ bzw. mit $\pi = 3{,}1416$ berechnet?

c) Welcher Wert für den Erdradius sollte im Lexikon stehen?

**12.** Ein Satellit umkreist die Erde auf einer Kreisbahn im Abstand von ca. 36 000 km. Mache dir eine Skizze und berechne die Länge der Umlaufbahn des Satelliten um die Erde.

**13.** Stell dir vor, um einen Fußball mit dem Umfang u = 70 cm legt man (am „Äquator“) ein Seil. Dann legt man einen Drahtring, der 1 m länger als das Seil ist, so um den Ball, dass überall der gleiche Abstand zum Ball ist. Passt zwischen Ball und Draht eine flache Hand, eine Faust, eine Fußlänge?
Und wie ist das, wenn statt eines Fußballs die Erdkugel genommen würde? Kann dann eine Maus, eine Katze, ein Hund unter den Drahtring passen?

## Flächeninhalt des Kreises

**1.** a) Wie würdet ihr den Flächeninhalt eines Kreises näherungsweise bestimmen?
b) Macht mit Papier und Schere eine Kreiszerlegung wie im Bild mit vielen „Tortenstücken". Begründet, warum bei sehr vielen Stücken die neue Fläche fast ein Rechteck ist.

Ein Kreis mit dem Radius r hat den **Flächeninhalt:** $A = \pi r^2$

Welchen Flächeninhalt hat der Kreis?

(1) Radius r = 4,7 cm
*Überschlag:* $A = \pi r^2 \approx 3 \cdot 5^2\ cm^2 = 75\ cm^2$
*Rechnung:* $A = \pi \cdot 4{,}7^2\ cm^2 = 69{,}39...\ cm^2$
$A \approx 69{,}4\ cm^2$

(2) Durchmesser d = 7,8 m
*Berechnung des Radius:* r = 7,8 m : 2 = 3,9 m
*Überschlag:* $A = \pi r^2 \approx 3 \cdot 4^2\ m^2 = 48\ m^2$
*Rechnung:* $A = \pi \cdot 3{,}9^2\ m^2 = 47{,}78...\ m^2$
$A \approx 47{,}8\ m^2$

**2.** Für r = 5 cm soll der Flächeninhalt eines Kreises auf zehntel $cm^2$ genau bestimmt werden. Reicht dafür der Näherungswert $\pi = 3{,}14$? Begründe deine Antwort mit zwei Rechnungen.

**3.** Berechne und runde den Flächeninhalt des Kreises. a) r = 1,25 m b) r = 2,5 m c) r = 7,3 cm

**4.** Berechne zuerst den Radius, dann den Flächeninhalt des Kreises (2 Nachkommastellen).
a) d = 1 m b) d = 0,76 m c) d = 1,52 m d) d = 3,04 m

**5.** Miss den Durchmesser millimetergenau und berechne die Kreisfläche.

a) 

b) 

c) 

d) 

**6.** a) Berechne für 4 Kreise zuerst den Radius und dann auch den Durchmesser. $A = 1\ m^2$, $A = 2\ m^2$, $A = 3\ m^2$, $A = 10\ m^2$.
b) Begründe die Formel $A = \pi \frac{d^2}{4}$ und berechne damit Durchmesser und Radius für vier Kreise:
$A = 10\ cm^2$, $A = 20\ cm^2$, $A = 30\ cm^2$, $A = 300\ cm^2$.

$A = \pi r^2 \quad | : \pi$
$r^2 = \frac{A}{\pi} \quad | \sqrt{\ }$
$r = \sqrt{\frac{A}{\pi}}$

$A = \pi \cdot \frac{d^2}{4} \quad | : \pi$
$\frac{A}{\pi} = \frac{d^2}{4} \quad | \cdot 4$
...

**7.** Mit wachsendem Radius wächst auch die Kreisfläche.

| Radius | Flächeninhalt |
|---|---|
| 0,5 m | ■ |
| 1,0 m | ■ |
| 1,5 m | ■ |

Zum doppelten Radius die ■-fache Fläche?

a) Berechne den Flächeninhalt des Kreises bis r = 5 m. Runde.

b) Zeichne den Graphen der Zuordnung Radius (r) → Flächeninhalt (A) mit den Tabellenwerten.

c) Ist die Zuordnung r → A proportional, antiproportional oder keins von beiden. Begründe deine Antwort.

**8.** Eine kreisförmige Rasenfläche hat einen Umfang von 100 m.

a) Welchen Flächeninhalt hat die Rasenfläche? Runde auf $m^2$.

b) Hat ein Kreis mit 200 m Umfang den doppelten Flächeninhalt?

**9.** Berechne die gesuchte Größe A, r oder d. Runde sinnvoll.

a) $A = \pi \cdot 16{,}81\ cm^2$ b) $5\ cm^2 = \pi r^2$ c) $10\ m^2 = \pi r^2$ d) $10\ m^2 = \pi \frac{d^2}{4}$

**10.** Manchmal reicht ein ungefährer „Schätzwert". Runde Radius oder Durchmesser auf Meter und berechne mit $\pi = 3$ den ungefähren Flächeninhalt des Kreises.

a) r = 1,75 m b) r = 3,17 m c) d = 14,49 m d) d = 18,95 m

**11.** Der runde Tisch hat einen Durchmesser von 90 cm. Der Durchmesser des Tabletts ist halb so groß.

a) Berechne den Flächeninhalt der Tischplatte und des Tabletts. Runde auf $cm^2$.

b) Wie viel Prozent der Tischplatte bedeckt das Tablett?

**12.** Eine kreisrunde Tischdecke mit d = 1,50 m liegt auf einem runden Tisch mit einem Durchmesser von 1,10 m.

a) Welche Flächeninhalte haben Decke und Tisch?

b) Wie viel Prozent der Decke liegt auf dem Tisch?

**13.** Ein rotierender Rasensprenger bewässert eine Kreisfläche von 200 $m^2$, ein anderer nur 100 $m^2$. Berechne und vergleiche die Durchmesser der Kreisflächen.

**14.** Besprecht, fragt und löst in *Partnerarbeit:*
Zwei TV-Empfänger A und B sind 50 km voneinander entfernt. Der Sender C ist gleichweit von A wie von B entfernt und in A und B zu empfangen. Auf wie viel $km^2$ ist der Sender C mindestens zu empfangen?

**15.** Zwei kreisförmige Blumenbeete wurden bepflanzt. Die Pflanzen für das größere Beet mit einem Durchmesser d = 24 m kosteten 1 000 €. Auf dem kleineren Beet mit einem Durchmesser von 18 m stehen Pflanzen für 750 €.

a) Wie viel € kostet auf jedem einzelnen Beet die Bepflanzung pro $m^2$?

b) Wie teuer wäre die Bepflanzung beider Beete zusammen gewesen, wenn beide mit Pflanzen zum niedrigeren Durchschnittspreis pro $m^2$ bepflanzt worden wären?

!!!!

## Näherungswerte für die Kreiszahl $\pi$

Bildet Gruppen zur Bearbeitung der Aufgaben. Zur Geschichte und zu Näherungswerten von $\pi$ findet ihr vieles im Internet mit dem Suchbegriff „Kreiszahl Pi".

**1.** Archimedes von Syrakus 287 – 212 v. Chr.

Claudius Ptolemäus ca. 100 – 160 n. Chr.

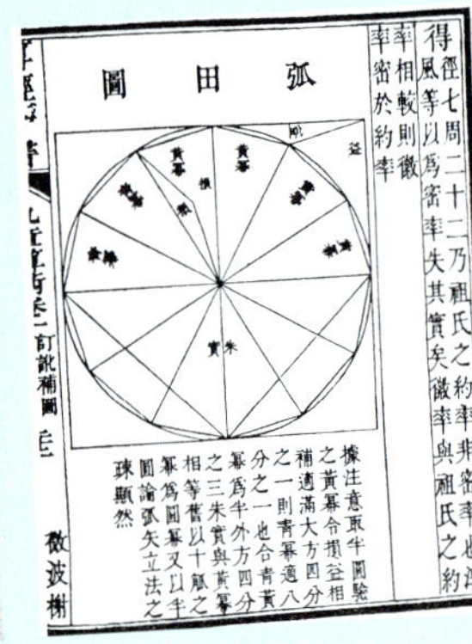

Liu Hui (China) ca. 263 n. Chr.

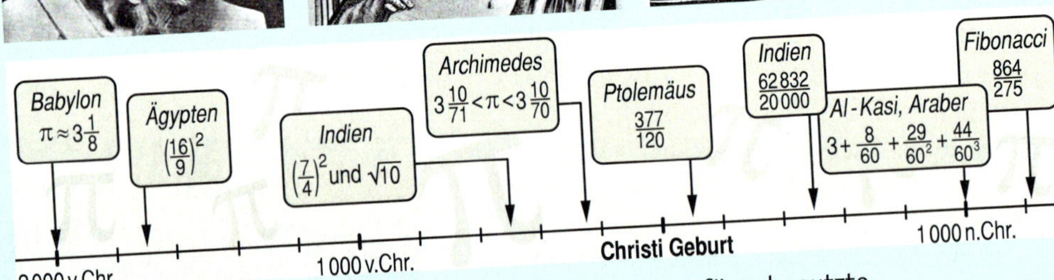


Die Übersicht zeigt, wann und wer welche Näherungswerte für $\pi$ benutzte.

a) Berechne zu den angegebenen Näherungswerten von $\pi$ die Dezimalbrüche.

b) Wer kannte zu welcher Zeit mehr als 3 genaue Dezimalstellen von $\pi$?

**2.** Was hat der Anteil des Viertelkreises am Quadrat mit $\pi$ zu tun?

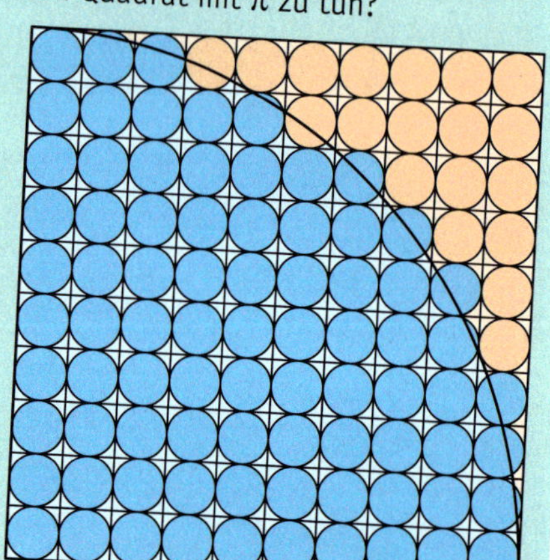

**3.** Was haben die Texte mit $\pi$ zu tun?

*Wie, o! dies $\pi$*
*macht ernstlich so vielen viele Müh'!*
*Lernt immerhin, Jünglinge, leichte Verselein,*
*wie so zum Beispiel dies dürfte zu merken sein!*

*Dir, o Held. O alter Philosoph, du Riesen-Genie!*
*Wie viele Tausende bewundern Geister,*
*himmlisch wie du und göttlich!*
*Noch reiner in Äonen wird das uns strahlen,*
*wie im lichten Morgenrot!*

Das soll ein Student dem Professor Max Planck gesagt haben:

*How I want a drink, alcoholic of course,*
*after the heavy lectures involving quantum*
*mechanics. All of thy geometry, Herr Planck,*
*is fairly hard …*

**4.** Die Kreiszahl $\pi$ hat unendlich viele Dezimalstellen.

a) Was zeigt dein Taschenrechner für $\pi$ und was nach $\pi$ [−] 3,14159 [=] [×] 10 000 [=]? Rechnet dein Taschenrechner mit mehr Stellen von $\pi$ als er anzeigt? Begründe.

b) Im Jahr 2005 berechneten japanische Wissenschaftler mehr als 1,24 Billionen Dezimalstellen von $\pi$. Wie kann man diese riesige Stellenzahl veranschaulichen?

# Bleib FIT!

**Die Lösungen ergeben drei geografische Begriffe aus Asien.**

**1.** Welche Zahl ist Lösung der Gleichung?

a) $8x - 17 = 7$   4 | 3 | 2

b) $5{,}5 + 7x - 3{,}3 + 3{,}5x = -18{,}8$   −1 | −2 | 1

c) $8x + 1 - 3x - 5 = -19$   5 | 6 | −3

**2.** a) Alter Preis: 120 €
Preiserhöhung: 8%
Neuer Preis: ■ €

b) Alter Preis: 218 €
Preissenkung: 40%
Neuer Preis: ■ €

**3.** a) Von 480 Konzertkarten wurden 35% nicht verkauft. Wie viele Karten waren das?

b) Herr May hat 6 000 € im Lotto gewonnen. 12% davon spendet er dem Tierschutzverein. Wie viel Euro beträgt seine Spende?

**4.** Berechne das Volumen des Körpers.
(Maße in cm)

a)

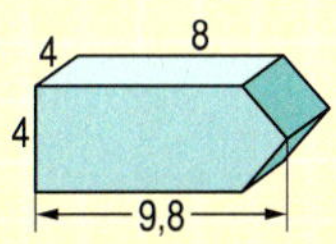


V = ■ $cm^3$

b)

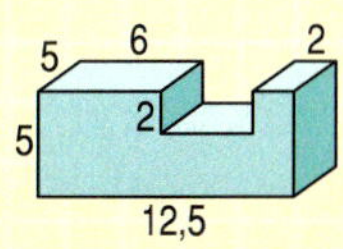


V = ■ $cm^3$

**5.** Ein Bus fuhr eine Strecke von 160 km in $2\frac{1}{2}$ h.
Die Durchschnittsgeschwindigkeit betrug ■ $\frac{km}{h}$.

**6.** Berechne.

a) $6 + (-7)$
b) $8 \cdot (-3)$
c) $-6 - 13$
d) $-9 - (-15)$
e) $(-5) \cdot (-9)$
f) $-65 : 13$

**7.** Herr Puls verkauft Autopolitur auf Wochenmärkten. Letzte Woche erzielte er folgende Verkaufszahlen:

| MO | DI | MI | DO | FR | SA |
|---|---|---|---|---|---|
| 103 | 85 | 132 | 97 | 112 | 148 |

Wie viele Dosen Autopolitur hat Herr Puls durchschnittlich an einem Tag verkauft? Runde das Ergebnis auf Einer.

| | |
|---|---|
| −24 | G |
| −18 | T |
| −19 | A |
| −5 | E |
| −3 | M |
| −2 | I |
| −1 | E |
| 0 | P |
| 2 | N |
| 3 | H |
| 6 | N |
| 21 | Z |
| 45 | G |
| 64 | U |
| 113 | S |
| 129,60 | A |
| 130,80 | L |
| 135 | B |
| 142,4 | A |
| 162,4 | R |
| 165 | F |
| 168 | A |
| 267,5 | H |
| 720 | J |
| 840 | K |
| 907,8 | Y |

## Vermischte Aufgaben

**1.** Berechne den Umfang (gerundet auf mm) und den Flächeninhalt (gerundet auf $cm^2$).

a)

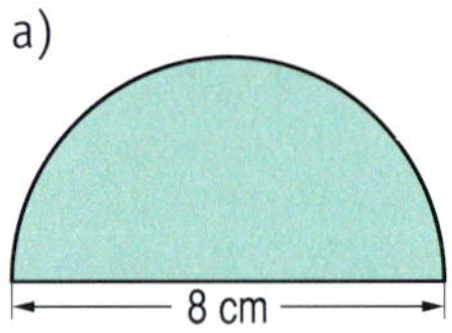


b)

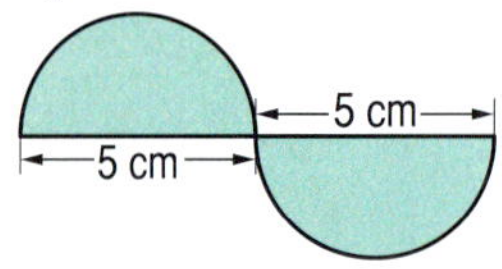


c)

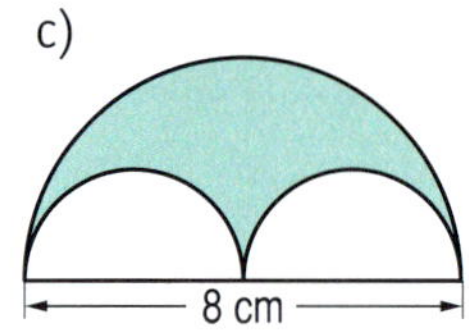


d)

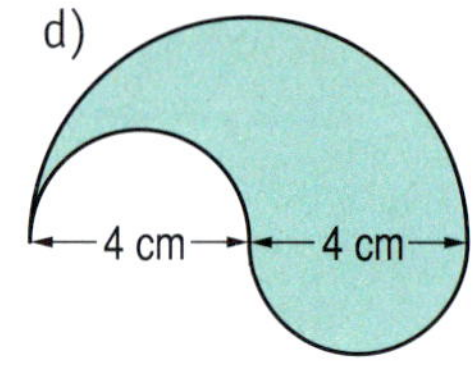


**2.** Jedes kleine Quadrat hat die Seitenlänge 1 cm. Berechne Umfang und Flächeninhalt der gefärbten Fläche.

a)

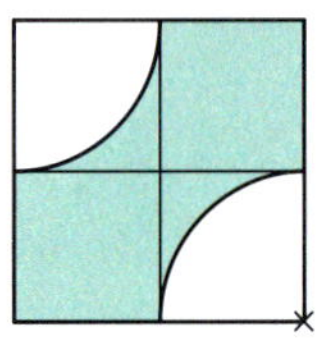

b)

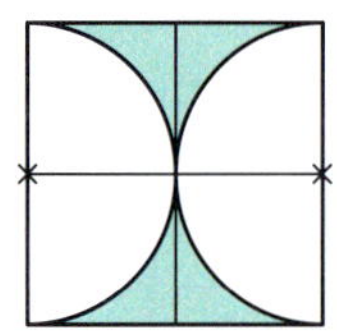

c)

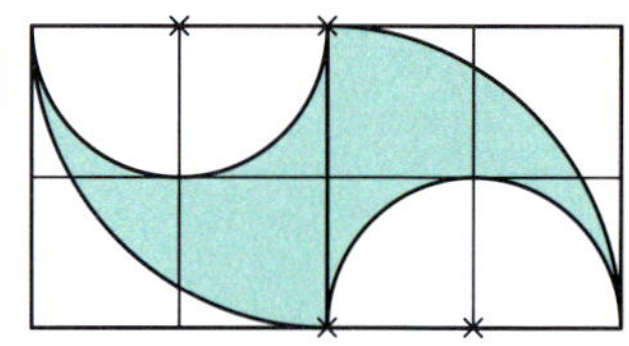

**3.** Auf der Insel Mainau im Bodensee steht ein Mammutbaum. Sieben Kinder können ihn rings umfassen (mittlere Armspanne 1,50 m).

a) Welchen Durchmesser hat der Baum etwa?

b) Wie viele Kinder können einen Baum mit doppelt so großem Durchmesser umspannen?

**4.** Eine kreisrunde Baumscheibe hat 10 m Umfang.

a) Berechne den Durchmesser. Runde auf cm.

b) Wie viele Kinder können sich darauf stellen? (Jedes Kind braucht etwa 40 cm × 40 cm.)

**5.** *Gruppenarbeit:* Lest den Text genau durch. Erklärt euch gegenseitig auftretende Fragen und löst dann die Teilaufgaben.
Schon um 220 v. Chr. vermutete Eratosthenes, dass die Erde eine Kugel sei. Erdradius und Erdumfang bestimmte er so: Am 21. Juni, als mittags die Sonne in Assuan senkrecht in einen Brunnen schien, wurde zeitgleich in Alexandria der Einfallswinkel der Sonnenstrahlen $\alpha \approx 7°$ gemessen (mit der Schattenlänge eines Stabes). Assuan (früher Syëne) ist von Alexandria 5 000 Stadien entfernt. Eratosthenes rechnete mit einer Stadienlänge von 150 m bis 170 m.

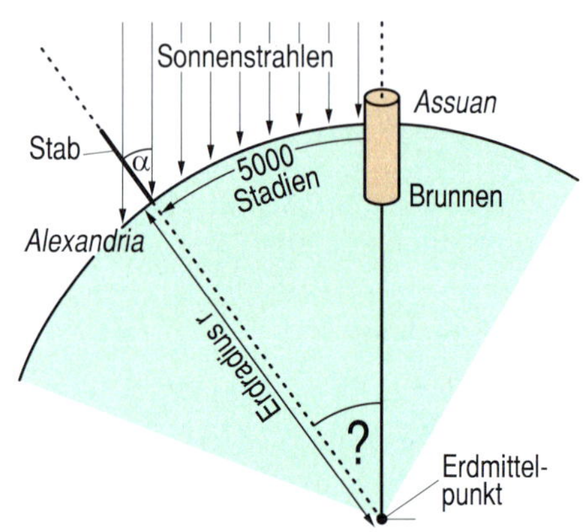


a) Wie groß ist der Winkel am Erdmittelpunkt?

b) Wie groß sind der Erdradius und der Erdumfang mindestens, wie groß höchstens?

c) Was findet ihr über Eratosthenes im Internet? In welchem Land lebte er, wofür wurde er besonders berühmt? Tragt eure Ergebnisse der Klasse vor.

**6.** Experimentiert und überlegt zu zweit: Zwei gleiche Münzen. B liegt fest. A wird um B gerollt, bis A wieder links neben B liegt. Wie viele Umdrehungen macht A?

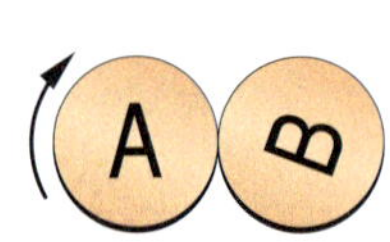

## Gestaltung des Aufenthaltsraumes einer Schule

!!!!

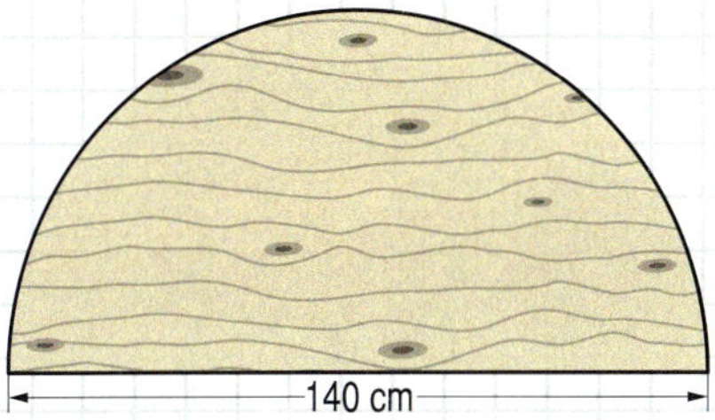


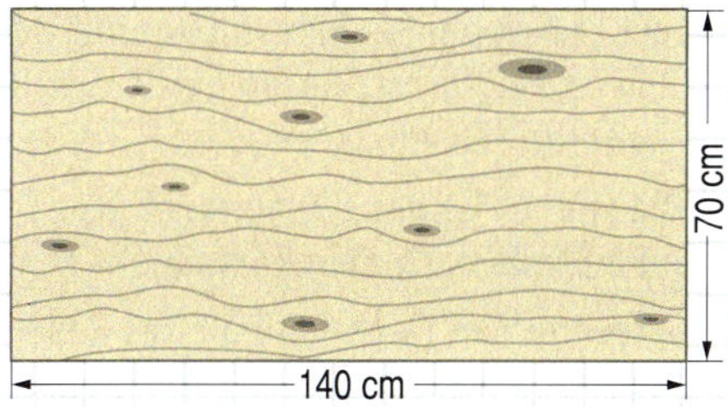


Eine Schule möchte einen Aufenthaltsraum, der 13,70 m lang und 6,50 m breit ist, neu möblieren. Sie kann halbkreisförmige und rechteckige Tische anschaffen. Plane die Gestaltung mit, benutze dazu die folgenden Informationen.

**Preise der Möbelfirma**

- Ein Stuhl kostet 108 €.
- Ein rechteckiger Tisch kostet 188 €.
- Ein halbkreisförmiger Tisch kostet 253 €.

**Vorgaben der Schule**

- Bei Veranstaltungen müssen 60 Personen Platz haben.
- Die Tische werden normalerweise zu Gruppentischen zusammengestellt.
- An den Tischgruppen müssen 34 Personen einen Platz finden.

**Informationen zum Sitzen**

- An einer kurzen Seite kann man nur alleine sitzen.
- Werden die Tische zu Sitzgruppen zusammengestellt braucht man pro Person $\frac{1}{3}$ m² Tischfläche zum Arbeiten.
- An einem halbkreisförmigen Tisch können an der runden Seite 3 Personen und an der geraden Seite 2 Personen sitzen.
- Beachte, dass man auch Platz zum Sitzen und Gehen braucht. Probiere aus.

**Aufgaben**

1. Zeichne einen Plan für Sitzgruppen.
2. Zeichne einen Plan für Veranstaltungen.
3. Überlege, welche Tische man anschaffen soll.
4. Erstelle einen Kostenvoranschlag.

## Kreisring

**1.** Um ein kreisförmiges Blumenbeet mit dem Radius r = 2 m ist ringförmig Rasen gesät. Der Radius des äußeren (Rasen-)Kreises ist R = 5 m.

a) Wie viel $m^2$ ist das Blumenbeet groß? Runde auf 1 Stelle nach dem Komma.

b) Berechne den Flächeninhalt des Rasenrings.

c) Wie lang ist der innere, wie lang der äußere Rand der Rasenfläche? Runde die Ergebnisse auf cm.

**2.** Rechnet und zeichnet zu zweit. Bei einer Zielscheibe entspricht jeder Ziffer 1 bis 9 ein Kreisring gleicher Breite. Im Zentrum ist ein schwarzer Kreis mit Durchmesser 2 mm für die „10". Die Zielscheibe hat einen Durchmesser von 8,3 cm.

a) Berechne den Flächeninhalt des Kreises für die „10" und für die Kreisringe 9 bis 1.

b) Wie oft passt die Fläche für die „10" in die Ringfläche für die 9 (8, 7, …, 1)?

c) Stellt euch vor, 1000 Regentropfen würden zufällig auf die kreisförmige Zielscheibe fallen. Schätzt, wie viele auf die einzelnen Felder 1 bis 10 fallen würden. Begründet eure Schätzwerte.

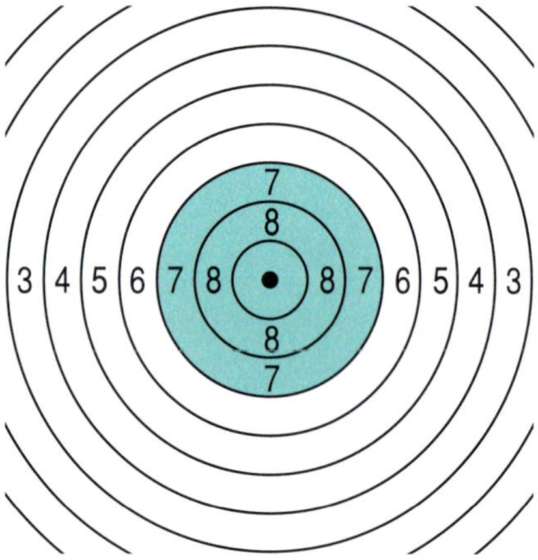


**3.** a) Zeichne ein Quadrat ABCD mit A(1|1), B(11|1) (Einheit = 1 cm).

b) Zeichne Viertelkreise um A, B, C und D jeweils durch die Mitte der angrenzenden Seiten. Färbe die Viertelkreise und berechne ihren Umfang und Flächeninhalt.

c) Für welchen Radius der Viertelkreise um A, B, C und D ist dann vom Quadrat ABCD gleich viel gefärbt wie nicht gefärbt?
Tipp: Bei der Lösung hilft die Gleichung $50 = \pi r^2$.

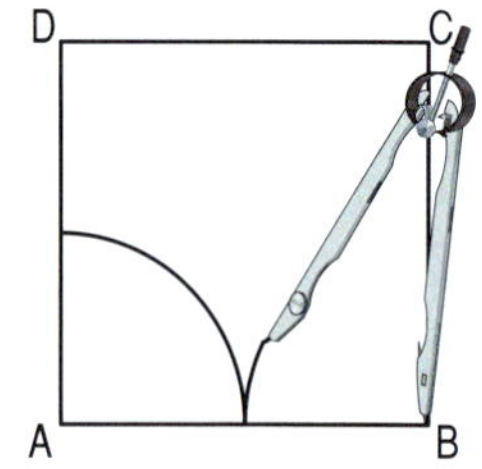


**4.** In dem Stadion sollen die Tartanbahn und der Rasen erneuert werden. Die Tartanbahn ist 6 m breit, der Belag kostet 45 € pro $m^2$ inklusive Arbeitszeit. Der Rollrasen kostet 15 € pro $m^2$, für die Verlegung rechnet man 3,75 € pro $m^2$. *Partnerarbeit:* Benutzt die Angaben, stellt mindestens vier Fragen und beantwortet sie.

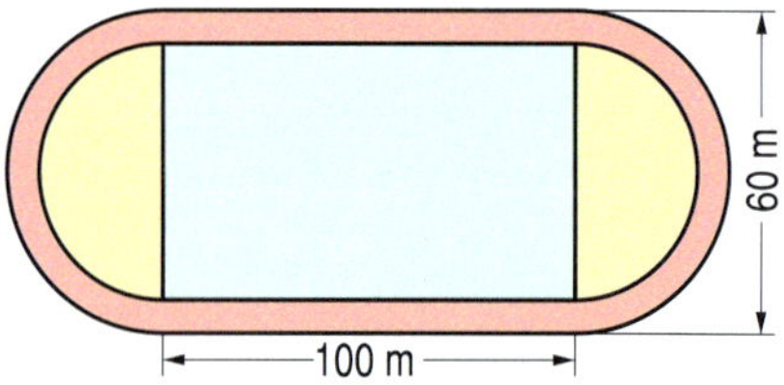


**5.** a) *Partnerarbeit:* Jeder von euch wählt einen Wert für den Innenradius $r_i$ und einen für den Außenradius $r_a$. Berechnet den Flächeninhalt eurer Kreisringe. Kontrolliert eure Ergebnisse.

b) Erklärt euch gegenseitig, wie ihr gerechnet habt. Wie könnte eine Formel aussehen, mit der man den Flächeninhalt berechnen kann?

c) Berechnet den Umfang eines Kreisrings, gebt eine möglichst kurze Formel dafür an und begründet sie.

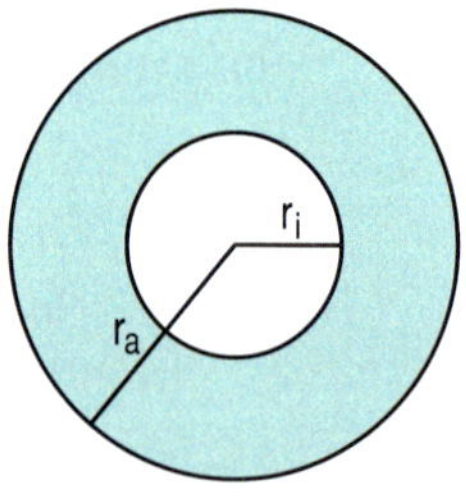


**6.** Zeichne einen Kreisring; den äußeren Kreis mit einem Radius von 10 cm. Der Flächeninhalt des Kreisrings soll drei Viertel des großen Kreises sein.

## Vermischte Aufgaben

**1.** Berechne und vergleiche für $a = 4$ cm den Umfang und den Flächeninhalt der Kreise mit dem Umfang und dem Flächeninhalt der eckigen Figur.

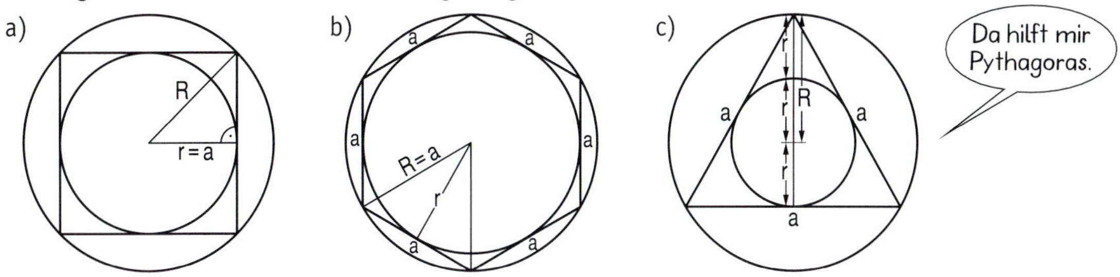


**2.** a) Berechne den Flächeninhalt der grünen Fläche.

b) Wie viel Prozent des Quadrates ist grau?

c) Um wie viel Prozent sind alle kreisförmigen Linien länger als der Umfang des Quadrates?

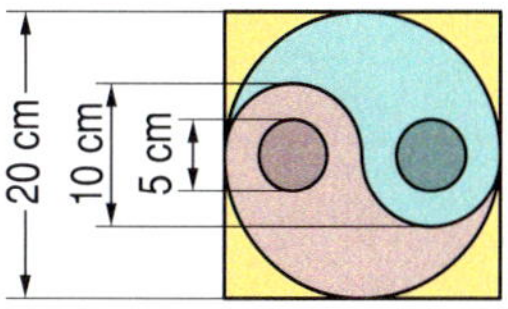


**3.** a) Zeichne mit den Radien $r_1 = 2$ cm, $r_2 = 3$ cm, $r_3 = 4$ cm und $r_4 = 5$ cm vier Kreise mit gleichem Mittelpunkt.

b) Erstelle eine Tabelle für Umfang und Flächeninhalt der vier Kreise.

c) Berechne die Flächeninhalte der drei Kreisringe.

**4.** Zeichne einen Kreis mit Radius 3 cm. Zeichne um den Kreis einen größeren mit gleichem Mittelpunkt. Der größere Kreis soll

a) den doppelten Umfang haben,

b) den doppelten Flächeninhalt haben.

**5.** In allen Figuren ist $x = 3$ cm und die Höhe 1,5 cm. Berechne den Flächeninhalt der Figur. Dann bestimme den Radius eines flächengleichen Kreises. Runde auf mm.

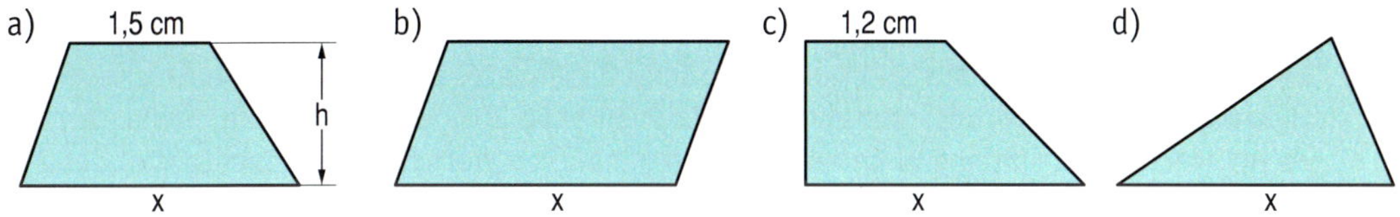


**6.** Welchen Radius hat ein Kreis, der den gleichen Umfang hat wie die Figur? Tipp: Berechne mit dem Satz des Pythagoras zuerst die Seitenlänge x. Berechne dann mit dem (gespeicherten) Wert für x den Flächeninhalt der Figur in $cm^2$.

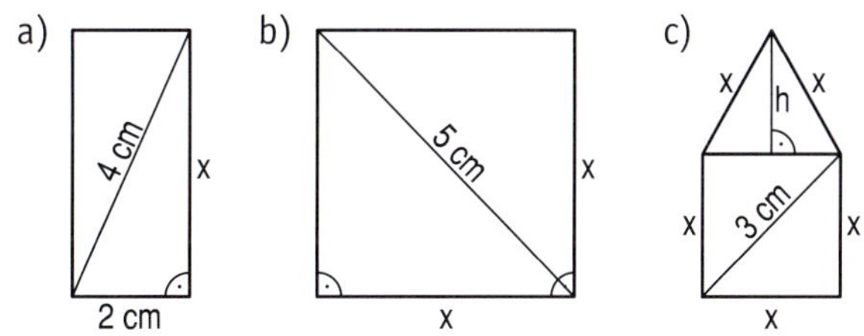


**7.** *Partnerarbeit:* Die Karte zeigt einen See. Das eingezeichnete Gitternetz erlaubt eine ungefähre Bestimmung seines Umfangs und Flächeninhalts. Einer von Euch zeichnet einen kreisrunden See mit gleichem Umfang, der andere einen mit gleichem Flächeninhalt. Erklärt euch, wie ihr das macht, kontrolliert und vergleicht eure Ergebnisse.

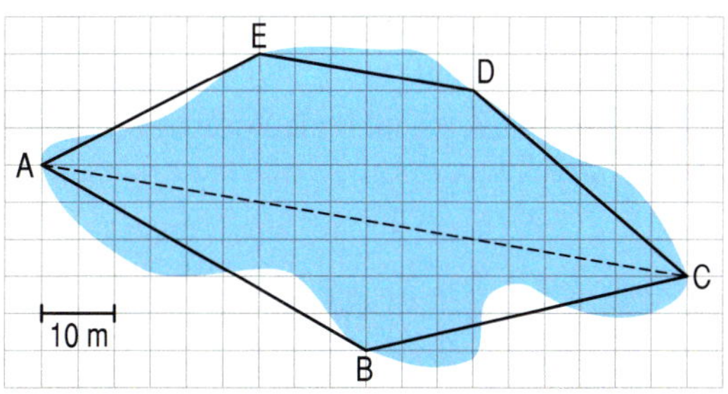

**8.** *Partnerarbeit:* Erstellt ein Lernplakat mit Formeln zur Berechnung ebener Figuren.

Kreisfläche $A_K$ = ... | Kreisumfang $u_K$ = ... | Fläche des Viertelkreises = ... | Rechteckfläche $A_R$ = ... | Trapezfläche $A_T$ = ... | Dreiecksfläche $A_D$ = ... | Fläche des Parallelogramms $A_P$ = ... | Umfang des Rechtecks $u_R$ = ...

$g \cdot h$ | $\frac{1}{2}gh$ | $\pi \cdot (\frac{d}{2})^2$ | $\frac{1}{4}\pi r^2$ | $2\pi r$ | $d \cdot \pi$ | $2a + 2b$ | $\pi r^2$ | $a \cdot b$ | $\frac{1}{2} \cdot (a + c) \cdot h$

**9.** Wenn für einen Kreis eine der Größen r, d, u oder A gegeben ist, kannst du alle anderen berechnen.

| | a) | b) | c) | d) |
|---|---|---|---|---|
| Gegeben | r = 7 cm | d = 5 m | u = 2,5 km | A = 6 m² |
| gesucht | d, u, A | r, u, A | r, d, A | r, d, u |

**10.** Berechne den Flächeninhalt und den Umfang der gefärbten Fläche (Maße in mm). Runde die Ergebnisse auf mm bzw. mm².

a)
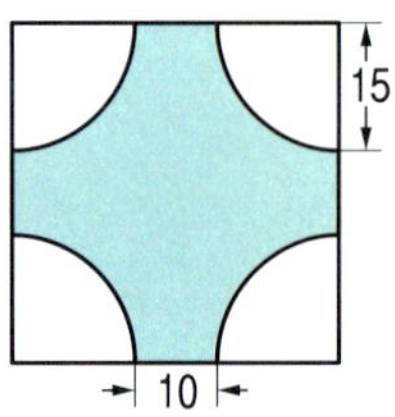


b)
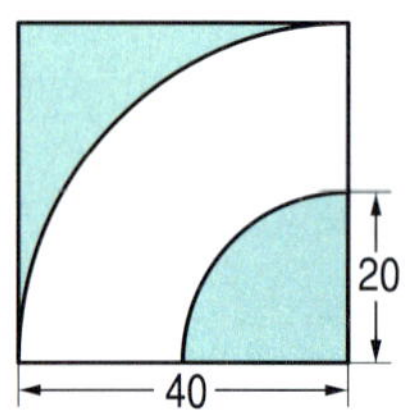


c)
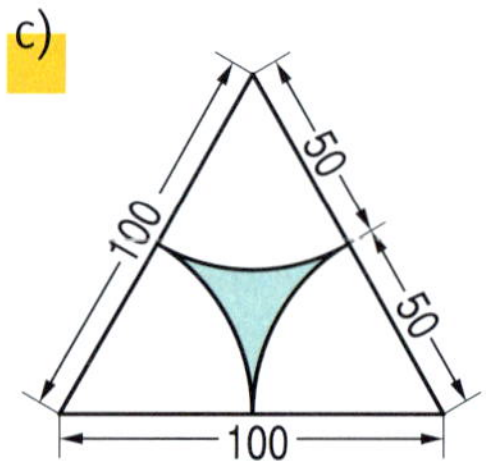


d)
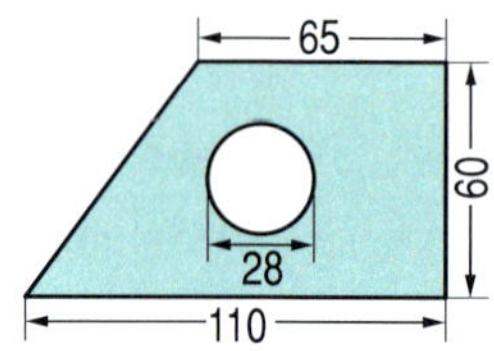


**11.** Beim Orgelbau müssen in den Windkanälen oft ursprünglich kreisförmig geplante Bohrungen durch ovale Bohrungen ersetzt werden. Dabei muss gleich viel Luft hindurchströmen wie geplant. Die Flächen sollen also gleich sein. Bestimme für die Maße im Bild die Länge x.

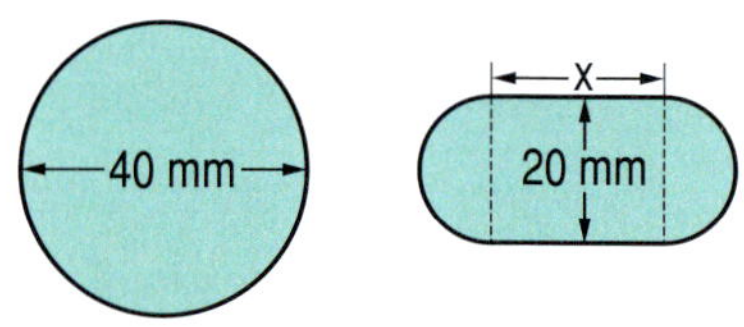


**12.** Ein Schlosser schneidet aus einer quadratischen Blechplatte ein möglichst großes kreisrundes Blech aus. Er überlegt: „Es entsteht ein Abfall von etwa 20%". Was meint der Schlosser? Hat er recht? Mache eine Skizze und berechne einen genaueren Wert für den Prozentanteil des Abfalls. Erkläre dein Ergebnis einer Mitschülerin oder einem Mitschüler.

**13.** Ein Kreisring hat einen inneren Radius von 0,4 m. Sein Außenradius ist 50% größer.

a) Zeichne den Kreisring im Maßstab 1 : 10.

b) Um wie viel Prozent ist der Umfang des äußeren Kreises größer als der des inneren Kreises?

c) Um wie viel Prozent ist der Flächeninhalt des äußeren Kreises größer als der des inneren?

**14.** a) In 24 Stunden dreht sich die Erde einmal um die Erdachse. Welchen Weg legt dabei ein Punkt auf dem Äquator in 1 Stunde zurück? Wie groß ist die Geschwindigkeit ($\frac{km}{h}$) dieses Äquatorpunktes?

b) Wie groß ist die Umlaufgeschwindigkeit eines Satelliten, der in 35 800 km Höhe über dem Äquator scheinbar stillsteht?

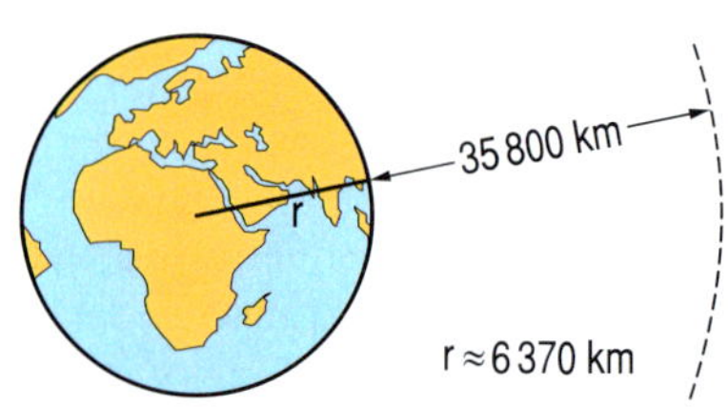


**15.** Die Erde umkreist die Sonne in 365 Tagen einmal. Mit welcher Geschwindigkeit rast die Erde um die Sonne? Recherchiert dazu die mittlere Entfernung Erde – Sonne.

**1.** Bis zur wievielten Stelle stimmen die Dezimalstellen mit denen von $\pi$ überein?

a) $3\frac{1}{7}$ b) $(\frac{4}{3})^4$ c) $3 + 5\%$ d) $\sqrt{10}$

**2.** Berechne den Kreisumfang.

a) $r = 5{,}7$ cm b) $d = 9{,}8$ cm c) $d = 0{,}95$ m

**3.** Berechne den Radius auf cm genau für den Kreisumfang a) $u = 10$ m, b) $u = 11$ m.

**4.** Berechne den Durchmesser auf mm genau.

a) $u = 87$ cm b) $u = 1{,}85$ m c) $u = 0{,}55$ m

**5.** Berechne den Flächeninhalt des Kreises.

a) $r = 5{,}6$ cm b) $d = 5{,}6$ m c) $d = 11{,}2$ km

**6.** a) Berechne Umfang u und Flächeninhalt A des Kreises.

b) Wie viel Prozent des Quadratumfangs beträgt u?

c) Wie viel Prozent der Quadratfläche beträgt A?

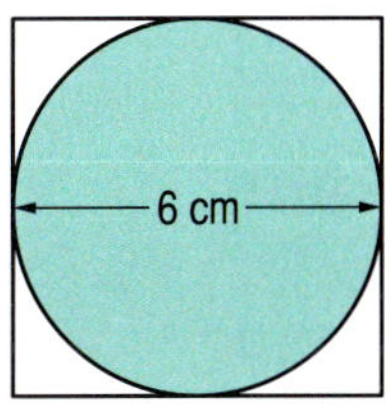


**Umfang** des Kreises

$u = 2\pi r$

$u = \pi d$

mit $\pi = 3{,}14159...$

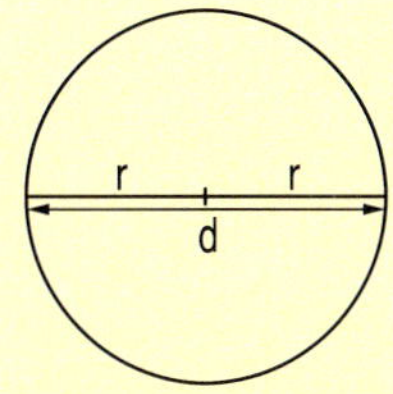


*Beispiel:* Gegeben $r = 3{,}8$ cm

*Überschlag:* $u = 2\pi r \approx 2 \cdot 3 \cdot 4$ cm $= 24$ cm

*Rechnung:* $u = 2\pi \cdot 3{,}8$ cm $= 23{,}87...$ cm

$u \approx 23{,}9$ cm

**Flächeninhalt** des Kreises

$A = \pi r^2$

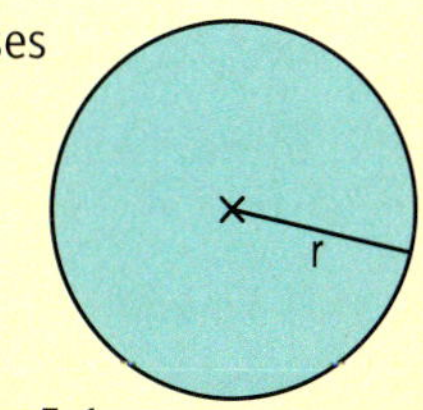


*Beispiel:* Gegeben $r = 5{,}1$ m

*Überschlag:* $A = \pi r^2 \approx 3 \cdot 5^2\ \text{m}^2 = 75\ \text{m}^2$

*Rechnung:* $A = \pi \cdot 5{,}1^2\ \text{m}^2 = 81{,}71...\ \text{m}^2$

$A \approx 81{,}7\ \text{m}^2$

**7.** Ein Kreis mit dem Durchmesser $d = 10$ m hat einen Umfang von ca. 31,4 m.

a) Berechne damit den Umfang der Kreise mit einem Radius von 5 m, 10 m und 15 m.

b) Ist die Zuordnung Kreisradius → Kreisumfang proportional, antiproportional oder keins von beiden? Begründe deine Entscheidung.

**8.** Ein Kreis mit dem Durchmesser $r = 10$ m hat einen Flächeninhalt von ca. 314 m².

a) Berechne damit den Flächeninhalt der Kreise mit einem Radius von 5 m und 20 m.

b) Ist die Zuordnung Kreisradius → Flächeninhalt proportional, antiproportional oder keins von beiden. Begründe deine Entscheidung.

**9.** Der Straßenverkehr wird häufig durch kreisförmige Verkehrsinseln kreuzungssfrei geregelt. Die Fahrbahn eines Kreisverkehrs ist außen ca. 300 m und innen ca. 200 m lang.

a) Wie breit ist etwa die Fahrbahn um die Verkehrsinsel? Runde auf Dezimeter.

b) Berechne auch den Flächeninhalt der Fahrbahn um die Verkehrsinsel.

**10.** a) Links ist eine Schreibtischplatte gezeichnet. Wie viel m² Platz ist darauf?

b) Die Zeichnungen rechts zeigen Bauteile für einen Nistkasten aus Holz. Wie viel cm² Holz braucht man für den Nistkasten?

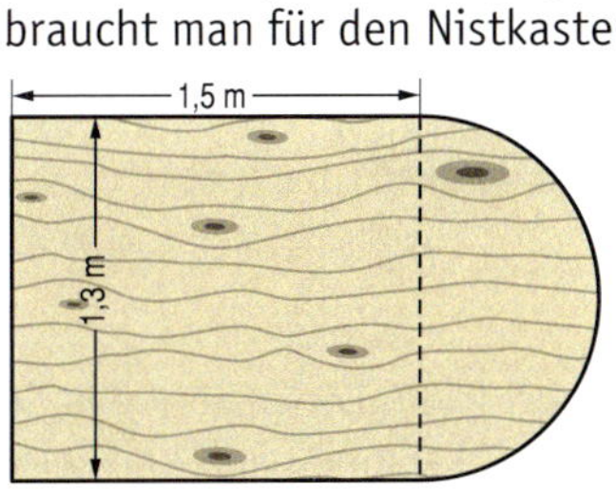


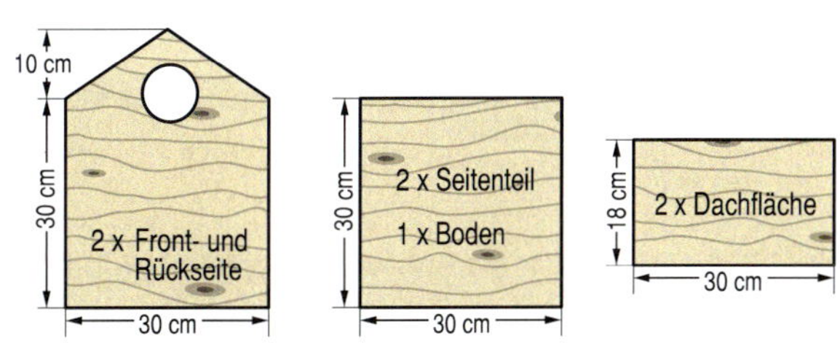

DIAGNOSETEST

**1.** Ein Kreis hat einen Radius von 4 cm. Berechne seinen Umfang und seinen Flächeninhalt.

**2.** An einem Rechteck mit a = 5 cm und b = 3 cm wird an jeder Seite ein Halbkreis angesetzt. Fertige eine Skizze an und berechne den Flächeninhalt der gesamten Figur.

**3.** Berechne den Durchmesser des Kreises. Runde auf Zentimeter.

a) Kreisumfang u = 1 m

b) Flächeninhalt A = 1 $m^2$

**4.** Ein Kreisring hat einen inneren Radius von 75 cm und einen äußeren Radius von 1 m.

a) Berechne den Flächeninhalt des Kreisrings.

b) Wie lang ist die Umrandung des Kreisrings?

**5.** Zeichne in ein Koordinatensystem um den Punkt M(6|6) zwei Kreise mit den Radien r = 3 cm und r = 6 cm (1 Einheit = 1 cm).

a) Berechne Umfang u und Flächeninhalt A der beiden Kreise. Runde auf mm bzw. $cm^2$.

b) Welche Zuordnung ist proportional $r \rightarrow u$ oder $r \rightarrow A$? Begründe deine Antwort.

## Wähle weitere 5 Aufgaben aus.

**1.** Die Räder eines Fahrrades haben einen Durchmesser von 48 cm. Wie viele volle Umdrehungen macht das Rad auf einer 2 km langen Strecke?

**2.** a) Ein Kreis hat einen Flächeninhalt von 17,1 $cm^2$. Berechne den Durchmesser. Runde auf mm.

b) Das Dreieck mit A(1|1), B(8,6|1) und C(x|y) hat im Koordinatensystem (1 cm Einheit) denselben Flächeninhalt von 17,1 $cm^2$. Gib zwei Möglichkeiten an für die Koordinaten von C.

**3.** Eine Turmuhr hat einen kleinen 80 cm langen Zeiger und einen großen Zeiger mit 1,25 m Länge.

a) Welchen Weg legt die Spitze des großen Zeigers in $\frac{3}{4}$ h zurück?

b) Welchen Weg legt die Spitze des kleinen Zeigers in $3\frac{1}{2}$ Stunden zurück?

**4.** Die große Rosette im Straßburger Münster hat einen Durchmesser von 13,5 m.

a) Berechne den Umfang und den Flächeninhalt der Rosette. Runde auf zehntel Meter (Dezimeter) bzw. auf zehntel Quadratmeter.

b) Welchen Durchmesser hat ein Kreis mit halb so großem Umfang, welchen Flächeninhalt hätte er?

Berechne Umfang und Flächeninhalt der Figur (Maße in cm). Runde auf mm bzw. $cm^2$.

**5.**

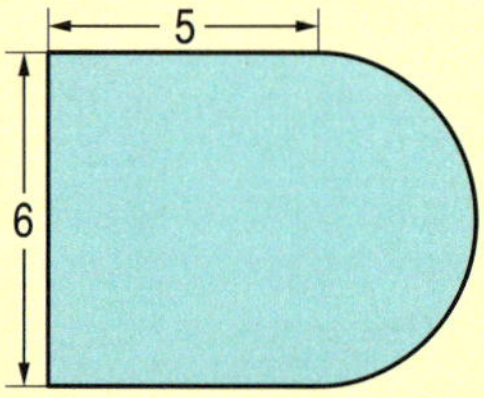


u = ■ A = ■

**6.**

u = ■ A = ■

**7.**

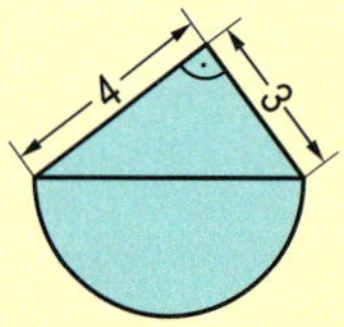


u = ■ A = ■

**8.** Unter einem kreisrunden Zeltdach haben bei einem Popkonzert 2 400 Personen einen Stehplatz. Welchen Durchmesser hat das Zeltdach, wenn durchschnittlich 3 Personen auf 1 $m^2$ stehen?

# Körper darstellen und berechnen

# 9

Welches Etikett passt auf die Dose?

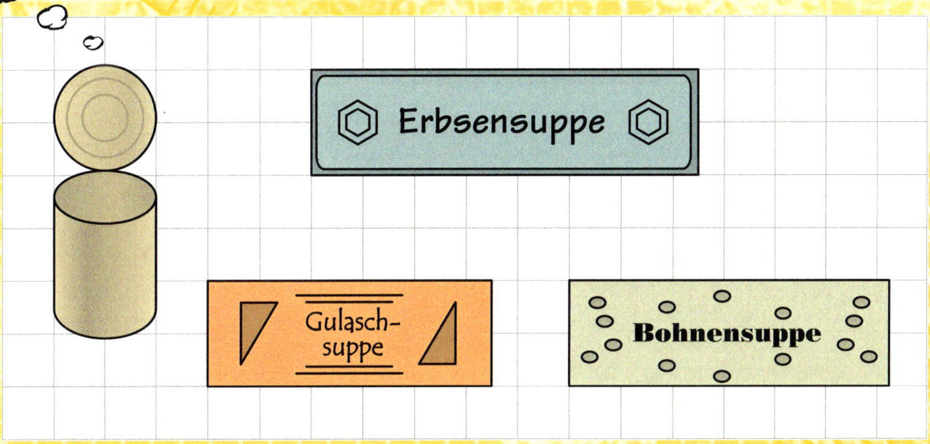


**Führerschein Klasse 1b**

Leichtkraftrad (z. B. Moped, Motorroller, „80er") bis zu 80 cm³ Hubraum; Mindestalter: 16

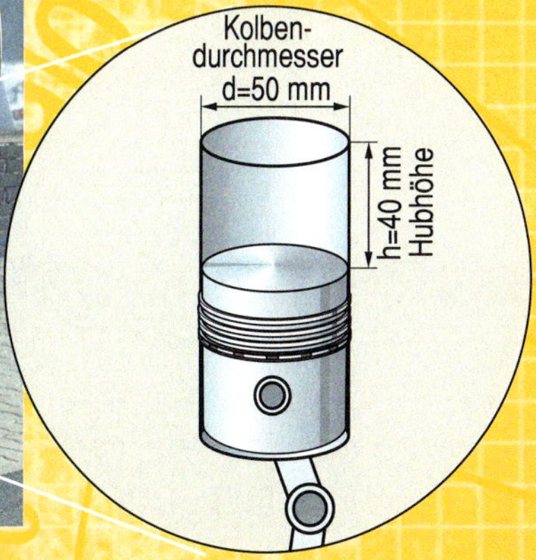

## Körper von allen Seiten

**1.** Ordne dem gegebenem Buchstaben-Schrägbild die Ansicht zu
- von vorn
- von rechts
- von oben

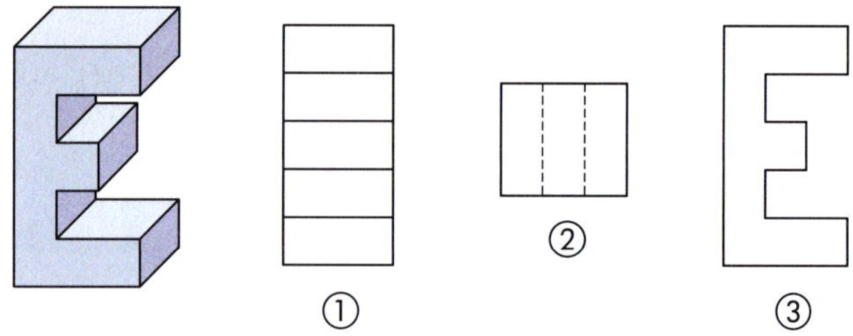

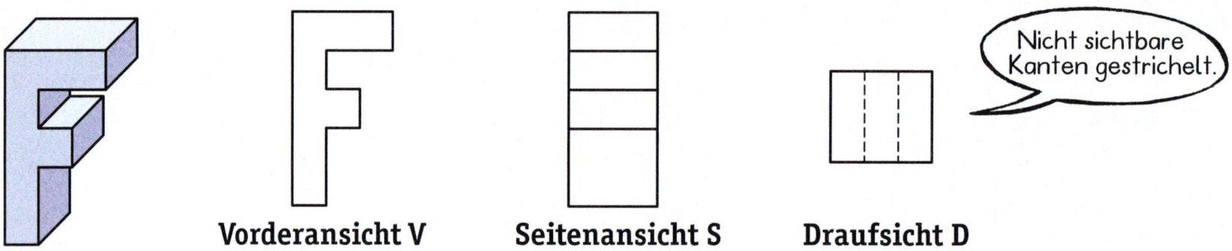


**Vorderansicht V** **Seitenansicht S (von rechts)** **Draufsicht D**

**2.** Notiere zum Schrägbild des dargestellten Körpers die Nummer der Vorder-, Seiten- und Draufsicht.

a)

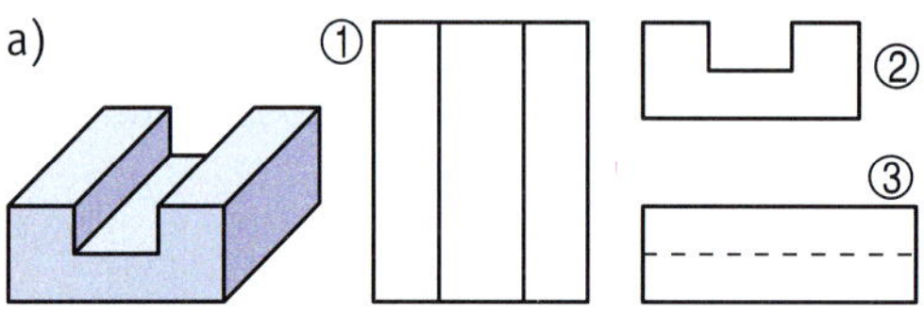

b)

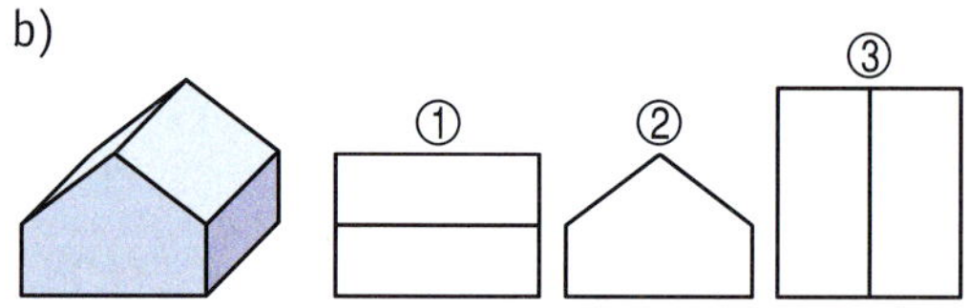

c)

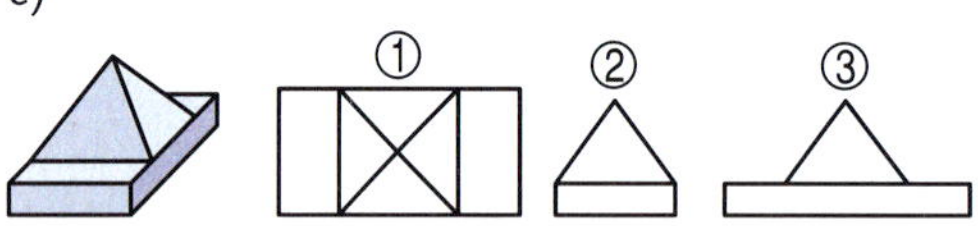

d)

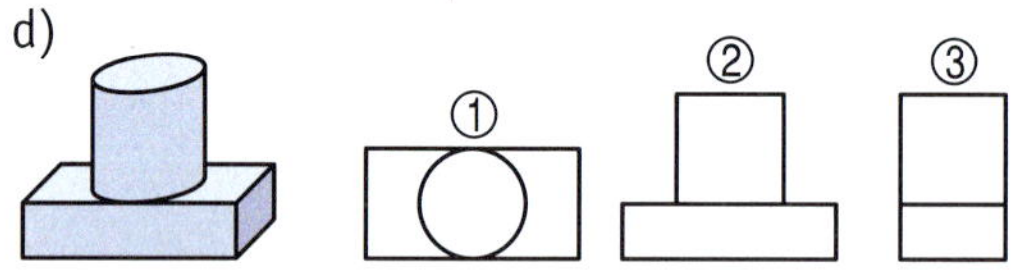

**3.** Skizziere die drei Ansichten des abgebildeten Objekts.

a)

b)

c)

d)

**4.** Ordne den Körpern ihre Ansichten zu (z. B. Körper Ⓐ: V ▒, S ▒, D ▒).

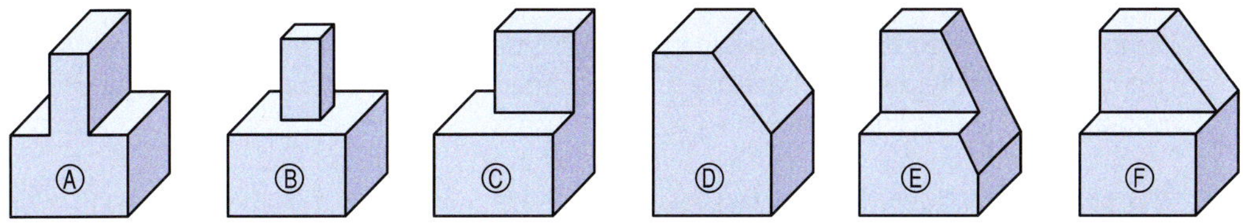


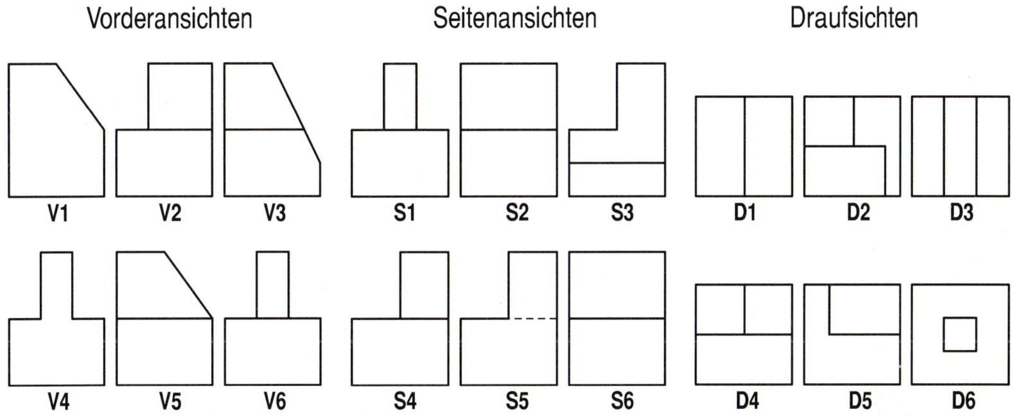


**5.** Zeichne die drei Ansichten des Körpers (Längen in mm).

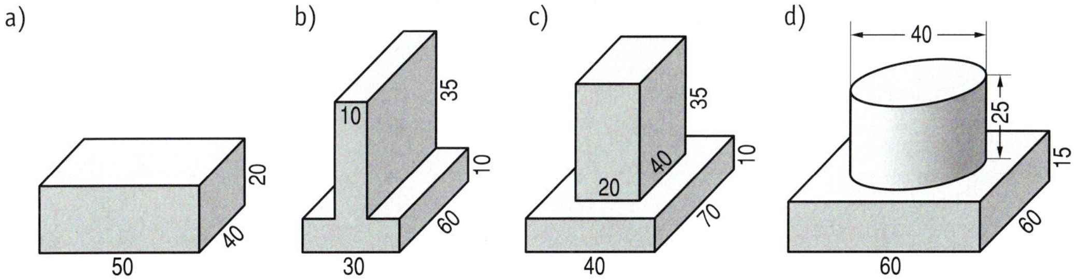


**6.** Skizziere ein Schrägbild des Körpers, von dem die drei Ansichten gegeben sind.

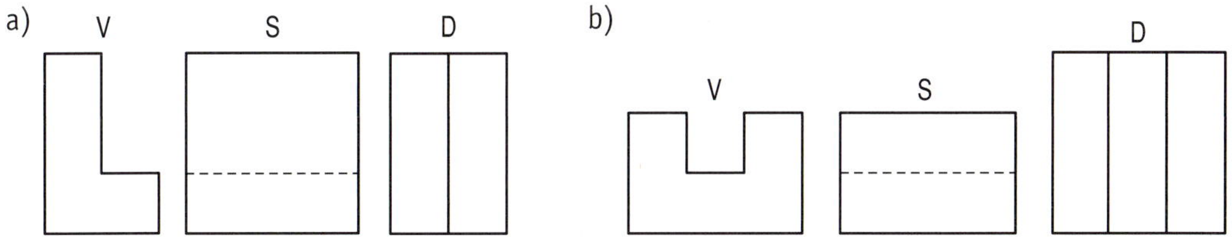


**7.** Häufig nennt man die „Draufsicht" auch „Grundriss". Zeichne in einem geeigneten Maßstab (z. B. 1 : 100 oder 1 : 50) den Grundriss deines eigenen Zimmers (des Klassenzimmers).

**8.** Gegeben sind zwei Ansichten eines Körpers. Wie könnte der Körper aussehen? Skizziere die fehlende Ansicht. Es sind verschiedene Lösungen möglich.

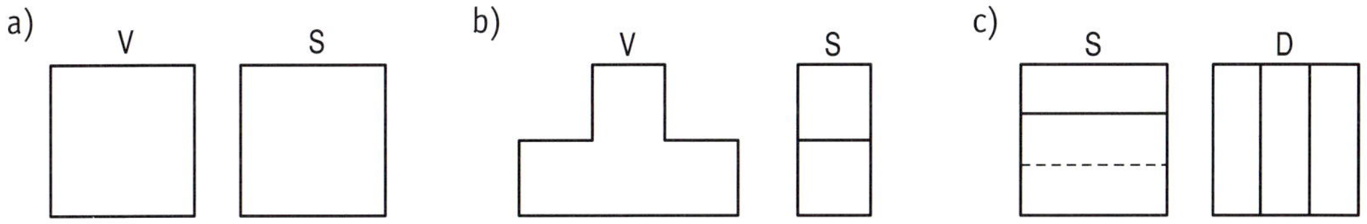

## Prismen

**1.** Sammelt in Partnerarbeit Informationen zum Prisma. Fertigt dazu eine Zusammenfassung im Heft an mit den beiden Teilüberschriften: „Zeichnen von Netz und Schrägbild" und „Berechnen von Oberfläche und Volumen".

**2.** Zeichne das Schrägbild des Prismas.

a)
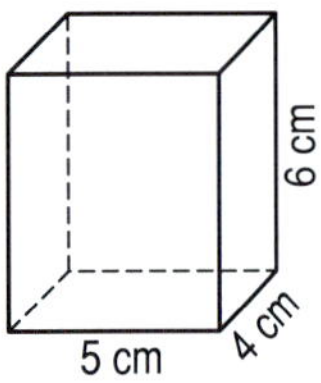


b)
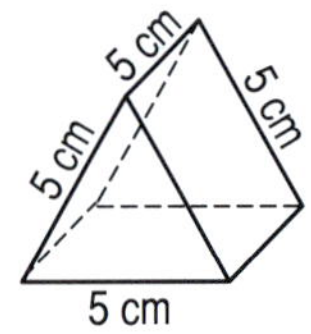


c)
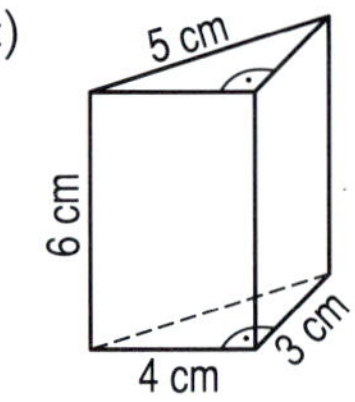


**TIPP**
*Senkrecht* nach hinten laufende Kanten mit 45° in halber Länge zeichnen.

**3.** Zeichne ein Netz des Prismas aus Aufgabe 2c).

**4.** Berechne das Volumen des Dreiecksprismas mit der gegebenen Grundfläche und der Körperhöhe h. Berechne zuerst den Flächeninhalt der Grundfläche.

a)
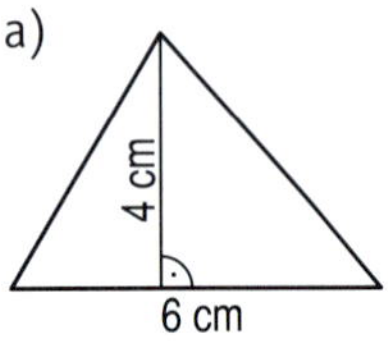

h=7 cm

b)
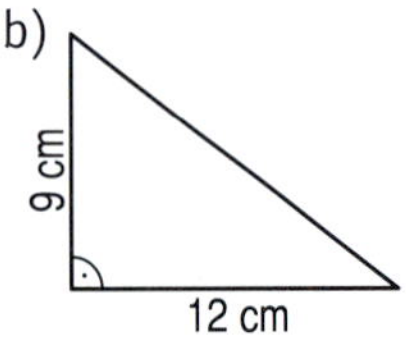

h=12 cm

c)
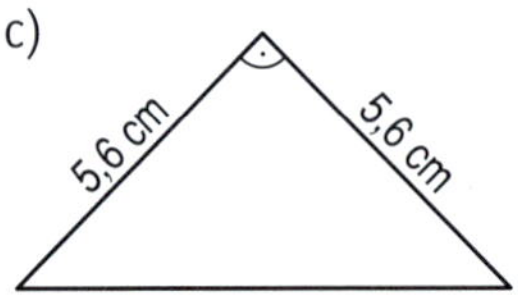

h=7,8 cm

d)
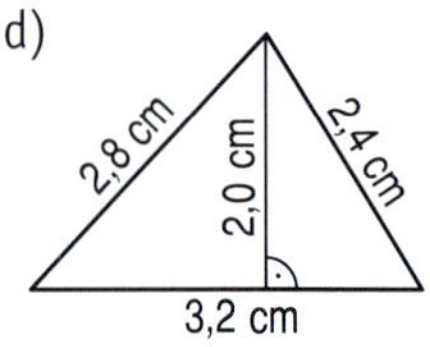

h=1,5 cm

**5.** Berechne Mantel- und Oberfläche des Prismas mit der abgebildeten Grundfläche und der Körperhöhe h = 8 cm. Berechne anschließend auch das Volumen.

a)
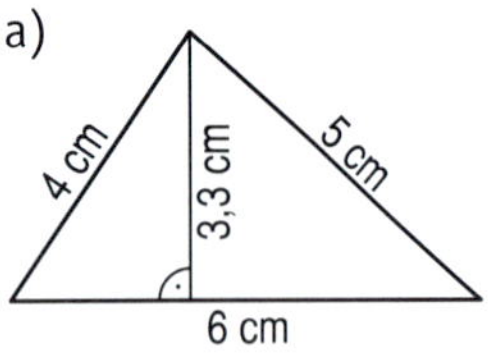


b)
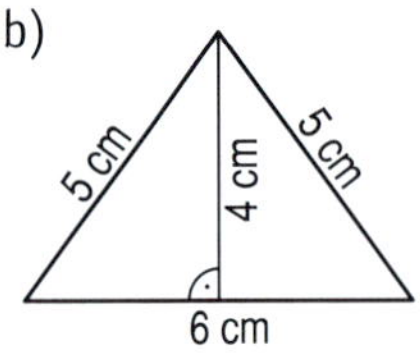


c)
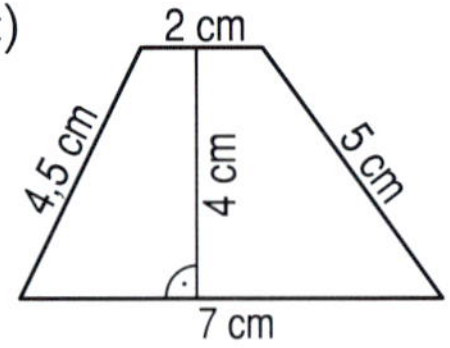


d)
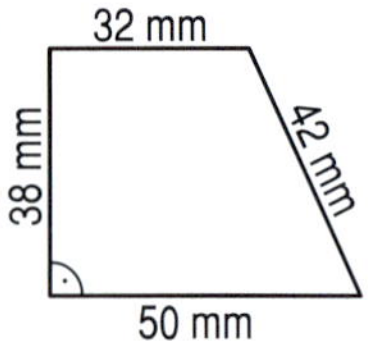


**6.** Die abgebildete Schachtel wird als Verpackung für Schokolade benutzt (Maße in mm).

a) Zeichne ein Netz und berechne die Oberfläche.

b) Wie viel m² Karton braucht man für die Herstellung von 100 000 Schachteln, wenn für Klebelaschen und Verschnitt 10% gerechnet werden.

**7.** Eine Gärtnerei plant den Bau eines neuen Gewächshauses.

a) Berechne die Wand- und Deckenfläche, die aus Glas hergestellt wird.

b) Die Bodenfläche des Gewächshauses soll mit Steinplatten der Größe 40 cm x 40 cm ausgelegt werden. Wie viele Steinplatten werden benötigt?

c) Welches Volumen hat der Innenraum des Gewächshauses?

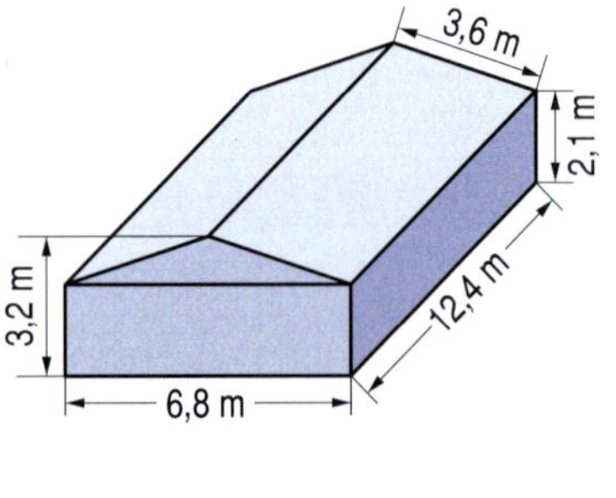

# Bleib FIT!

**Die Ergebnisse der Aufgaben 1 bis 7 ergeben zwei Städte in Australien.**

**1.** In der Klasse 9a sind 40%, das sind 12 Schüler, von auswärts. Wie viele Schüler hat die Klasse 9a?

**2.** Berechne die fehlende Größe der proportionalen Zuordnung.

a)

| Stunden (h) | 12 | 18 |
|---|---|---|
| Lohn (€) | 432 | ■ |

b)

| Weg (km) | 80 | 300 |
|---|---|---|
| Benzinverbr. (*l*) | 6,8 | ■ |

**3.** a) Ein Kapital von 2 400 € wird 8 Monate lang von der Bank zu 4% verzinst. Wie viel Euro Zinsen erhält man dafür?

b) Auf wie viel Euro wächst ein Kapital von 4 500 € in 40 Tagen, wenn die Bank 3% Zins gewährt?

**4.** Der ICE benötigt für die Strecke von Stuttgart nach Mannheim 35 Minuten. Die Strecke ist 132 km lang. Berechne die Durchschnittsgeschwindigkeit für die Strecke Stuttgart-Mannheim in $\frac{km}{h}$. Runde auf eine Stelle nach dem Komma.

**5.** Berechne.
$\frac{3}{2} \cdot \frac{4}{3} + \frac{4}{5} : \frac{2}{5} =$ ■

**6.** Zeichne das Viereck ABCD in ein Koordinatensystem mit der Gittereinheit 1 cm und berechne den Flächeninhalt des Vierecks in $cm^2$.
A(1|1)   B(7|1)   C(4|6)   D(2|6)

**7.** Ein Kapital von 4 000 € wird 6 Jahre lang zu 3% Zins angelegt. Auf welchen Betrag ist das Kapital nach 6 Jahren angewachsen, wenn die Zinsen mitverzinst werden?
Runde auf ganze Euro.

**8.** a) $2{,}34\ m^2 + 480\ cm^2 + 6{,}7\ dm^2 =$ ■ $dm^2$

b) $7{,}10\ dm^3 + 700\ cm^3 + 1{,}3\ l =$ ■ $l$

| | |
|---|---|
| 0 | A |
| 2 | C |
| 4 | P |
| 8 | D |
| 9,1 | H |
| 15 | X |
| 20 | E |
| 18,5 | G |
| 20,4 | H |
| 25,5 | D |
| 30 | S |
| 42,8 | I |
| 50 | K |
| 64 | N |
| 135 | J |
| 150,2 | P |
| 226,3 | Y |
| 234,5 | S |
| 245,5 | T |
| 648 | Y |
| 715 | T |
| 1 542 | U |
| 3 067 | W |
| 4 515 | E |
| 4 635 | R |
| 4 637,10 | Z |
| 4 776 | R |
| 4 885,32 | A |
| 5 014 | V |

## Zylinder: Netze, Modelle, Schrägbilder

Bearbeitet die Aufgaben in Partnerarbeit.

**1.** Formt mit einem DIN-A5-Blatt zwei verschiedene Zylindermäntel.

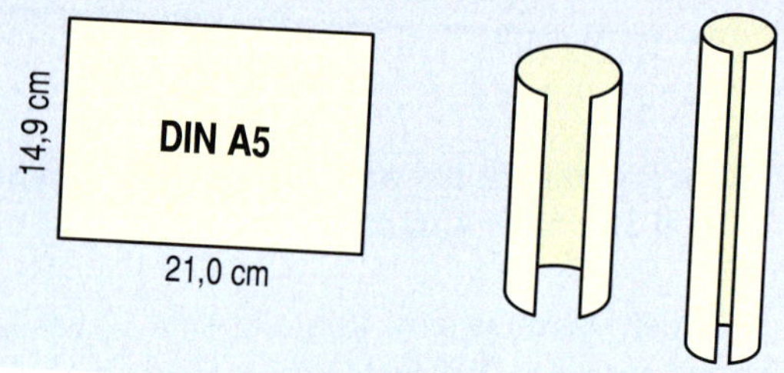


**2.** Stellt aus Karton oder Papier zu den beiden Zylindermänteln die zugehörige kreisförmige Grund- und Deckfläche her.

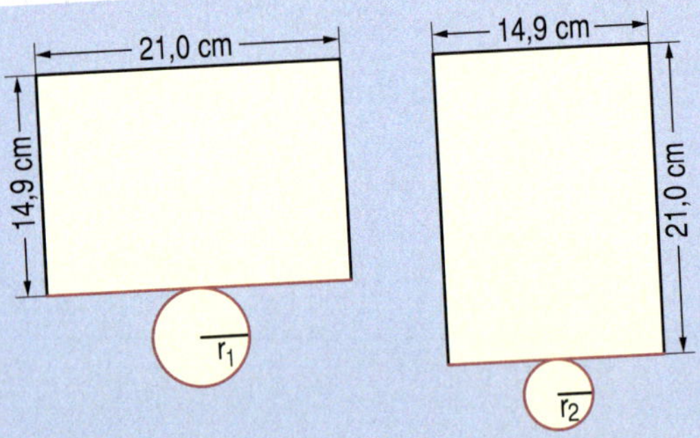


**3.** Baut die Zylindermodelle mit Tesafilm zusammen.

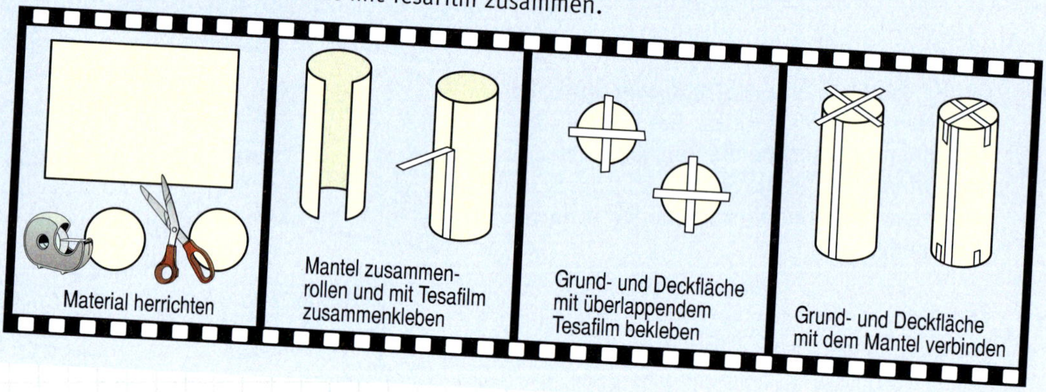


**4.** Lässt sich aus dem abgebildeten Netz ein Zylinder bauen? Begründet eure Antwort.

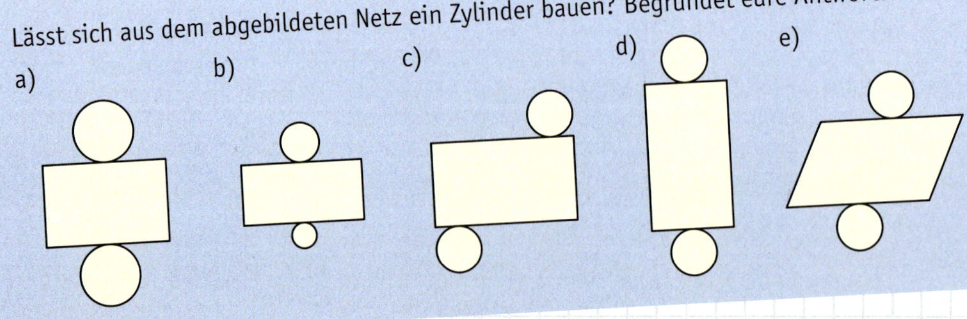

**5.** a) Erklärt die nebenstehenden Abbildungen, die zwei Möglichkeiten zum Zeichnen eines Zylinderschrägbildes zeigen.

b) Worin unterscheiden sich Schrägbilder von Zylindern und von Prismen?

c) Fertigt ein Zylinderschrägbild eines Zylinders mit 6 cm Durchmesser und 10 cm Höhe an.

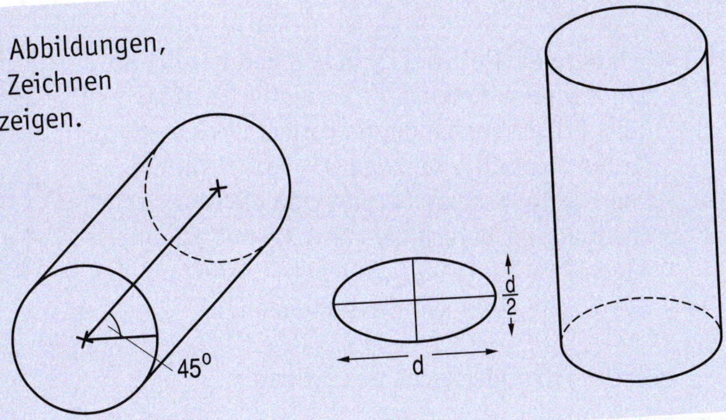


**6.** Zeichnet das Zylinderschrägbild mit den angegebenen Maßen in eure Hefte.

a)

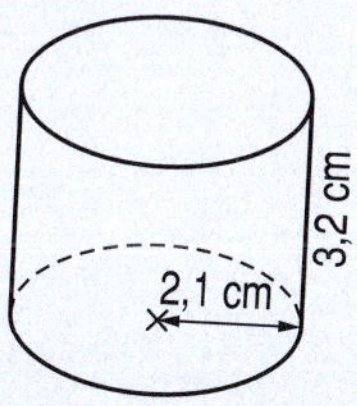


b)

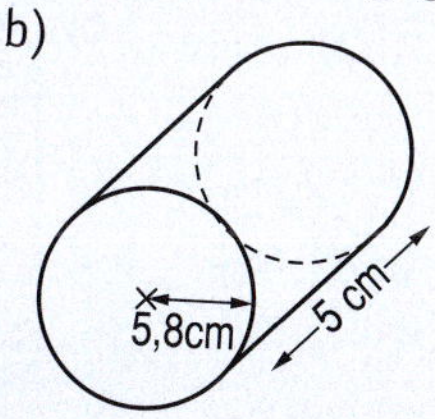


c)

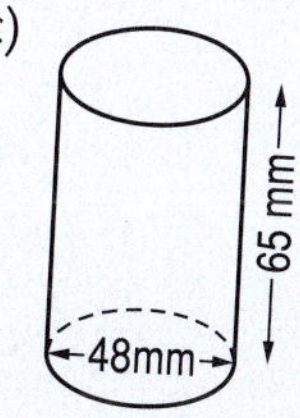


d)

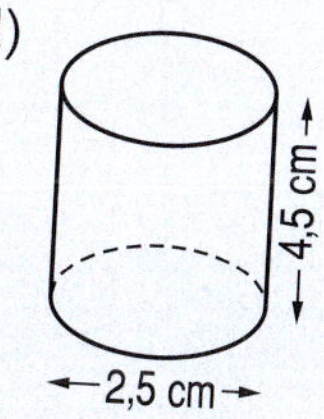


**7.** a) Skizziert freihändig ohne genaue Maße und ohne Lineal fünf Schrägbilder von Zylindern, die auf der Grundfläche stehen.

b) Skizziert freihändig drei Zylinderschrägbilder mit der Grundfläche als Vorderfläche.

c) Sucht Zylinder und aus Zylindern zusammengesetzte Körper und skizziert davon freihändig Schrägbilder.

**8.** Skizziert ein Schrägbild des zusammengesetzten Körpers.

a)

b)

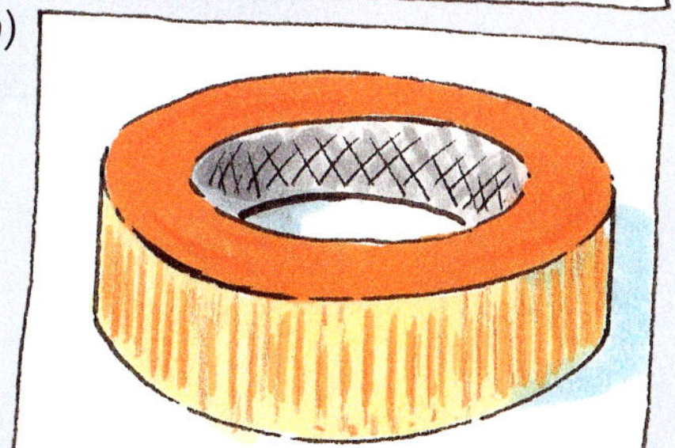

**9.** Beschreibt den zusammengesetzten Körper in Worten und skizziert ein Schrägbild.

a)

b)

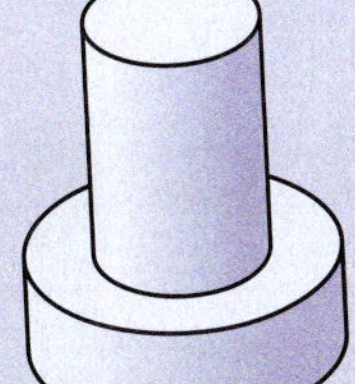

## Oberfläche des Zylinders

**1.** – Skizziere ein Netz des Zylinders und bezeichne den Mantel mit M und die Grundfläche mit G.
– Beim Prisma kennst du die Formeln $M = u \cdot h$ für die Mantelfläche sowie $O = 2G + M$ für die Oberfläche. Beschreibe, wie man die Oberfläche des Zylinders berechnen kann. Kannst du eine allgemeine Formel für die Mantelfläche und die Oberfläche eines Zylinders angeben?

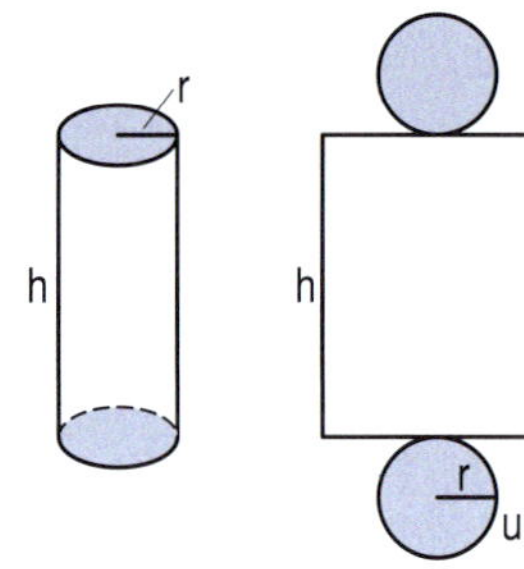


**TIPP**
Endergebnisse immer sinnvoll runden!

**2.** Berechne die Oberfläche des Zylinders.

a) r = 3,3 cm, h = 4,5 cm b) d = 7,4 cm, h = 8,3 cm

**3.** Berechne die Mantelfläche M und die Oberfläche O des Zylinders.

a)
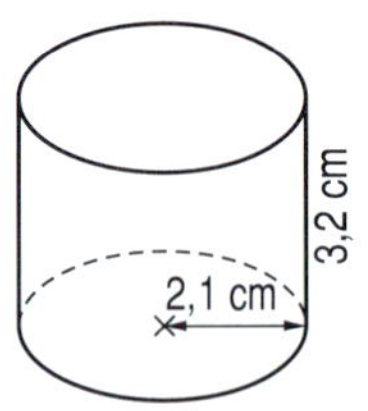


b)
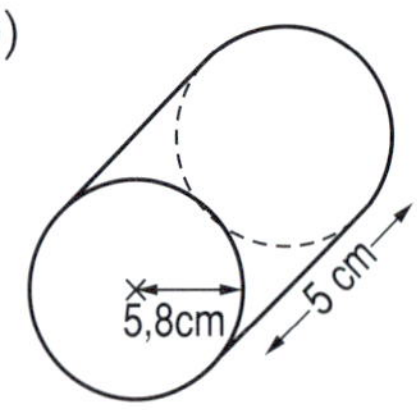


c)
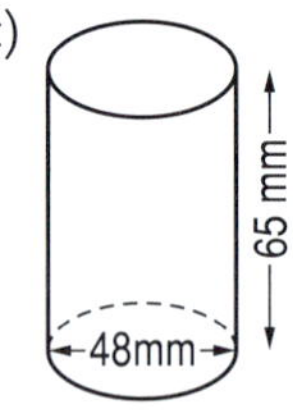


d)
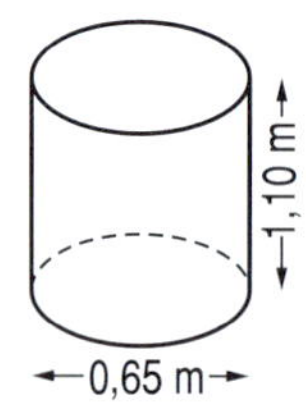


**4.** Berechne den Materialbedarf des Kriechtunnels für Kinder (maximale Länge 280 cm; d = 53 cm).

a) Wie viel $m^2$ Stoff braucht man?

b) Wie viel Draht zur Stabilisierung des Tunnels (Abstände der Drahtringe: 20 cm) ist nötig?

**5.** *Partnerarbeit:* Schätzt mit Hilfe der Vergleichsgröße die Längen von Radius und Höhe des zylinderförmigen Objekts. Stellt Fragen und berechnet die Lösungen.

a)

b)

c)

## Volumen des Zylinders

**1.** Bearbeitet die Aufgabe in Gruppen:

a) Besorgt euch eine Dose und bastelt einen Quader aus Pappe und Hansaplast (oder Klebeband) mit gleich großer Grundfläche und gleicher Höhe. Fülle einen der beiden Körper mit Sand oder Zucker. Vergleicht durch Umschütt-Versuche das Volumen von Zylinder und Quader.

b) Beim Prisma kennt ihr die Volumenformel $V = G \cdot h$. Stellt die Volumenformel für den Zylinder auf und verwendet dabei die Bezeichnungen V, h, r und $\pi$.

**2.** Berechne das Volumen des Zylinders mit der Grundfläche G und der Körperhöhe h.

a) $G = 23\ cm^2$; $h = 5\ cm$ b) $G = 45{,}8\ cm^2$; $h = 7{,}3\ cm$ c) $G = 135{,}4\ cm^2$; $h = 2{,}5\ dm$

**3.** Berechne das Volumen des Zylinders.

a) r = 4 cm; h = 6 cm b) r = 4,9 cm; h = 6,3 cm c) d = 9,0 cm; h = 4,5 cm d) d = 2 m; h = 0,9 m
e) d = 8,2 m; h = 7,7 m f) d = 3,9 cm; h = 2 dm g) r = 2,0 m; h = 85 cm h) r = h = 50 cm

**4.** Berechne das Volumen des abgebildeten Zylinders.

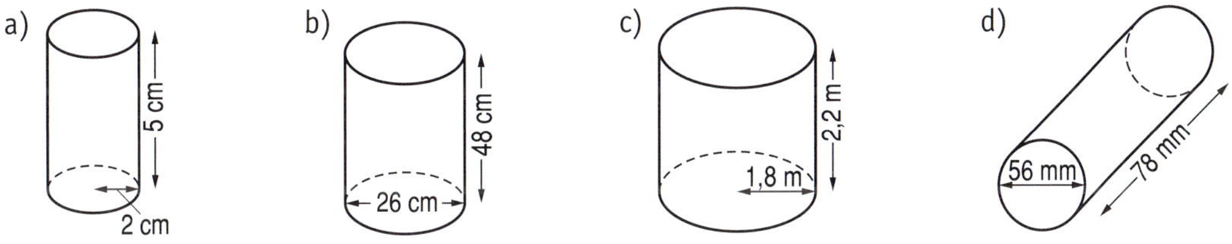


**5.** Aus einem DIN-A4-Blatt als Mantel können zwei verschiedene Zylinder geformt werden. Haben sie gleiches oder verschiedenes Volumen? Schätze, dann rechne aus.

**6.** Berechne das Volumen

a) eines Rundbalkens mit 32 cm Durchmesser und einer Länge von 6,8 m;

b) eines Kupferdrahts mit 25 m Länge und 2 mm Durchmesser;

c) einer 1-€-Münze mit 23 mm Durchmesser und 2 mm Höhe.

**7.** Ulla und Bernd bestimmen das Volumen einer Getränkedose durch Ausmessen des Umfangs und der Höhe.

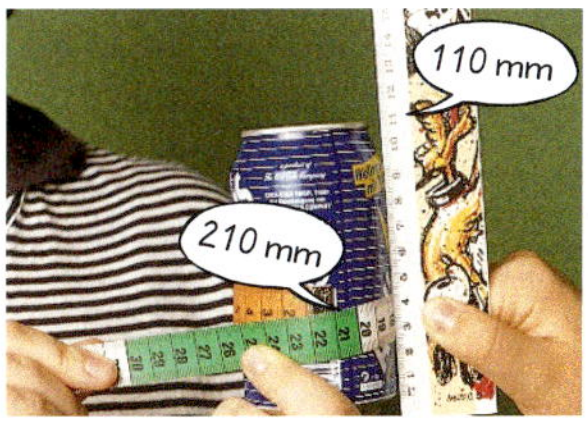


a) Berechne den Radius der Dose.

b) Berechne das Volumen der Dose.

c) Der Hersteller der Getränkedose spricht von 0,33 *l* Doseninhalt. Prüfe diese Aussage.

## Berechnungen am Zylinder

**1.** *Partnerarbeit:* Begründet euch gegenseitig die Formeln im Kasten.

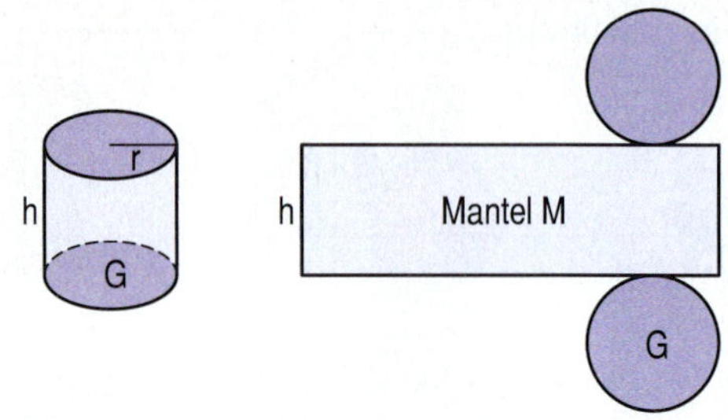


$V = G \cdot h$
$V = \pi r^2 h$

$M = 2\pi rh$
$O = 2 \cdot G + M$
$O = 2\pi r^2 + 2\pi rh$

**2.** Zeichne das Netz und das Schrägbild eines Zylinders mit r = 2 cm und h = 3 cm. Beschrifte r und h und berechne die Oberfläche, die Mantelfläche und das Volumen des Zylinders.

**3.** Berechne die Oberfläche und das Volumen des Zylinders.

a) r = 3,8 cm  h = 6,4 cm
b) d = 9,2 cm  h = 8,5 cm
c) d = 0,9 m  h = 1,1 m

**4.** Besorge dir drei verschieden große zylinderförmige Dosen und bestimme durch Messen und anschließendes Berechnen das Volumen und die Oberfläche der Dosen.

**5.** Berechne den Materialbedarf des zylinderförmigen Gegenstandes in $cm^2$.

**6.** Berechne den Hubraum für ein Auto mit 4 gleich großen Zylindern. Der Durchmesser eines Zylinders ist d = 8,2 cm, die vom Kolben im Zylinder durchlaufene Höhe (= Hub) 9 cm. Üblicherweise wird der Hubraum in der Einheit Liter angegeben.

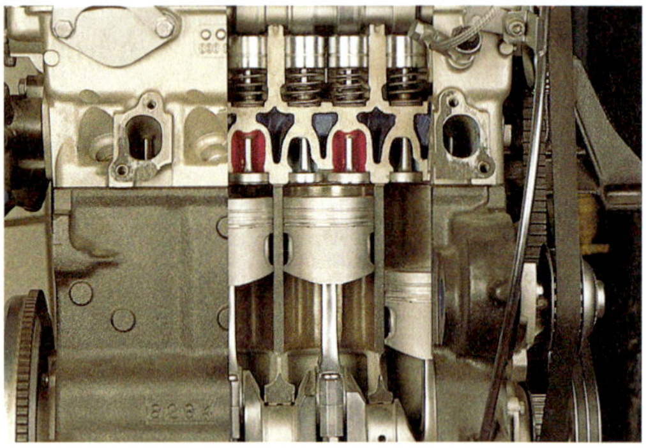

**7.** Eine Fahrradpumpe hat einen inneren Durchmesser von 2,6 cm und einen Kolbenhub von 28 cm.
Wie viel $cm^3$ Luft wird mit jedem Hub gepumpt?

**8.** a) Berechne die Innenwandfläche eines zylinderförmigen Getreidesilos mit 18 m Höhe und 7,5 m innerem Durchmesser.
b) Wie viel $m^3$ Getreide können maximal in dem Silo gelagert werden?

**9.** Berechne die Masse eines zylinderförmigen Gegenstandes aus dem angegebenen Material und den gegebenen Maßen.

a) Eisen: r = 2 cm  h = 15 cm
b) Aluminium: r = 7,5 cm  h = 65 cm
c) Silber: d = 12 mm  h = 27 mm
d) Beton: d = 1,4 m  h = 8,6 m

**10.** Berechne das Volumen des zylinderförmigen Gegenstandes.

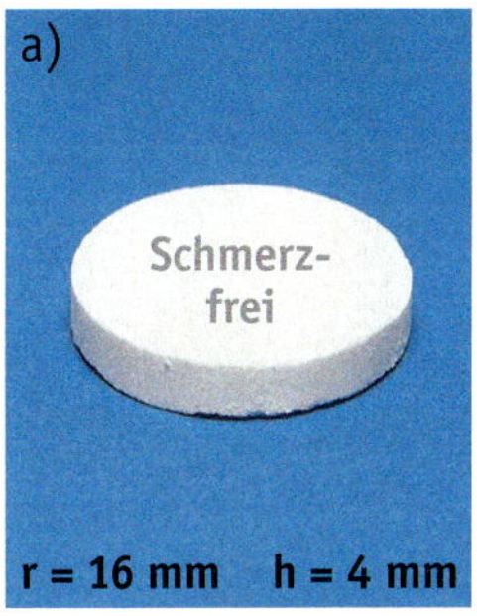

**11.** In einem Wohnhaus ist die Warmwasserleitung vom Boiler bis ins Bad 8,2 m lang. Der Innendurchmesser der Leitung beträgt 21 mm. Wie viel Liter Wasser laufen durch die Leitung, bis das erste warme Wasser aus dem Boiler im Bad ankommt?

**12.** Berechne das Volumen eines Kupferdrahtes mit 30 m Länge und einem Durchmesser von 3 mm. Wandle zunächst in eine gemeinsame Einheit um (z. B. in cm).

**13.** Zeichne ein Netz und berechne die Mantel- und Oberfläche des Zylinders.

a) r = 2 cm; h = 3 cm   b) r = 3 cm; h = 4 cm   c) d = 5 cm; h = 5 cm   d) d = 4 cm; h = 8 cm

**14.** Eine Fabrik soll 10 000 Dosen mit Durchmesser 8 cm und Höhe 12 cm herstellen.

a) Berechne den Materialbedarf für eine Dose in $cm^2$.

b) Berechne den gesamten Materialbedarf in $m^2$, wenn mit 6% Verschnitt gerechnet wird.

**15.** Berechne die gesuchte Größe des Zylinders, indem du die entsprechende Formel umstellst und dann die gegebenen Zahlen einsetzt.

a) $V = 200\ cm^3$
$h = 5\ cm$   $r = ▒$

b) $V = 176\ cm^3$
$r = 4{,}5\ cm$   $h = ▒$

c) $M = 83{,}9\ cm^2$
$r = 3{,}8\ cm$   $h = ▒$

d) $M = 246{,}8\ cm^2$
$h = 27\ cm$   $r = ▒$

$V = \pi r^2 h \quad | : \pi h$

$\frac{V}{\pi h} = r^2$

$r = \sqrt{▒}$

**16.** Berechne die fehlenden Größen des Zylinders.

| | a) | b) | c) | d) | e) | f) | g) |
|---|---|---|---|---|---|---|---|
| Radius r | 4,5 cm | | 2,8 cm | | 7,2 cm | | |
| Durchmesser d | | 8,6 cm | | | | | |
| Höhe h | 5,2 cm | 3,9 cm | | 4,8 cm | | 2,3 cm | |
| Mantelfläche M | | | 77 $cm^2$ | 152 $cm^2$ | | | 56,7 $cm^2$ |
| Oberfläche O | | | | | | | 92,3 $cm^2$ |
| Volumen V | | | | | 312,5 $cm^3$ | 87,2 $cm^3$ | |

**17.** In welcher Höhe muss der Eichstrich für 0,2 *l* bei einem zylinderförmigen Glas mit dem Innendurchmesser d = 5,4 cm angebracht werden?

**18.** In Stefans Formelsammlung steht für die Zylinderoberfläche die Formel $O = 2\pi r(r + h)$. Stimmt sie mit der Formel $O = 2\pi r^2 + 2\pi r h$ überein?

## Erbsensuppe aus der Dose

Die Firma Knurr stellt Suppen her. Für die neue Erbsensuppe mit Räucherspeck beauftragt sie die Firma Blechschmidt mit der Herstellung von Dosen.

**1.** a) Berechne das Volumen der Dose. Runde auf 2 Stellen nach dem Komma.
b) Die Füllmenge ist 3% geringer als das Dosenvolumen. Berechne die Füllmenge in ml.

**2.** Der Doseninhalt hat eine Dichte von $1{,}2\,\frac{\text{g}}{\text{cm}^3}$. Können 400 g Erbsensuppe eingefüllt werden?

**3.** Zeichne das Netz der Dose im Maßstab 1:2.

**4.** a) Berechne die Oberfläche der Dose. Runde auf 2 Stellen nach dem Komma.
b) Wie groß ist der Materialverbrauch für die Herstellung einer Dose, wenn mit 5% Verschnitt u. ä. gerechnet wird?

Sehr geehrter Herr Blechschmidt,
unsere Technik-Abteilung bezweifelt, dass bei dem von Ihnen vorgeschlagenen Dosenformat der geringstmögliche Materialverbrauch gegeben ist. Bitte prüfen Sie, welches Dosenformat Sie uns unter diesem Gesichtspunkt vorschlagen können. Es muss natürlich ein Format sein, das dasselbe Volumen aufweist.

**5.** Bestimme auf eine Stelle nach dem Komma die „idealen" Abmaße für Radius und Höhe. Fällt dir etwas auf?

C6 = =PI()*A6^2*B6

| | A | B | C | D | E |
|---|---|---|---|---|---|
| 1 | | | | | |
| 2 | | | | | |
| 3 | Radius r | Höhe h | Volumen V | Oberfläche O | |
| 4 | (in cm) | (in cm) | (in cm³) | (in cm²) | |
| 5 | | | | | |
| 6 | 3,7 | 10,2 | 438,686 | | |
| 7 | 3,8 | | | | |
| 8 | 3,9 | | | | |
| 9 | 4 | | | | |
| 10 | 4,1 | | | | |
| 11 | 4,2 | | | | |
| 12 | 4,3 | | | | |
| 13 | 4,4 | | | | |

## Zusammengesetzte und ausgehöhlte Körper

**1.** *Partnerarbeit:*
Überlegt gemeinsam, wie das Volumen und die Oberfläche der beiden abgebildeten Gesamtkörper berechnet werden können. Notiert euer Ergebnis in Worten.

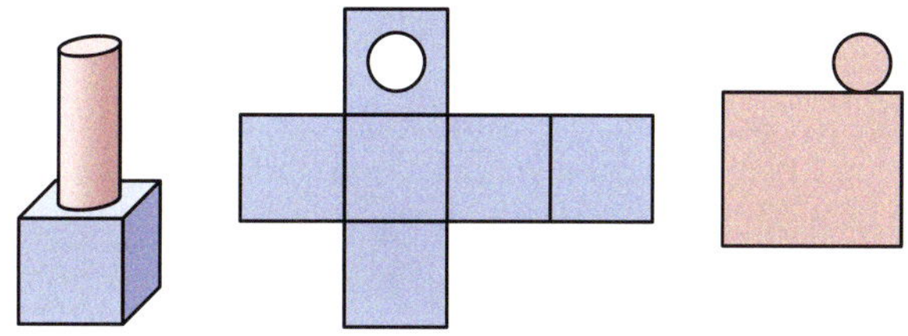

**2.** *Partnerarbeit:*
Jeder skizziert freihand drei verschiedene zusammengesetzte oder ausgehöhlte Körper als Schrägbild. Die Tischnachbarn erklären sich gegenseitig in Worten, wie das Volumen und die Oberfläche berechnet werden.

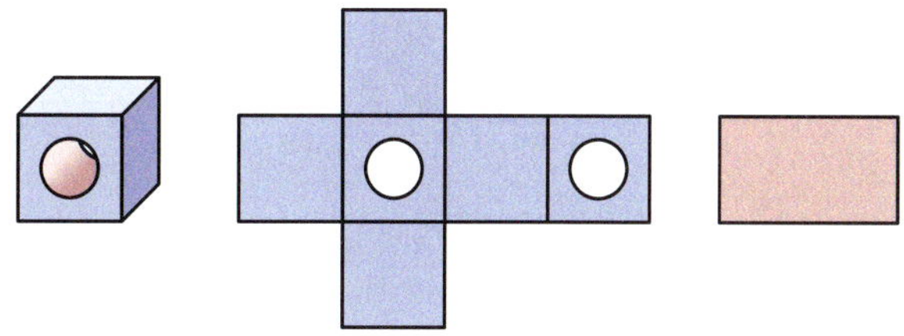

**3.** Berechne Volumen und Oberfläche des abgebildeten Körpers (Maße in mm).

a)
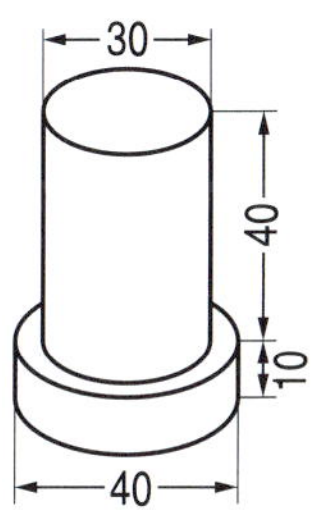


b)
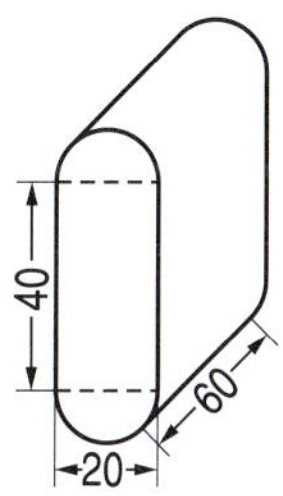


c)
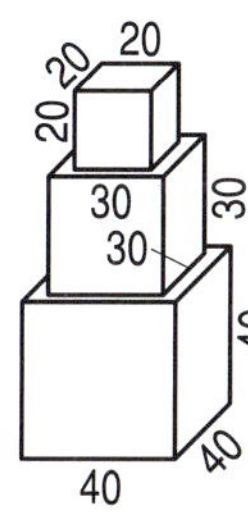


d)
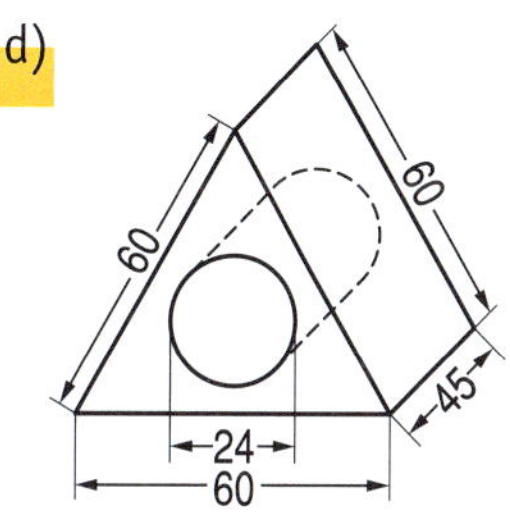


**4.** a) *Partnerarbeit:* Entwickelt Formeln für das Volumen und die Oberfläche des Stahlringes.

b) Berechnet das Volumen und die Oberfläche des Stahlringes.

(1) $r_a = 6$ cm $\quad r_i = 4$ cm $\quad h = 2$ cm

(2) $d_a = 22$ mm $\quad d_i = 16$ mm $\quad h = 8$ mm

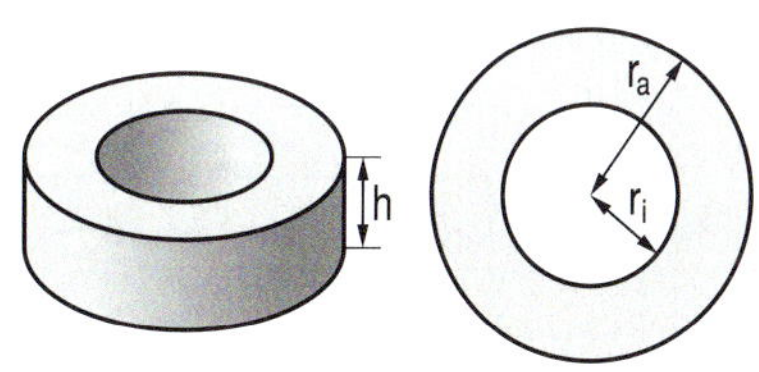


**5.** Die Abbildung zeigt den Querschnitt des Stefanstunnels. Er hat die Form eines Rechtecks mit aufgesetztem Halbkreis.

a) Die Innenwand des Tunnels soll einen neuen Schutzanstrich bekommen. Berechne die zu streichende Fläche.

b) Wie groß ist das Luftvolumen im Tunnel?

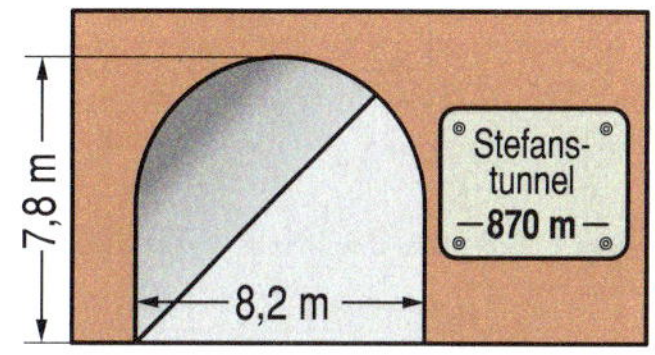


**6.** Die Abwasserrohre haben 30 cm Innendurchmesser und 45 mm Wandstärke. Das Rohrsystem im Wohngebiet ist insgesamt 2,4 km lang.

a) Wie viel $m^3$ Abwasser kann das Rohrsystem insgesamt maximal aufnehmen?

b) Wie viel $m^3$ Beton werden benötigt, um alle erforderlichen Rohre anzufertigen?

c) $1\ m^3$ Beton wiegt 2,4 t. Wie viele Fahrten mit einem Tieflader (Zuladung 20 t) sind nötig, um die Rohre in das Neubaugebiet zu transportieren?

**7.** Für ein Erlebnisbad wird ein zylinderförmiger Beckenrand gemauert. Der Innendurchmesser der 1,50 m hohen Mauer beträgt 8,50 m. Wie viel Baumaterial wird für die Mauer benötigt, wenn die Mauer 38 cm breit werden soll?

**8.** Zeichne die drei Ansichten des Körpers (Vorderansicht, Seitenansicht von rechts, Draufsicht). Berechne dann Volumen und Oberfläche des zusammengesetzten Körpers (Maße in cm).

a)
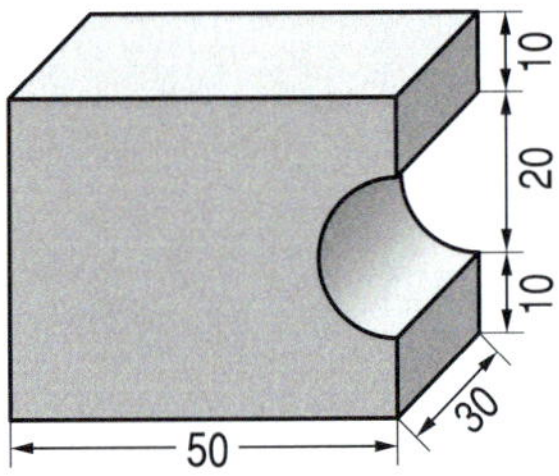


b)
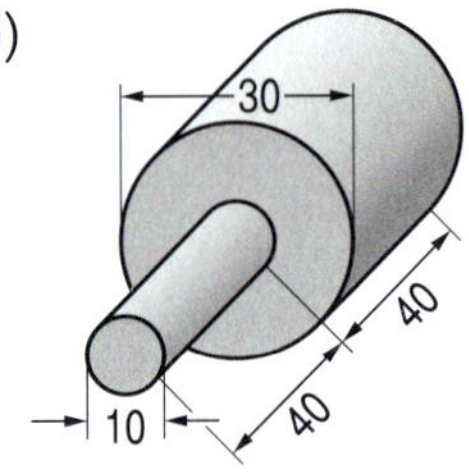


c)
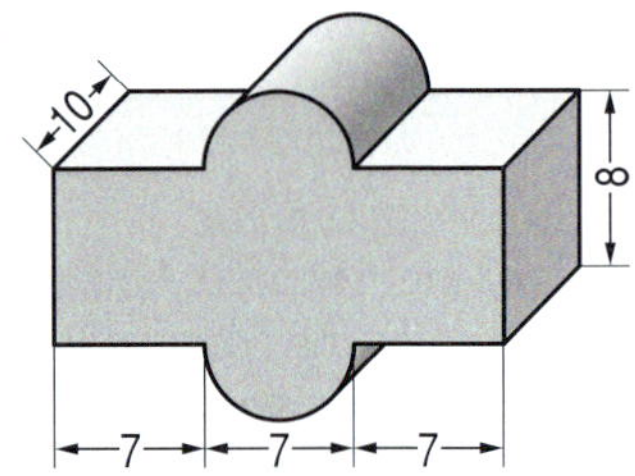


**9.** Eine Half Pipe für Skateboard-Fahrer soll einen neuen Belag bekommen. Sie besteht aus zwei gekrümmten Stücken, die jeweils ein Viertel eines Zylindermantels darstellen (Innenradius r = 1,5 m), und einem rechteckigen Bodenstück von 1,75 m Länge. Die Half Pipe ist 4,75 m breit und tief.

a) Wie viel $m^2$ Fläche wird für den neuen Belag benötigt?

b) Wie viel wiegt der neue Belag, der 5 mm stark ist und eine Dichte von $7{,}9\ \frac{g}{cm^3}$ hat?

**10.** Berechne das Volumen und die Masse des im Querschnitt gegebenen Werkstücks mit der Höhe h und der Dichte $\varrho$ (Maßangaben in mm).

a) h = 8 mm; $\varrho = 8{,}9\ \frac{g}{cm^3}$

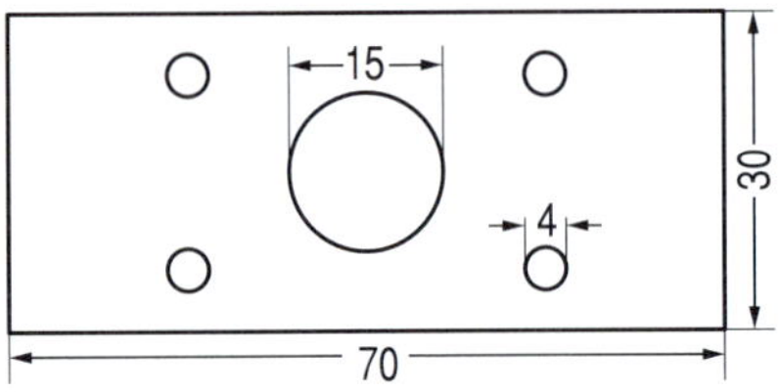


b) h = 12 mm; $\varrho = 2{,}7\ \frac{g}{cm^3}$

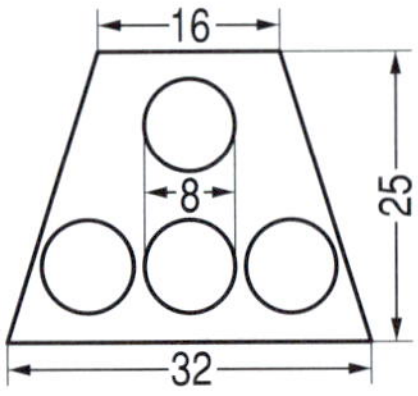


c) h = 3 mm; $\varrho = 7{,}8\ \frac{g}{cm^3}$

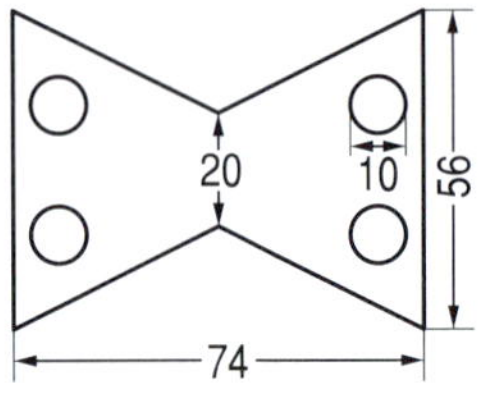


**11.** a) Wie viel wiegt ein 200 m langer Kupferdraht ($\varrho = 8{,}9\ \frac{g}{cm^3}$) mit 2 mm Durchmesser?

b) Wie viel wiegt die 1 mm dicke Isolierung aus Kunststoff ($\varrho = 1{,}5\ \frac{g}{cm^3}$) um den Draht?

**12.** Von dem Werkstück sind die Längen in cm sowie die Masse m gegeben. Berechne das Volumen des Werkstücks und anschließend die Dichte des Werkstücks. Gib an, aus welchem Stoff es sein kann. Angaben zur Dichte verschiedener Stoffe findest du im Anhang.

a) m = 4 234 g

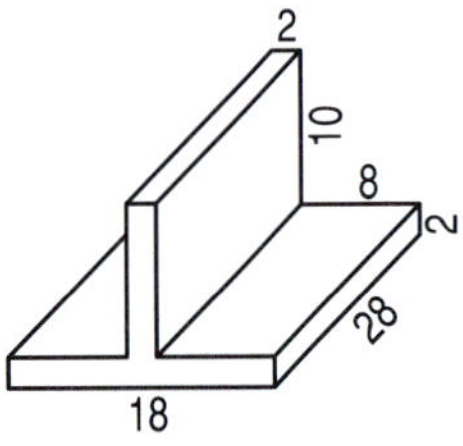


b) m = 3 306 g

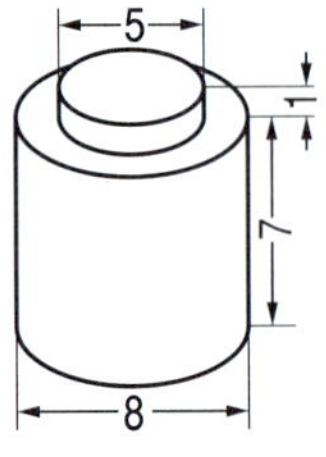


c) m = 1 823 g

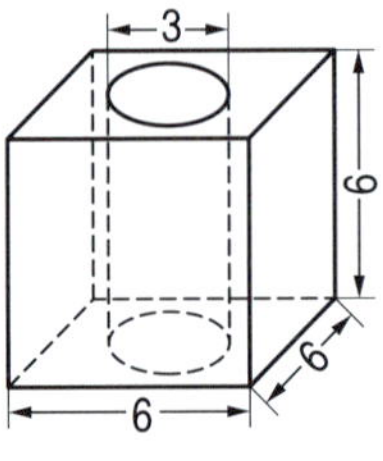


d) m = 3 586 g

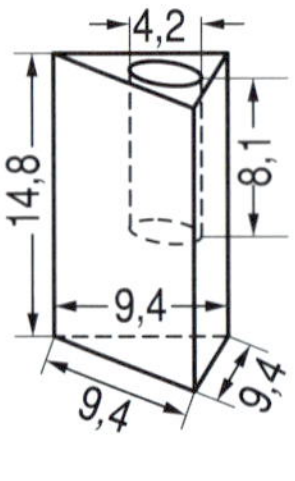

**1.** Zeichne das Netz des Zylinders.

a) $r = 2$ cm; $h = 7$ cm  b) $d = 5$ cm; $h = 4$ cm

**2.** Berechne Mantel und Oberfläche des Zylinders.

a) $r = 11$ cm; $h = 9$ cm  b) $r = 2{,}1$ cm; $h = 3{,}7$ cm

c) $d = 9$ mm; $h = 8$ mm  d) $d = 1$ m; $h = 70$ cm

**3.** Berechne das Volumen des Zylinders.

a) $r = 2$ cm; $h = 5$ cm  b) $r = 4{,}2$ cm; $h = 6{,}1$ cm

c) $d = 8$ cm; $h = 7$ cm  d) $d = 6$ mm; $h = 1{,}8$ cm

**4.** Berechne Volumen und Oberfläche des Zylinders.

a)

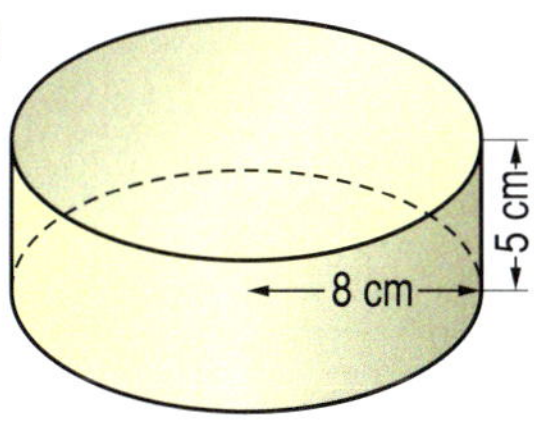


b)

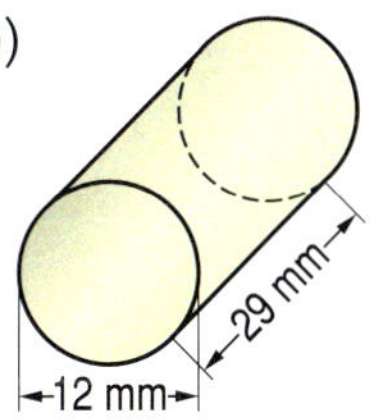


**5.** Von den Größen V, O, M, r und h eines Zylinders sind zwei gegeben. Berechne die restlichen Größen.

a) $r = 4$ cm; $h = 6$ cm  b) $V = 17\text{ cm}^3$; $r = 2$ cm

c) $V = 70\text{ cm}^3$; $h = 5$ cm  d) $M = 85\text{ cm}^2$; $h = 4$ cm

e) $M = 9{,}2\text{ m}^2$; $r = 1{,}5$ m  f) $O = 91\text{ m}^2$; $r = 3$ m

**Oberfläche des Zylinders**

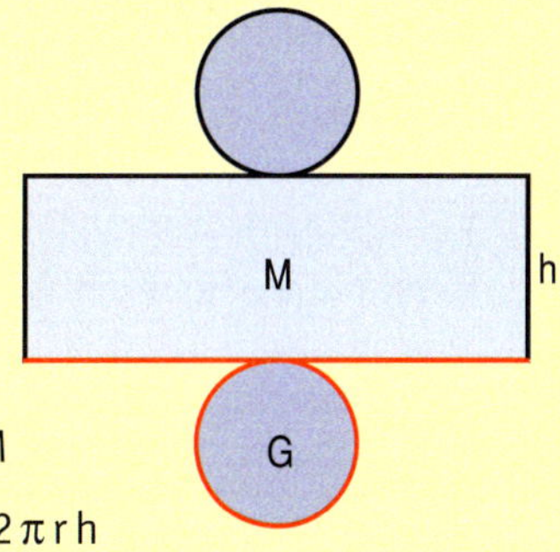


$O = 2G + M$

$O = 2\pi r^2 + 2\pi r h$

$M = 2\pi r h$

**Volumen des Zylinders**

$V = G \cdot h$

$V = \pi r^2 h$

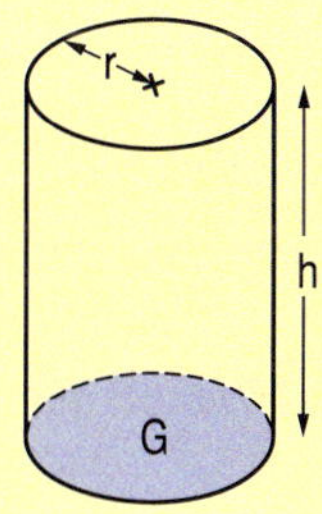


**6.** Eine Litfasssäule hat eine Höhe von 3,2 m und einen Umfang von 3,5 m. Wie groß ist die Fläche, die mit Reklame beklebt werden kann?

**7.** Eine Fahrradpumpe hat einen inneren Durchmesser von 2,7 cm und einen Kolbenhub von 23 cm. Wie viel $\text{cm}^3$ Luft wird mit jedem Hub gepumpt?

**8.** Berechne Volumen und Oberfläche des zusammengesetzten Körpers (Länge in mm).

a)

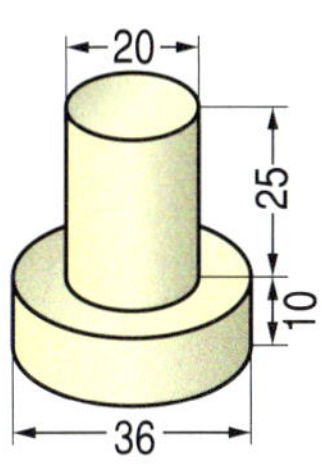


b)

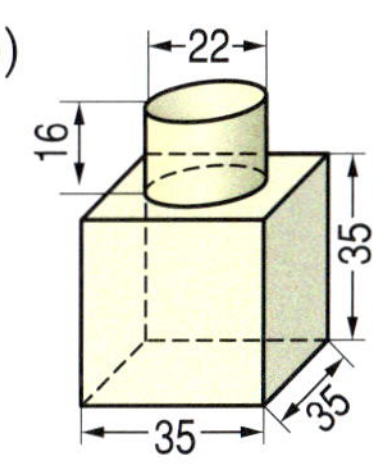


c)

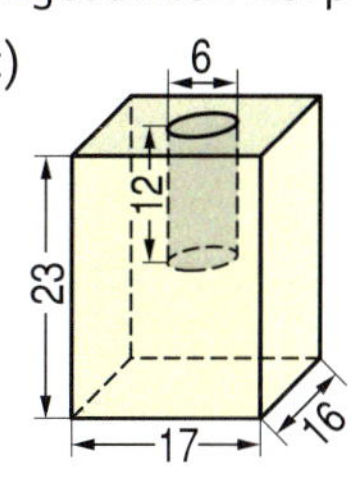


d)

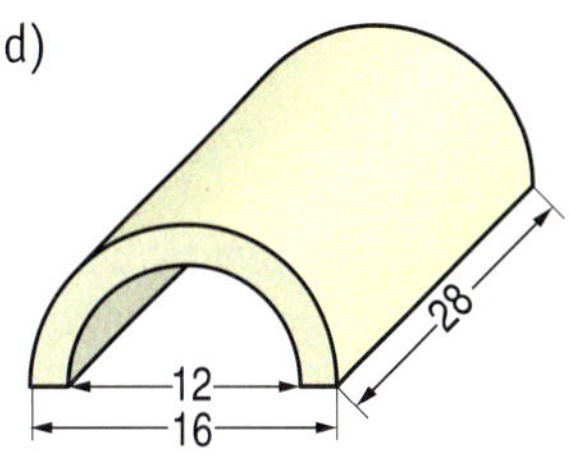


**9.** Berechne die Masse des Körpers mit den gegebenen Längen (in cm) und der Dichte $\varrho$.

a) $\varrho = 2{,}8\ \frac{\text{g}}{\text{cm}^3}$

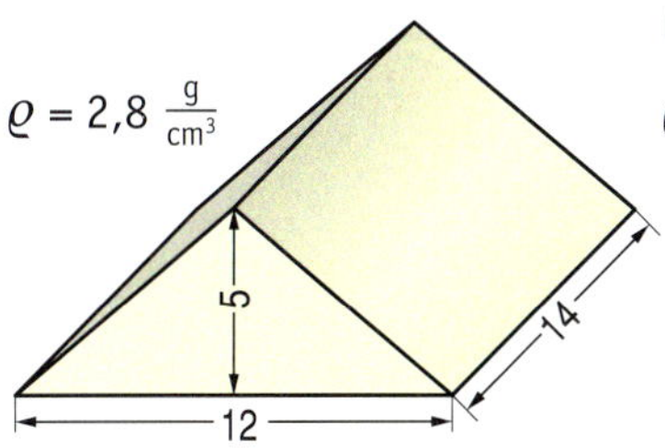


b) $\varrho = 2{,}5\ \frac{\text{g}}{\text{cm}^3}$

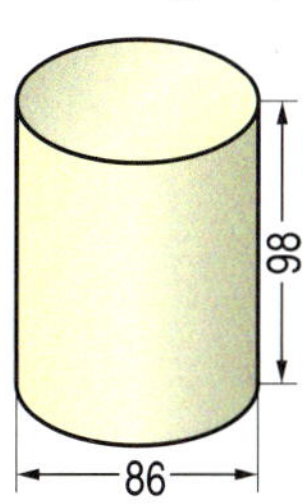


c)

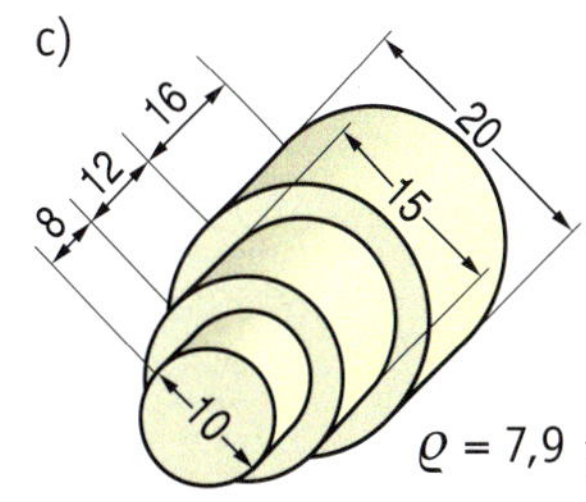


$\varrho = 7{,}9\ \frac{\text{g}}{\text{cm}^3}$

DIAGNOSETEST

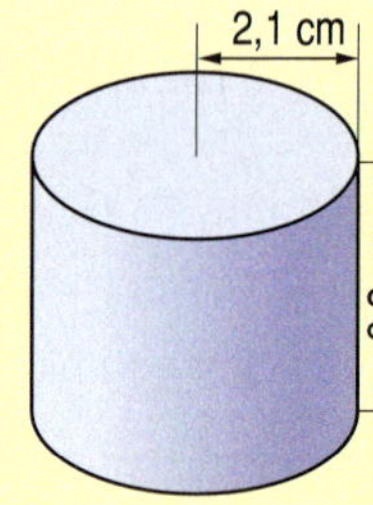


**1.** Zeichne ein Schrägbild des Zylinders.

**2.** Berechne das Volumen des Zylinders.

**3.** Berechne die Mantel- und die Oberfläche des Zylinders.

**4.** Ein Zylinder hat das Volumen 124,5 $cm^3$ und den Radius 4,0 cm. Berechne die Höhe des Zylinders.

**5.** Eine Münze aus Gold (1 $cm^3$ wiegt 19,3 g) ist 1,8 mm dick und hat einen Durchmesser von 32 mm. Berechne die Masse der Münze.

## Wähle weitere 5 Aufgaben aus

**1.** Zeichne das Netz eines Zylinders mit dem Radius 2 cm und der Höhe 5 cm.

**2.** Eine zylinderförmige Konservendose hat den Radius r = 4,1 cm und die Höhe h = 8,3 cm.
a) Wie viel $cm^2$ Blech benötigt man zur Herstellung der Dose?
b) Wie groß ist die Fläche des Etikettenbandes?

**3.** Ein Zylinder hat das Volumen 64,2 $cm^3$ und die Höhe 2,4 cm. Berechne den Radius.

**4.** Ein Zylinder hat die Mantelfläche 52,9 $cm^2$ und den Durchmesser 2,2 cm. Berechne das Volumen.

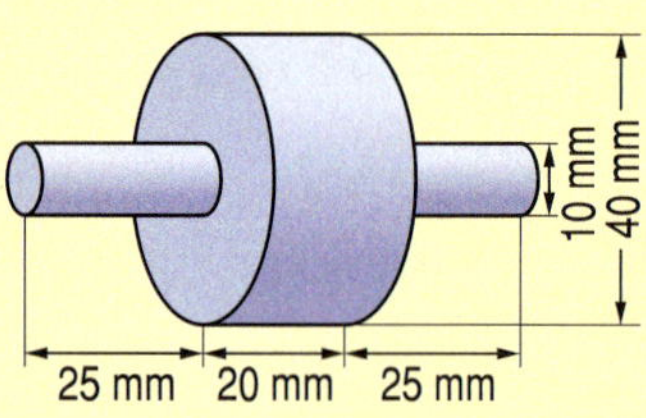


**5.** Berechne das Volumen des zusammengesetzten Körpers.

**6.** Berechne die Oberfläche des zusammengesetzten Körpers.

**7.** Eine 2-Euro-Münze hat einen Durchmesser von 26 mm und ist 2 mm hoch. Wie viel wiegen 10 Münzen, wenn 1 $cm^3$ des verwendeten Metalls 8,9 g wiegt?

**8.** Auf einen Würfel mit der Kantenlänge 5 cm wird ein Zylinder mit dem Radius r = 2 cm und der Höhe h = 4 cm aufgesetzt. Berechne das Volumen des zusammengesetzten Körpers.

**9.** Berechne die Oberfläche des zusammengesetzten Körpers aus Aufgabe 8.

**10.** Aus einem Holzwürfel mit der Kantenlänge 4 cm soll ein größtmöglicher Zylinder hergestellt werden. Berechne das Volumen des Holzabfalls.

**11.** Um wie viel Prozent vergrößert sich das Volumen eines Zylinders, wenn der Radius und die Höhe jeweils um 50% vergrößert werden?

**12.** Berechne das Volumen des Körpers (Maße in cm).

a)

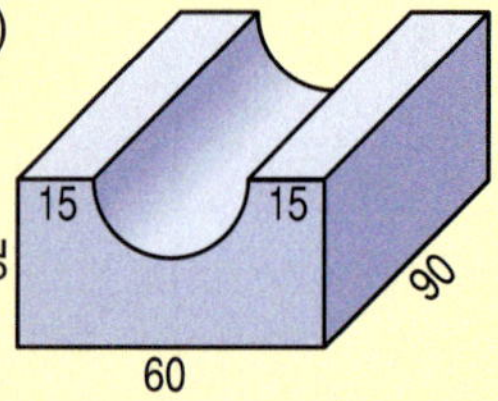


b)

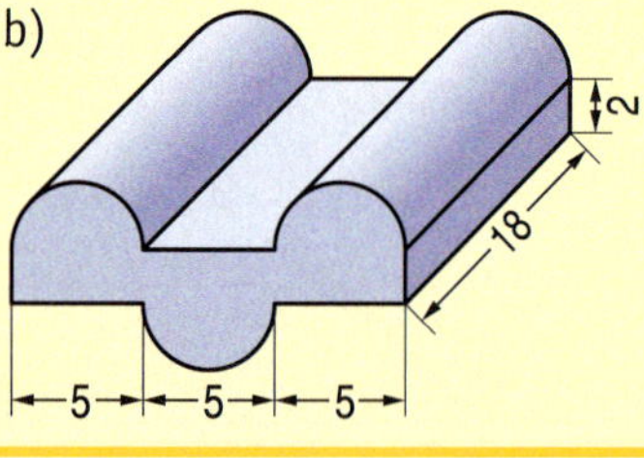

# Daten und Zufall

# 10

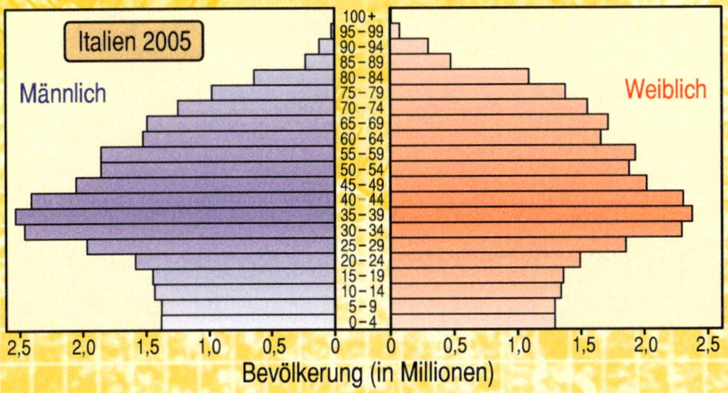

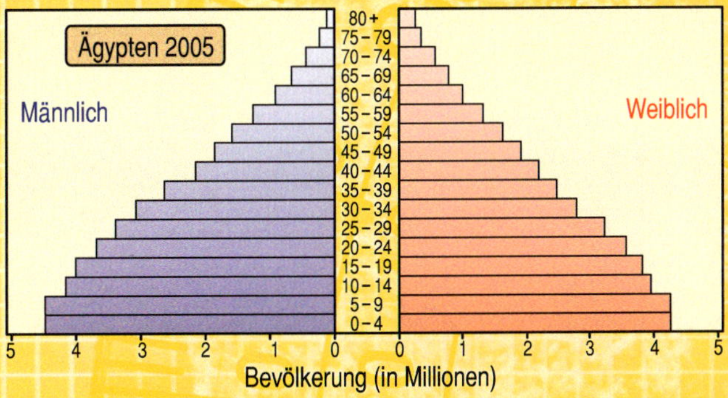

!!!!

## Auszubildende

| Die 10 beliebtesten Ausbildungsberufe | Durchschnittliche monatliche Ausbildungsvergütung im ersten Lehrjahr in 2005 | |
|---|---|---|
| | alte Bundesländer | neue Bundesländer |
| Kaufmann/-frau im Einzelhandel | 587 € | 530 € |
| Bürokaufmann/-frau | 637 € | 634 € |
| Kraftfahrzeugmechatroniker/-in | 588 € | 374 € |
| Industriekaufmann/-frau | 666 € | 580 € |
| Koch/Köchin | 492 € | 366 € |
| Friseur/Friseurin | 326 € | 206 € |
| Verkäufer/-in | 587 € | 530 € |
| Arzthelfer/-in | 480 € | 392 € |
| Kaufmann/-frau im Groß- und Außenhandel | 620 € | 575 € |
| Industriemechaniker/-in | 678 € | 623 € |

**1.** Wie viel verdient ein Auszubildender/eine Auszubildende durchschnittlich im ersten Lehrjahr
a) in den alten Bundesländern, b) in den neuen Bundesländern, c) in Deutschland?

**2.** Stelle mit einer Tabellenkalkulation für jede Berufsgruppe jeweils die Anteile männlicher und weiblicher Azubis im ersten Lehrjahr in zwei übersichtlichen Diagrammen dar. Verbessere die Darstellung, indem du die Daten mit Hilfe der Sortierfunktion geeignet sortierst. Gibt es auch einen Diagrammtyp, mit dem man alles in einem einzigen Diagramm darstellen kann?

**3.** Benutze eine Tabellenkalkulation und stelle in einem Säulendiagramm dar, wie sich die Azubis im 1. Lehrjahr Ende 2005 auf die einzelnen Berufsgruppen verteilten.

| **Berufsgruppe** | Personen im 1. Lehrjahr Ende 2005 | |
|---|---|---|
| | m | w |
| Metallberufe | 52 194 | 1 175 |
| Elektriker | 29 558 | 967 |
| Textilbekleidungs- und Lederberufe | 729 | 1 497 |
| Ernährungsberufe | 21 920 | 6 096 |
| Bau- und Baunebenberufe | 30 706 | 1 826 |
| Technische Berufe | 14 051 | 5 024 |
| Waren- und Dienstleistungsberufe | 61 711 | 76 307 |
| Verkehrsberufe | 748 | 65 |
| Verwaltungs- und Büroberufe | 21 719 | 57 954 |
| Übrige Dienstleistungsberufe | 1 824 | 29 164 |
| Körperpflege-, Hauswirtschafts- und Reinigungsberufe | 9 274 | 35 577 |
| Übrige Fertigungsberufe | 51 803 | 6 513 |
| Sonstige Berufe | 24 052 | 7 726 |
| **Insgesamt** | **320 289** | **229 891** |

**4.** Angenommen, alle Auszubildenden im ersten Jahr haben im Dezember 2005 ein Viertel ihres Einkommens für Weihnachtsgeschenke ausgegeben. Schätze, wie viel Euro das sind.

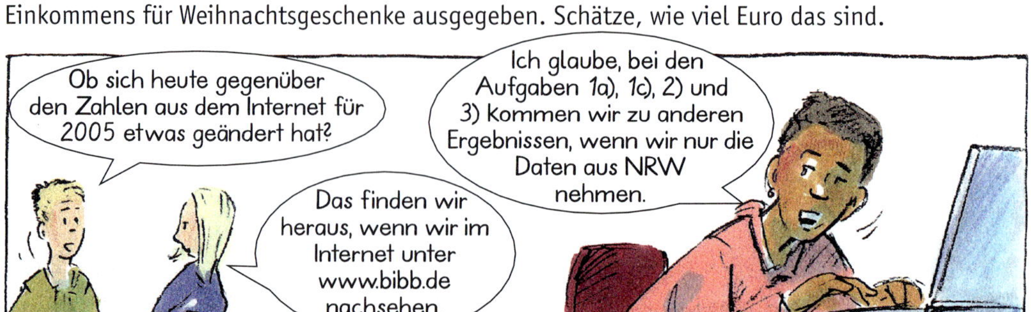

## Arithmetisches Mittel und Median

**1.** *Partnerarbeit:* Je zwei Begriffe auf den Tafeln bedeuten dasselbe. Erklärt am Beispiel der nebenstehenden Daten über den täglichen Wasserverbrauch von Personen, was inhaltlich mit den Begriffen gemeint ist.

Arithmetisches Mittel | Median | Mittelwert | Zentralwert

Täglicher Wasserverbrauch von 18 repräsentativ ausgewählten Personen

| | | |
|---|---|---|
| 24 *l* | 129 *l* | 51 *l* |
| 66 *l* | 153 *l* | 36 *l* |
| 126 *l* | 78 *l* | 48 *l* |
| 79 *l* | 156 *l* | 87 *l* |
| 69 *l* | 51 *l* | 57 *l* |
| 132 *l* | 93 *l* | 78 *l* |

**2.** Wie viel Liter Wasser verbraucht eine Person nach der nebenstehenden Tabelle durchschnittlich in einem Jahr?

**3.** Was sagst du zu den folgenden Äußerungen? Sie beziehen sich auf die Angaben in der nebenstehenden Tabelle.

① Ich verbrauche täglich 78 l, gehöre also zu der Hälfte von Personen mit höherem Verbrauch.

② Ich verbrauche mit täglich 81 l überdurchschnittlich viel.

③ Ich verbrauche mit täglich 84 l unterdurchschnittlich viel.

**4.** Ordne die Testergebnisse der Reihe nach vom kleinsten zum größten und bestimme den Median.

a) 10 3 8 13 6 2 20 8 4 10 5 6 20 4 16 2 18 9 6 16 3

b) 5 14 12 15 0 13 10 15 4 17 13 2 12 2 9 18 13 4 14 2 12 13 10 11

**5.** Mit welchen Punktzahlen liegt man über dem Mittelwert, womit gehört man zur besseren Hälfte?

a) 12 7 20 24 11 7 24 10 8 15 9 8 21 10 8 25 16 9 12 23 7 20

b) 6 0 10 8 2 9 0 10 8 10 1 6 0 8 2 9 8 0 11 9 6 8 0

**6.** Während einer 14-tägigen Ferienfreizeit hat Karin ihre täglichen Taschengeldausgaben notiert:

| Tag | 1 | 2 | 3 | 4 | 5 | 6 | 7 | 8 | 9 | 10 | 11 | 12 | 13 | 14 |
|---|---|---|---|---|---|---|---|---|---|---|---|---|---|---|
| € | 27 | 15 | 11 | 8 | 8 | 12 | 16 | 14 | 17 | 21 | 18 | 12 | 12 | 26 |

a) Berechne den Mittelwert und den Median dieser täglichen Ausgaben.

b) Angenommen, Karin hätte am letzten Tag 61 € ausgegeben statt 26 €. Wie groß wäre dann der Mittelwert, wie groß wäre dann der Zentralwert?

c) Stell dir vor, Karin hätte die einzelnen Ausgaben vergessen und wüsste nur noch Mittelwert und Median. Wie könnte sie die Gesamtsumme ihrer Ausgaben berechnen?

**7.** *Gruppenarbeit:* Was meint Nora mit „Klassenmitte"? Berechnet damit die durchschnittliche Größe. Stellt euer Ergebnis in der Klasse vor.

| KLASSE 9a | Größe (in m) | 1,40 – 1,44 | 1,45 – 1,49 | 1,50 – 1,54 | 1,55 – 1,59 | 1,60 – 1,64 | 1,65 – 1,69 | 1,70 – 1,74 | 1,75 – 1,79 | 1,80 – 1,84 |
|---|---|---|---|---|---|---|---|---|---|---|
| | Anzahl der Schüler | 1 | 1 | 5 | 5 | 8 | 6 | 2 | 1 | 2 |

## Boxplots

Ⓐ Eine Gruppe von 6 jungen Frauen und Männern mit Mountainbikes ist vom Bodensee aus über Österreich und die Schweiz nach Oberitalien an den Lago Maggiore und von dort bis Venedig geradelt. Sie war täglich unterwegs.
Anstrengend waren die Bergetappen im Schritttempo, angenehm dagegen die Etappen von über 100 km mit langen Abfahrten.

Ⓑ Tatjana und Cornelia sind in den letzten großen Ferien 40 Tage lang geradelt; und zwar von Kiefersfelden bis nach Flensburg. Insgesamt haben sie sich 9 Ruhetage gegönnt, dafür haben sie an zwei Tagen „Mammutstrecken" zurückgelegt. Ansonsten sind sie mäßig, aber regelmäßig geradelt.
Es ist schon toll, Deutschland in seiner ganzen Länge mit dem Rad „geschafft" zu haben.

Ⓒ Mirco ist mit seinen Eltern von Passau nach Wien an der Donau entlang geradelt. Das Wetter war ideal: nicht zu heiß und vor allem trocken.
Mirco hätte es gern etwas rasanter gehabt, aber seine Eltern zogen es vor, tägliche Etappen zu fahren, die sie weder langweilten noch zu sehr anstrengten.

Ⓓ Mydia und ihr Freund Michael sind in Frankreich entlang der Loire bis zum Meer geradelt. Ursprünglich wollten sie die Tour in gleich langen Etappen machen, aber das Wetter spielte nicht mit. In der ersten Woche hat es viel geregnet, sodass sie immer früh „die Nase voll" hatten. Dafür mussten sie in der zweiten Woche kräftig in die Pedale treten, bis sie ihren Rückstand aufgeholt hatten. Die dritte und letzte Woche war dann wieder gemütlich.

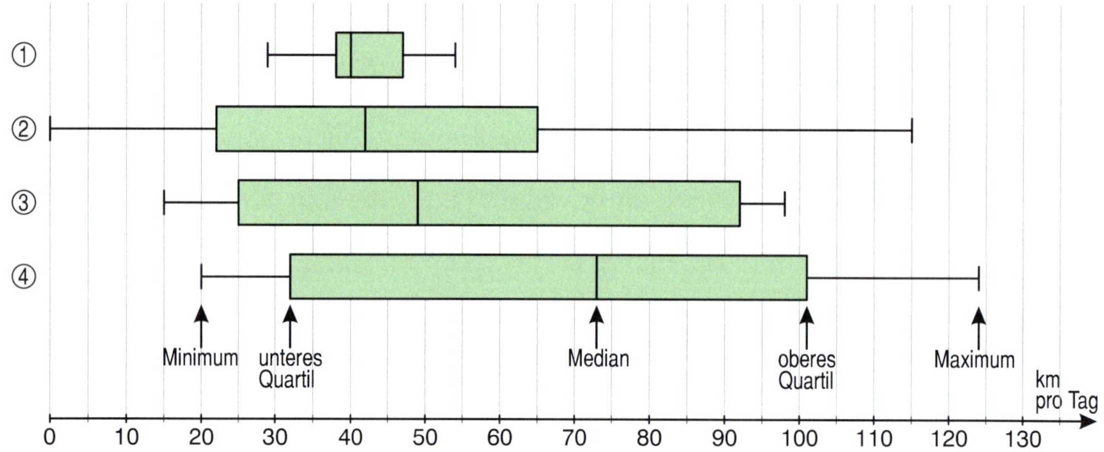


*Gruppenarbeit:*

**1.** Wie viele Daten liegen ungefähr jeweils in den folgenden Bereichen: (Minimum bis unteres Quartil), (unteres Quartil bis Median), (Median bis oberes Quartil) und (oberes Quartil bis Maximum)? Gib in Prozent an.

**2.** Ordnet den Radtouren Ⓐ, Ⓑ, Ⓒ und Ⓓ die Boxplots ①, ②, ③ und ④ zu.

**3.** Schreibt zu Ⓑ die Längen von 40 Tagesetappen auf, die zum Boxplot und zur Beschreibung der Radtour passen.

**4.** Erfindet selbst eine „Radtour-Geschichte" und zeichnet dazu vier Boxplots – einen richtigen und drei falsche – auf eine OH-Folie. Präsentiert Geschichte und Boxplots der Klasse und lasst eure Mitschülerinnen und Mitschüler den richtigen Boxplot finden.

## Vorsicht bei Diagrammen

**1.** Erkläre, was die an sich falsche Gleichung „2 000 = 100“ hier bedeutet und was die Zahlen in der Tabelle angeben.

**2.** Überprüfe die untere Grafik und begründe, ob du mit ihr einverstanden bist.

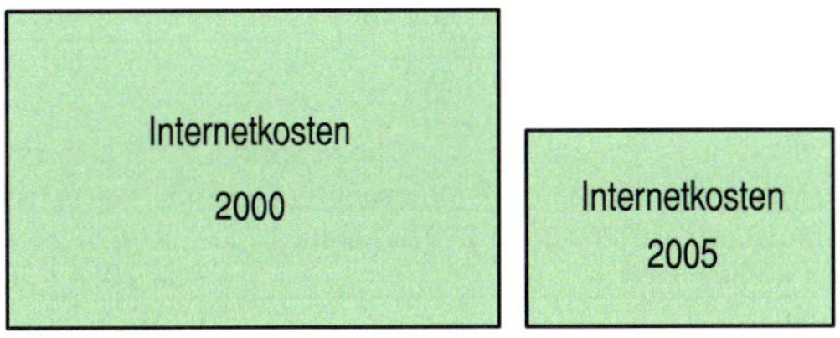


**3.** Ersetze in der Tabelle „2 000 = 100“ durch 2 002 = 100“ und ändere passend dazu die Werte in der Tabelle.

**Preisindex für Telekommunikationsdienstleistungen in Deutschland**
**2000 = 100**

| Jahr | Telefon Festnetz | Mobilfunk | Internet |
|---|---|---|---|
| 2005 | 98,7 | 100,7 | 62,2 |
| 2004 | 98,8 | 103,8 | 63,7 |
| 2003 | 98,6 | 105,0 | 65,9 |
| 2002 | 97,2 | 103,9 | 66,8 |
| 2001 | 96,3 | 95,7 | 69,5 |
| 2000 | 100,0 | 100,0 | 100,0 |

!!!! **4.** Das ist der Bestand an Pkws in Deutschland. Dazu sind zwei Zeitungsmeldungen abgebildet.

| Personenkraftwagen am 1. Januar | Anzahl in 1000 | 2003 | 2004 | 2005 | 2006 |
|---|---|---|---|---|---|
| | | 44 657,3 | 45 022,9 | 45 375,5 | 46 090,3 |

**Morgenpost:**
Von 2003 bis 2006 hat sich der Bestand an Pkws in Deutschland kaum verändert.

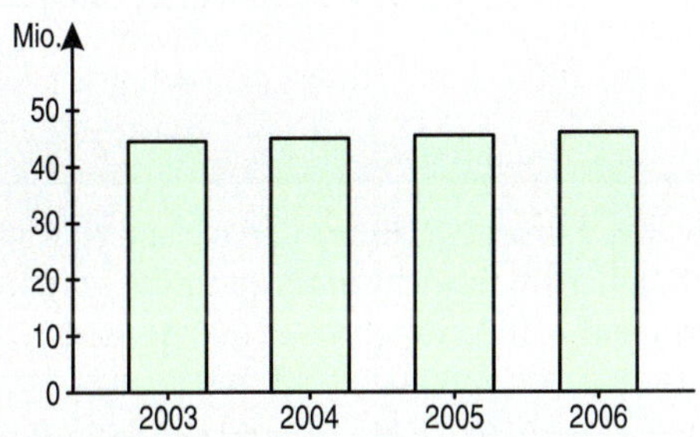


**Kurier:**
Nach Angaben des Statistischen Bundesamtes hat sich in Deutschland die Zahl der Pkws von 2003 bis 2006 deutlich erhöht.

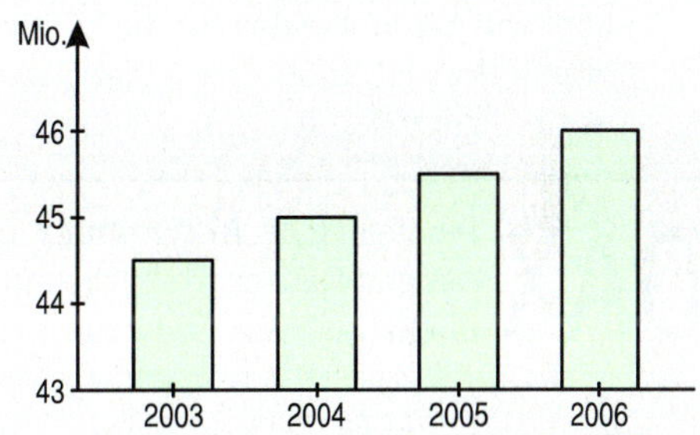


a) Beurteile die Zeitungsmeldungen und die zugehörigen Diagramme.

b) Zeichne ein Diagramm, das das Anwachsen des Pkw-Bestandes noch stärker erscheinen lässt.

!!!! **5.** Die nebenstehende Tabelle ist ein Auszug aus der Kriminalstatistik. Du möchtest den Eindruck erwecken, dass die Zahlen von 1993 bis 1998 extrem angewachsen sind und sich von 1998 bis 2004 kaum verändert haben. Fertige mit Hilfe einer Tabellenkalkulation ein Diagramm an, das nicht falsch ist, diesen Eindruck aber übertrieben hervorruft, und eines, das nicht manipuliert. Präsentiere die Diagramme. Gib an, welche Werkzeuge des Tabellenkalkulationsprogramms du benutzt hast.

**Straftatverdächtige Jugendliche in Deutschland**

| | | | |
|---|---|---|---|
| 1993 | 208 000 | 1999 | 297 000 |
| 1994 | 224 000 | 2000 | 294 000 |
| 1995 | 254 000 | 2001 | 299 000 |
| 1996 | 277 000 | 2002 | 298 000 |
| 1997 | 293 000 | 2003 | 294 000 |
| 1998 | 302 000 | 2004 | 297 000 |

## Zeitreihen: Indexzahlen

**1.** Berechne für verschiedene Waren jeweils die fehlende Größe.

| Preis 2000 | Preis 2005 | Indexzahl |
|---|---|---|
| 80 € | 85 € | |
| 70 € | 63 € | |
| 48 € | | 106 |
| 247 € | | 95 |
| | 142 € | 92 |
| | 286 € | 110 |

*Information*
Zur Beschreibung der Kosten für die Lebenshaltung ermittelt das Statistische Bundesamt in Wiesbaden regelmäßig **Preisindizes** mit 2000 als Basisjahr (= 100).
*Beispiel:*

| Jahr | 2000 | 2001 | 2002 |
|---|---|---|---|
| Preis | 25 € | 24 € | 26 € |
| Index | 100 | 96 | 104 |

$\frac{\text{aktueller Preis}}{\text{Preis im Bezugsjahr}} \cdot 100 = \text{Preisind}$

| **Verbraucherpreisindizes für Deutschland (Jahr 2000 = 100)** | **Feb. 2004** | **Feb. 2005** | **Gewich** |
|---|---|---|---|
| gesamt | 105,4 | 107,3 | 1000,00 |
| Nahrungsmittel und alkoholfreie Getränke | 105,5 | 105,5 | 103,35 |
| Alkoholische Getränke, Tabakwaren | 111,7 | 127,5 | 36,73 |
| Bekleidung und Schuhe | 99,5 | 97,7 | 55,09 |
| Wohnung, Wasser, Strom, Gas u. a. Brennstoffe | 105,7 | 108,1 | 302,66 |
| Einrichtungsgegenstände für den Haushalt sowie deren Instandhaltung | 101,8 | 101,9 | 68,54 |
| Gesundheitspflege | 119,4 | 124,1 | 35,46 |
| Verkehr | 107,3 | 110,7 | 138,65 |
| Nachrichtenübermittlung | 96,2 | 95,2 | 25,21 |
| Freizeit, Unterhaltung und Kultur | 100,1 | 99,8 | 110,85 |
| Bildungswesen | 108,9 | 111,6 | 6,66 |
| Beherbergungs- und Gaststättendienstleist. | 106,4 | 107,6 | 46,57 |
| Andere Waren und Dienstleistungen | 108,2 | 109,1 | 70,23 |

**2.** a) Bei welchen Warengruppen war der Preisanstieg von 2004 bis 2005 am größten? Welche Preise sind am stärksten gesunken?

b) Berechne für jede Warengruppe, um wie viel % sich der Preis innerhalb des letzten Jahres geändert hat.

Der Gesamtindex „alle privaten Haushalt errechnet sich als Mittelwert aus den anderen Indizes, wobei diese unterschiedlic gewichtet werden mit den angegebenen Faktoren geteilt durch 1000.

**3.** Herr Erl hat im Jahr 2000 ein Grundstück verpachtet. Im Vertrag steht, dass sich der Pachtpreis in derselben Weise erhöht wie der Preisindex für die Lebenshaltung. Im Feb. 2000 bekam Herr Erl 3000 €, wie viel € waren es im Feb. 2005?

**DAX** Der Deutsche **Aktienindex** beschreibt die Kursentwicklung der Aktien von 30 deutschen Aktiengesellschaften, die mit unterschiedlichem Gewicht berücksichtigt werden. Basis sind die Aktienkurse Ende 1987, sie wurden nicht = 100, sondern = 1000 gesetzt.

$\frac{\text{aktueller Wert}}{\text{Grundwert 1988}} = q$

$\mathbf{q \cdot 1000 = Indexzahl}$

| *historische DAX-Werte* | | |
|---|---|---|
| Startwert | 01.01.1988 | 1000 |
| Höchstwert | 07.03.2000 | 8065 |
| Tiefstwert | 28.01.1988 | 931 |

**4.** Frau Köppert hatte am 1. Januar 1988 Aktien der im DAX erfassten Firmen im Gesamtwert von 50 000 €. Wie viel € war dieses Aktienpaket wert am

a) 28. 1. 1988, b) 7. 3. 2000, c) 4. 4. 2005 (DAX bei 4 341)?

**5.** Beim Höchststand des DAX hatte Herr Schell für 20 000 € Aktien gekauft. Wie viel € waren diese Aktien Anfang 2005 beim Stand von 4 000 noch wert? Wie viel % war der Wertverlust?

**6.** Frau Watermeyer besitzt seit Anfang 1988 ein Aktienpaket entsprechend der DAX-Zusammensetzung. Anfang 2005 stand der DAX bei 4 000.

a) Auf das Wievielfache des Anfangswertes ist der Aktienwert gestiegen?

b) Bei welchem Jahreszinssatz wäre ihr Kapital mit Zinseszins ebenso gewachsen, wenn sie es auf ein Konto eingezahlt hätte, statt Aktien zu kaufen?

## Zeitreihen: Prognosen

**1.**

| Pferdewagen der Deutschen Post | |
|---|---|
| **Jahr** | **Anzahl** |
| 1881 | 11714 |
| 1882 | 12003 |
| 1883 | 12279 |
| 1884 | 12536 |
| 1885 | 12941 |
| 1886 | 13457 |
| 1887 | 13820 |
| 1888 | 13946 |
| 1889 | 14283 |

a) Stelle die Zuordnung Jahr ⟶ Anzahl Pferdewagen (auf Hunderter gerundet) im Koordinatensystem grafisch dar und prüfe, ob die Punkte ungefähr auf einer Geraden liegen.

b) Stell dir vor, du hättest im Jahr 1890 planen und mit den vorhandenen Zahlen den Bedarf an Pferdewagen im Jahre 1900 vorhersagen sollen. Wie hoch hättest du ihn geschätzt?

c) Heute ist diese Zahl bekannt: Im Jahre 1900 hatte die Post 16026 Pferdewagen. Um wie viel Prozent weicht deine Vorhersage von diesem Wert ab?

d) Hättest du mit den damaligen Zahlen auch den heutigen Bedarf an Pferdewagen vorhersagen können?

**2.** a) Stelle dir vor, du hättest 1988 die voraussichtliche Höhe des Mehrwertsteueraufkommens im Jahr 2003 schätzen sollen. Zu welchem Ergebnis wärest du aufgrund der damals bekannten Zahlen gekommen? Um wie viel Prozent des heute bekannten Wertes hättest du dich verschätzt?

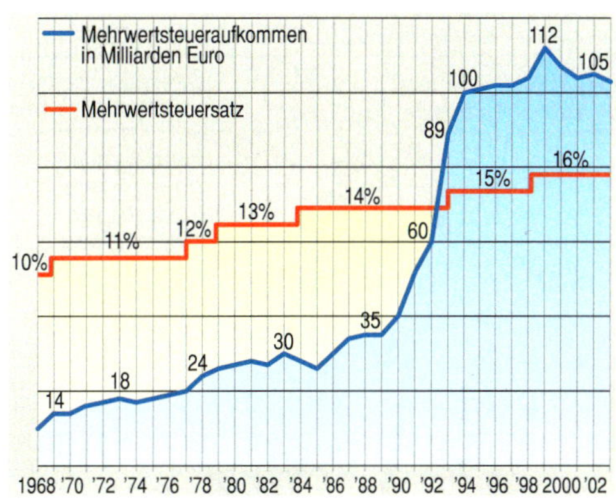


b) Zu welcher Vorhersage wärest du gekommen mit den Zahlen der Jahre 1988 – 1994 als Grundlage?

c) Angenommen, man hätte für die Mehrwertsteuer einen Steuerindex STIX eingeführt mit der Zahl von 1988 als Basis = 1000 gesetzt. Wie hoch wäre dann der STIX im Jahre 2003 gewesen?

**3. Arbeitslose in Deutschland (alte Bundesländer) in Millionen**

| Jahr | 1969 | 1970 | 1971 | 1972 | 1973 | 1974 | 1975 | 1976 | 1977 | 1978 | 1979 | 1980 | 1981 | 1982 | 1983 | 1984 | 1985 | 1986 |
|---|---|---|---|---|---|---|---|---|---|---|---|---|---|---|---|---|---|---|
| Anzahl | 0,18 | 0,15 | 0,19 | 0,25 | 0,27 | 0,58 | 1,07 | 1,06 | 1,03 | 0,99 | 0,88 | 0,89 | 1,27 | 1,83 | 2,26 | 2,27 | 2,30 | 2,23 |

| Jahr | 1987 | 1988 | 1989 | 1990 | 1991 | 1992 | 1993 | 1994 | 1995 | 1996 | 1997 | 1998 | 1999 | 2000 | 2001 | 2002 | 2003 | 2004 |
|---|---|---|---|---|---|---|---|---|---|---|---|---|---|---|---|---|---|---|
| Anzahl | 2,23 | 2,24 | 2,04 | 1,88 | 2,60 | 2,98 | 3,42 | 3,70 | 3,61 | 3,97 | 4,38 | 4,28 | 4,10 | 3,89 | 3,90 | 4,10 | 4,40 | 4,40 |

a) Stelle die Zuordnung Jahr ⟶ Arbeitslosenzahl im Koordinatensystem grafisch dar (1 cm für 1 Mio.).

b) Hätte man die ungefähre Arbeitslosenzahl des Jahres 2004 aus den Zahlen von 1969 – 1980 vorhersagen können?

c) Wäre die Vorausschätzung mit den Zahlen von 1980 – 1990 gelungen? Und zu welchem Ergebnis wäre man mit den Zahlen von 1990 – 1997 gekommen?

d) Angenommen, man hätte 1990 einen Arbeitslosenindex ALIX eingeführt mit der Zahl von 1990 als Basis = 100 gesetzt. Wie hoch wäre der ALIX im Jahr 2004 gewesen?

!!!!

## Altersverteilung in Deutschland

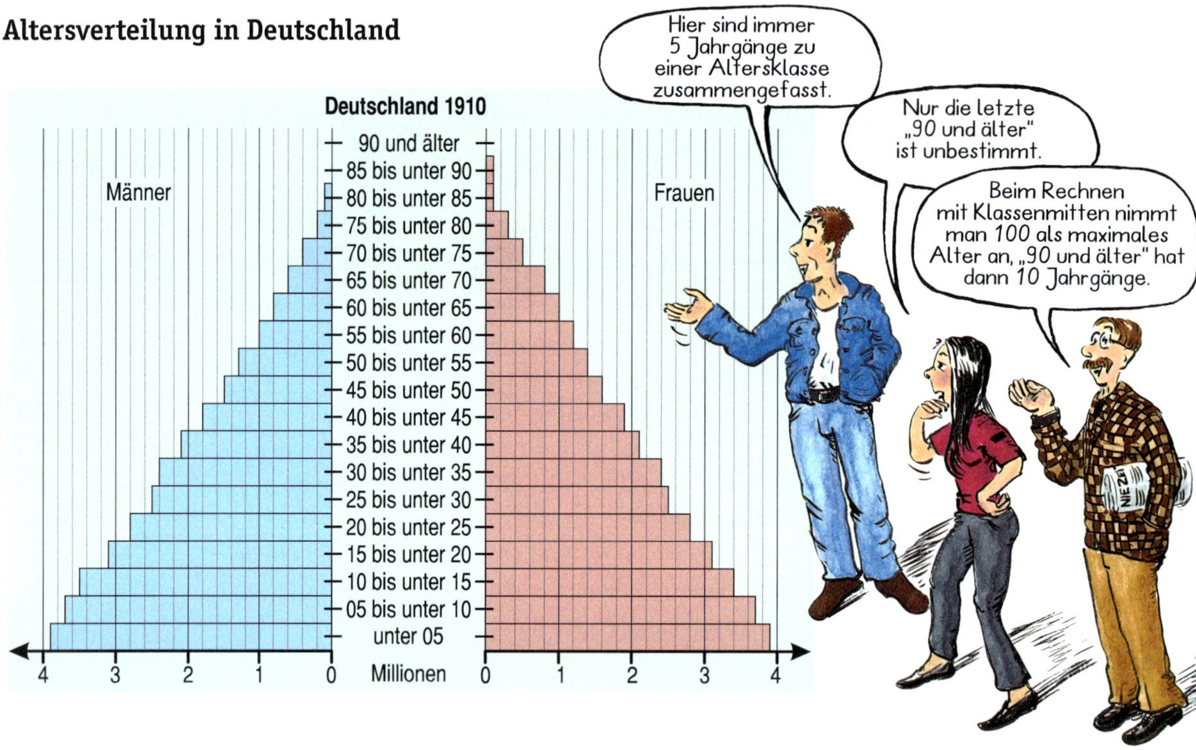

!!!!

**1.** Wie viele Personen sind es in jeder Alterklasse insgesamt?

**2.** Welches ist die Gesamtzahl
- aller Männer
- aller Frauen
- der gesamten Bevölkerung?

**3.** Wie hoch ist das Durchschnittsalter
- der Männer
- der Frauen
- der gesamten Bevölkerung?

**4.** Wie groß ist der prozentuale Anteil an der Gesamtbevölkerung:
- der Kinder und Jugendlichen (bis unter 20 Jahre)
- der Erwerbstätigen (20 bis unter 65 Jahre)
- der Rentner und Pensionäre (65 Jahre und älter)?

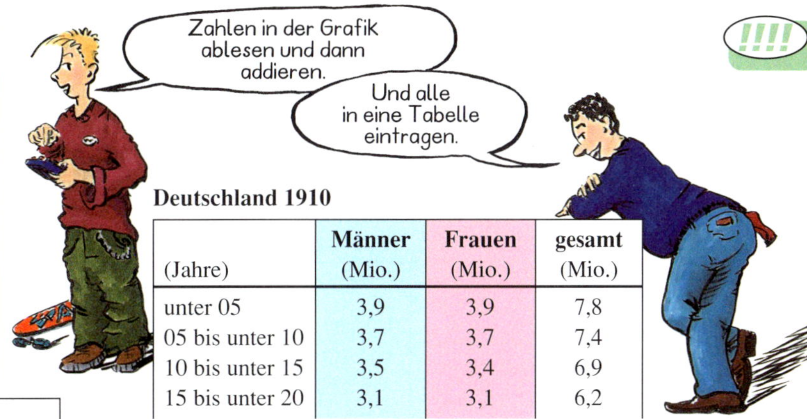


**Deutschland 1910**

| (Jahre) | Männer (Mio.) | Frauen (Mio.) | gesamt (Mio.) |
|---|---|---|---|
| unter 05 | 3,9 | 3,9 | 7,8 |
| 05 bis unter 10 | 3,7 | 3,7 | 7,4 |
| 10 bis unter 15 | 3,5 | 3,4 | 6,9 |
| 15 bis unter 20 | 3,1 | 3,1 | 6,2 |

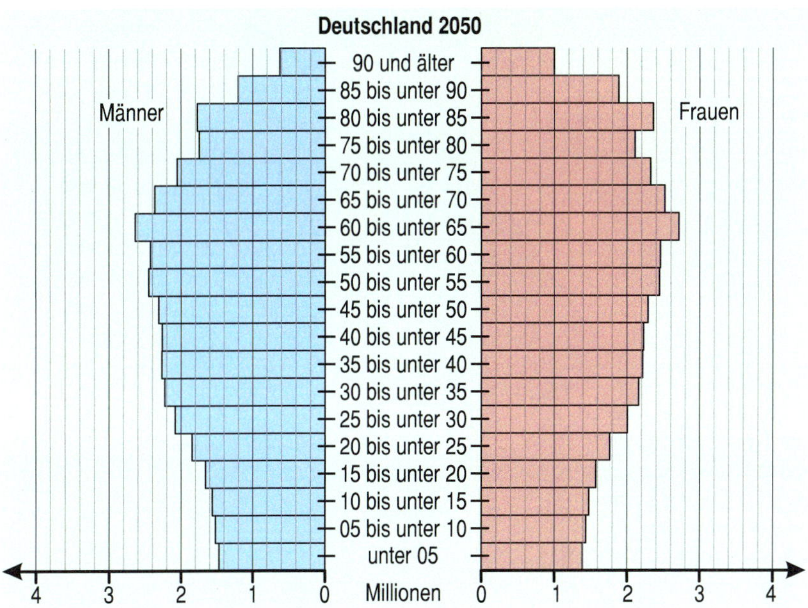

## Präsentationen

Vier Arbeitsgruppen haben sich mit derselben Aufgabe beschäftigt und präsentieren auf dieser Doppelseite ihre Ergebnisse. Diskutiert darüber, welche Vorteile oder Nachteile die einzelnen Präsentationen haben. Prüft sie auf Richtigkeit und wählt die beste von ihnen aus. Versucht dann in Gruppen, noch bessere Lösungen für die Aufgaben zu finden.

### Aufgabe

Der Waldpfad in der Gemeinde Lautenstein wird asphaltiert und mit einem Gehweg versehen.

Die Kosten für die Baumaßnahmen betragen 84 500 €.

Die Gemeinde Lautenstein trägt 40% dieser Kosten, den Rest müssen die Anlieger bezahlen, und zwar anteilig nach der Größe ihres Grundstücks.

Anlieger, die nach Fertigstellung der Straße ihren Kostenbeitrag sofort bezahlen, erhalten einen Nachlass von 5%.

Die Gemeinde Lautenstein bietet den Anliegern aber auch die Möglichkeit, ihren Kostenbeitrag in 5 Jahresraten (Nachlass 2%) oder in 60 Monatsraten zu bezahlen.

Stellt die finanzielle Belastung, die auf die Anlieger zukommt, so übersichtlich dar, dass die Betroffenen die Kosten – auch im Vergleich zu ihren Nachbarn – gut abschätzen können.

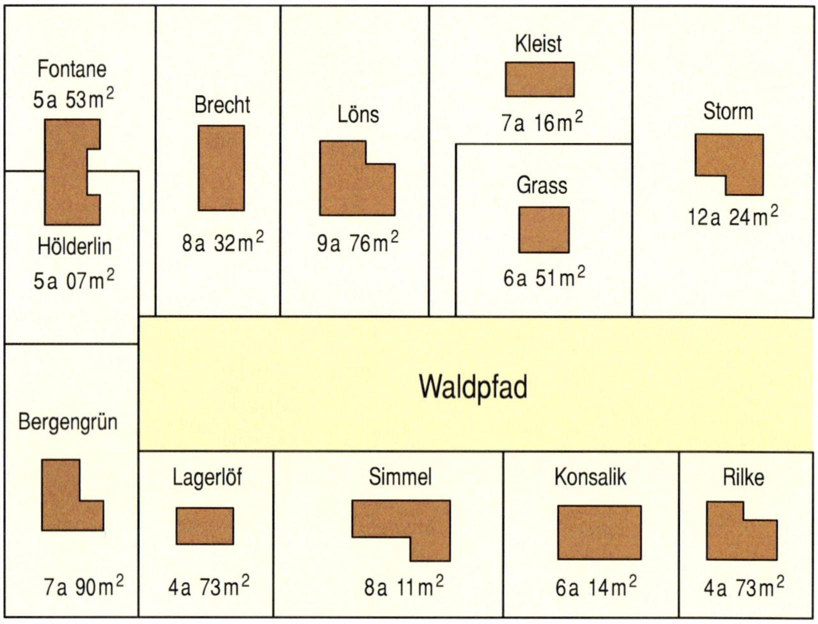


**Gruppe 1**

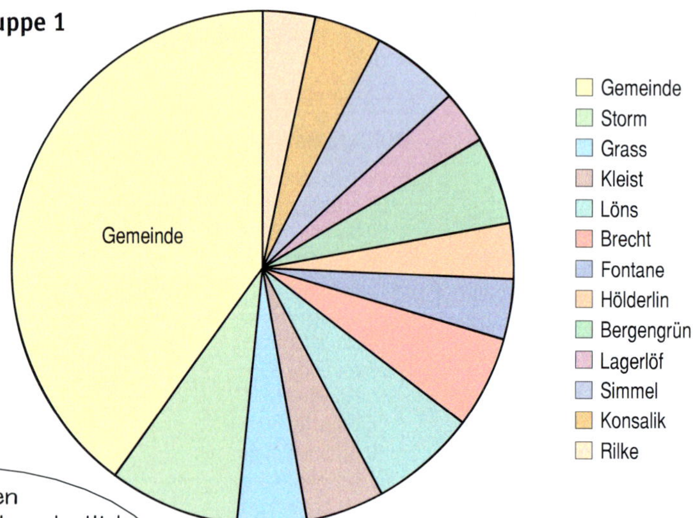


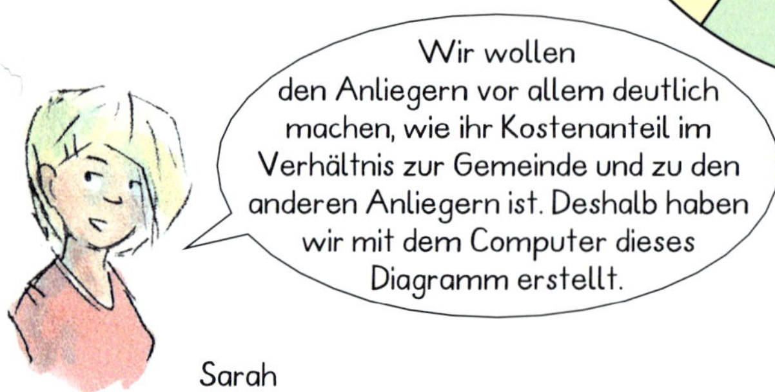


Sarah

**Gruppe 2**

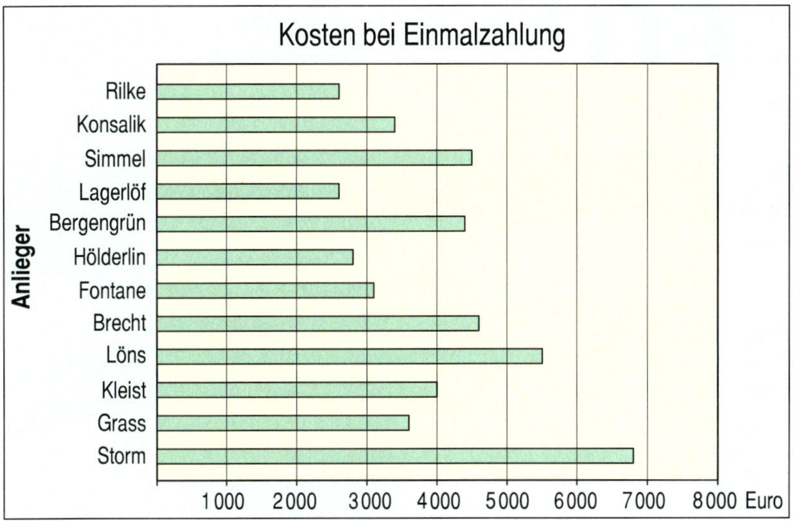

Thorsten

Markus

**Gruppe 3**

| Anlieger | Grundstücksgröße | Proz. Anteil | Kosten ges. | Kosten p.a. | Kosten p.m. |
|---|---|---|---|---|---|
| Storm | 1224 | 14,199536 | 7199,16473 | 1439,83295 | 119,986079 |
| Grass | 651 | 7,55220418 | 3828,96752 | 765,793503 | 63,8161253 |
| Kleist | 716 | 8,3062645 | 4211,2761 | 842,25522 | 70,187935 |
| Löns | 976 | 11,3225058 | 5740,51044 | 1148,10209 | 95,675174 |
| Brecht | 832 | 9,65197216 | 4893,54988 | 978,709977 | 81,5591647 |
| Fontane | 553 | 6,41531323 | 3252,56381 | 650,512761 | 54,2093968 |
| Hölderlin | 507 | 5,88167053 | 2982,00696 | 596,401392 | 49,700116 |
| Bergengrün | 790 | 9,16473318 | 4646,51972 | 929,303944 | 77,4419954 |
| Lagerlöf | 473 | 5,48723898 | 2782,03016 | 556,406032 | 46,3671694 |
| Simmel | 811 | 9,40835267 | 4770,0348 | 954,006961 | 79,50058 |
| Konsalik | 614 | 7,12296984 | 3611,34571 | 722,269142 | 60,1890951 |
| Rilke | 473 | 5,48723898 | 2782,03016 | 556,406032 | 46,3671694 |
| zusammen | 8620 | 100 | 50700 | 10140 | 845 |

**Gruppe 4**

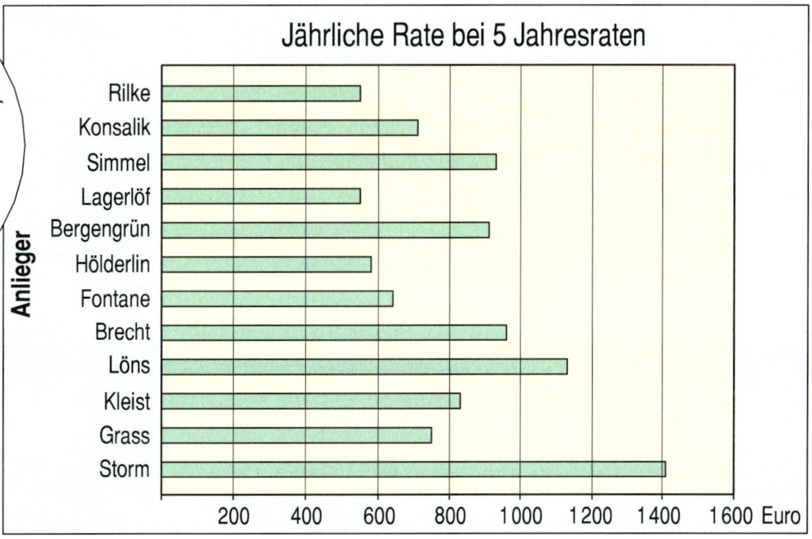

# Bleib FIT!

**Die Ergebnisse der Aufgaben 1 bis 8 ergeben die Namen von zwei Meeresengen.**

**1.** Berechne die fehlende Angabe.

| | a) | b) | c) |
|---|---|---|---|
| alter Preis | 240 € | 98 € | ■ € |
| Preissenkung | 15% | ■ % | 25% |
| neuer Preis | ■ € | 68,60 € | 525 € |

**2.** a) Berechne den Flächeninhalt des grünen Vierecks für a = 2,5 cm und b = 5 cm.
A = ■ $cm^2$.

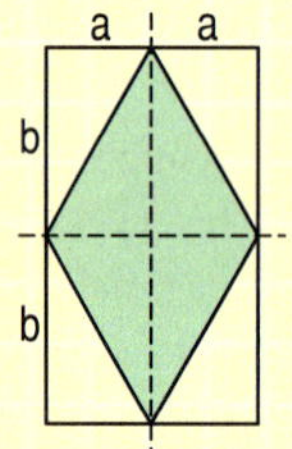


b) Mit welcher Formel lässt sich der Flächeninhalt dieses Vierecks berechnen?

$A = 2a \cdot 2b$ (31) $A = 2 \cdot ab$ (32)

$A = \frac{a \cdot b}{2}$ (51) $A = a \cdot b$ (52)

**3.** Ein Kapital von 3 600 € wird mit einem Zinssatz von 2,5% verzinst. Wie viel Euro Zinsen erhält man für eine Zeit von

a) 10 Monaten b) 50 Tagen?

**4.** a) $\frac{2}{3} \cdot 4{,}8$ b) $\frac{4}{5} \cdot 12{,}5$ c) $4{,}25 : \frac{5}{6}$

**5.** Eine Abwasser-Leitung hat auf eine Länge von 8,50 m ein Gefälle von 17 cm. Wie viel Prozent Gefälle sind das?

**6.** $4(x + 5) = 12x - 16$ x = ■

**7.** Wenn man auf ein Blatt Fotopapier jeweils 4 Fotos ausdruckt, braucht man insgesamt 12 Blatt Papier. Wie viele Blätter sind nötig, wenn 6 Fotos auf jedes Blatt passen?

**8.** Berechne.

a) $4 \cdot (12 - 2) : 200$ b) $2^2 \cdot 5^2 \cdot 2{,}5$

c) $5^2 - 3 \cdot 0{,}1$ d) $3 \cdot 0{,}5 + \frac{3}{100}$

| | |
|---|---|
| 0,2 | S |
| 1,53 | D |
| 2 | Ö |
| 3,2 | A |
| 4,5 | R |
| 5,1 | E |
| 8 | E |
| 10 | T |
| 12,5 | G |
| 17 | D |
| 24,7 | N |
| 25 | D |
| 30 | O |
| 31 | W |
| 32 | E |
| 51 | I |
| 52 | M |
| 70 | V |
| 75 | N |
| 125 | R |
| 204 | G |
| 250 | U |
| 700 | L |

## Wahrscheinlichkeit

**1.** Erkläre die Äußerungen in der Bildleiste. Bist du mit ihnen einverstanden?

**Wahrscheinlichkeit p** bei Zufallsversuchen mit gleichwahrscheinlichen Ergebnissen: $p\,(\text{Ereignis}) = \frac{\text{Anzahl der günstigen Ergebnisse}}{\text{Anzahl aller möglichen Ergebnisse}}$

Beim Würfeln mit einem Würfel sind 6 Ergebnisse möglich, davon sind 2 günstig für das Ereignis „1 oder 2".

Wahrscheinlichkeit für „1 oder 2"
$p\,(1 \text{ oder } 2) = \frac{2}{6} = \frac{1}{3} \approx 0{,}33 = 33\%$

**2.** Bestimme für einen Würfel die Wahrscheinlichkeit.
a) p (ungerade Zahl) b) p (mindestens 4) c) p (keine 5) d) p (weder 1 noch 2)

**3.** Ein Zehnerglücksrad (Zahlen 0 bis 9) wird gedreht. Mit welcher Wahrscheinlichkeit wird es
a) die 6 oder mehr; b) weder 0 noch 1; c) höchstens 4; d) keine 7?

**4.** Aus einem gut gemischten Skatspiel mit 32 Karten wird blind eine Karte gezogen. Mit welcher Wahrscheinlichkeit ist es
a) Pik oder Kreuz; b) Herz; c) kein Herz; d) Bube, Dame oder König?

**5.** a) Wie viele Felder eines Zwölferglücksrades mit den Zahlen 1 bis 12 muss man rot färben, wenn „rot" die Wahrscheinlichkeit 25% haben soll?
b) Kann man das Glücksrad auch so färben, dass „rot" die Wahrscheinlichkeit 20% erhält?

**6.** In einer Urne sind 12 weiße Tischtennisbälle, 12 rote und 12 gelbe, gut gemischt. Einer wird gezogen, mit welcher Wahrscheinlichkeit ist es a) ein roter; b) kein roter?

**7.** In einer Urne sind 60 Tischtennisbälle, einer soll gezogen werden. Wie viele müssen gelb sein, wenn die Wahrscheinlichkeit für „gelb" a) $\frac{1}{3}$; b) $\frac{1}{4}$; c) 50%; d) 20% sein soll?

**8.** Esther und Martin würfeln abwechselnd um Gummibärchen. Esther gewinnt bei den Augenzahlen 1, 2, 3 oder 4, Martin bei 5 oder 6. Der Gewinner erhält vom anderen die Augenzahl in Gummibärchen. Ist das Spiel fair, oder ist einer besser gestellt als der andere? Stelle zusammen mit anderen eine Lösung vor.

## Zweistufige Zufallsversuche

**1.** Führe den Versuch allein oder mit anderen mehrmals durch. Klärt, was ein Baumdiagramm ist und was die folgende Produktregel besagt.

**Produktregel:** Die Wahrscheinlichkeit eines Ereignisses ist das Produkt der Wahrscheinlichkeiten längs des zugehörigen Pfades im Baumdiagramm.

Ziehen von zwei Kugeln ohne Zurücklegen
Ereignis: 2 rote

p(ⓡ, ⓡ)
$= \frac{1}{2} \cdot \frac{2}{5} = \frac{1}{5}$

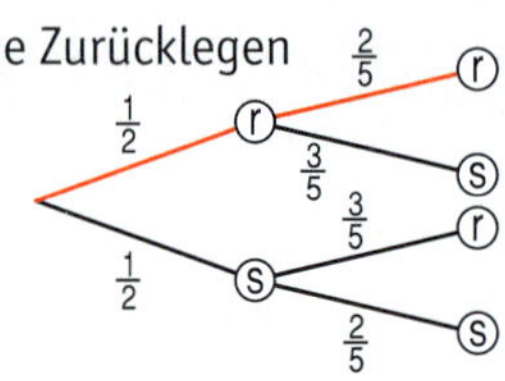


Zweimaliges Würfeln
Ereignis: 2 Sechsen

p(6, 6)
$= \frac{1}{6} \cdot \frac{1}{6} = \frac{1}{36}$

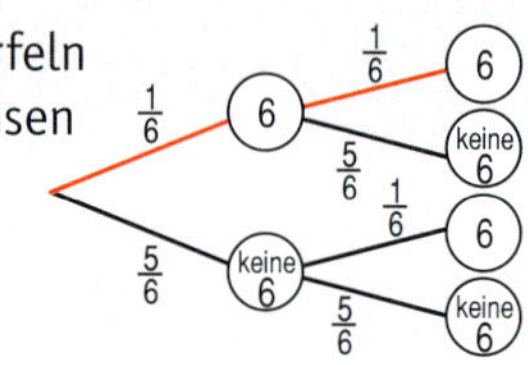


**2.** a) Die vier Könige eines Skatspiels liegen verdeckt auf dem Tisch. Zwei Karten werden gezogen. Mit welcher Wahrscheinlichkeit sind es zwei rote Könige?

b) Eine Münze wird zweimal geworfen. Mit welcher Wahrscheinlichkeit erscheint zweimal „Wappen"?

**3.** In einer Urne liegen 50 Lose, davon sind 5 Gewinne, der Rest Nieten. Claudia zieht zwei Lose. Mit welcher Wahrscheinlichkeit zieht Claudia zwei Nieten?

**4.** In einer Schule mit 500 Schülerinnen und Schülern sind 350 Mädchen, von den Mädchen interessieren sich 80% für Ballett; von den Jungen nur 10%. Eine Freikarte für eine Ballettaufführung wird ausgelost. Mit welcher Wahrscheinlichkeit erhält sie

a) ein ballettinteressiertes Mädchen,

b) ein an Ballett uninteressiertes Mädchen,

c) ein ballettinteressierter Junge,

d) ein an Ballett uninteressierter Junge?

**5.** Das Blut eines Menschen hat entweder die Eigenschaft Rhesus-positiv (Rh+) oder Rhesus-negativ (Rh–). Etwa 85% der Menschen sind Rh+, die anderen sind Rh–. Wenn in einer Partnerschaft die Frau Rh– ist und der Mann Rh+, kann es bei einer Schwangerschaft ohne ärztliche Maßnahmen zu ernsten Komplikationen kommen. Wie wahrscheinlich ist diese Kombination von Bluteigenschaften in einer Partnerschaft?

**6.** Der „Spielautomat“ besteht aus zwei Glücksrädern, die sich beide gleichzeitig drehen. Mit welcher Wahrscheinlichkeit zeigt die gemeinsame Anzeige

a) links 6, rechts 6; b) links gerade, rechts gerade;
c) links 6, rechts keine 6; d) links 1, 2 oder 3, rechts 5 oder 6?

**7.** Aus einem gut gemischten Skatspiel mit 32 Karten werden verdeckt zwei Karten gezogen. Mit welcher Wahrscheinlichkeit sind es

a) 2 Kreuz-Karten; b) 2 schwarze Karten; c) 2 Asse; d) 2 Bilder (König, Dame oder Bube)?

**8.** Für ein Ferienhaus erhält Frau Hirt insgesamt 5 nicht gekennzeichnete Schlüssel, 2 davon passen auf die Haustür. Sie probiert jeden Schlüssel, ob er passt und kennzeichnet ihn. Mit welcher Wahrscheinlichkeit findet sie einen, der die Haustür öffnet

a) im 1. Versuch; b) im 2. Versuch; c) im 3. Versuch; d) im 4. Versuch?

**9.** Überlege gemeinsam mit anderen: Bei der folgenden Aufgabe gehören mehrere Pfade zu dem geschilderten Ereignis. Wie muss man dann mit den Wahrscheinlichkeiten, die zu den einzelnen Pfaden gehören, rechnen?
Bei einem Straßenrennen für Radrennfahrer müssen zwei der zehn Fahrer auf den Plätzen 1 bis 10 zur Dopingkontrolle. Drei von ihnen zittern, denn sie haben zur Leistungssteigerung unerlaubte Mittel eingenommen.
Wie groß ist die Wahrscheinlichkeit, dass mindestens zwei der „Sünder“ von der Kontrolle verschont bleiben?

**10.** *Partnerarbeit:* Die zehn Jungen der Klasse 9a losen auf der Klassenfahrt aus, wie sie die beiden vorgesehenen Zimmer (4-Bett-Zimmer und 6-Bett-Zimmer) belegen. Ralf und Mirco sind befreundet und würden gerne zusammen in einem Zimmer untergebracht werden, und zwar wünschen sie sich das 4-Bett-Zimmer.
Wie groß ist die Wahrscheinlichkeit, dass der Wunsch von Ralf und Mirco in Erfüllung geht?

**11.** Anke, Beate, Carmen und Daniela rudern im Vierer ohne Steuermann. Nach jedem Rennen wird eine von ihnen zur Dopingkontrolle ausgelost. Mit welcher Wahrscheinlichkeit ist es in zwei Rennen

a) erst Beate, dann Anke, b) zweimal Beate, c) zweimal dieselbe, aber nicht Beate,
d) zweimal dieselbe, e) zwei verschiedene, eine davon Anke, f) zwei verschiedene?

**12.** In einer Urne sind 20 Lose. Davon sind 5 Gewinnlose und 15 Nieten. Arno, Boris und Chris ziehen nacheinander jeder ein Los. Mit welcher Wahrscheinlichkeit sind es

$\xrightarrow{\cdot \frac{15}{20}} \bullet \xrightarrow{\cdot \frac{5}{19}} \bullet \xrightarrow{\cdot \frac{14}{18}} \bullet$

Niete Gewinn Niete

a) Niete-Gewinn-Niete, b) Gewinn-Niete-Niete,
c) Niete-Niete-Gewinn, d) ein einziger Gewinn?

**13.** Eine Münze wird dreimal geworfen. Mit welcher Wahrscheinlichkeit wirft man dabei ein einziges Mal „Zahl“ (im ersten, zweiten oder dritten Wurf) und sonst nur „Wappen“?

**14.** Es wird dreimal gewürfelt. Mit welcher Wahrscheinlichkeit wirft man dabei eine einzige 6?

**15.** Aus den 32 Karten eines Skatspiels (je 8 Kreuz, Pik, Herz, Karo) werden nacheinander drei Karten gezogen und beiseite gelegt. Mit welcher Wahrscheinlichkeit ist unter den gezogenen Karten

a) eine einzige rote Karte, b) ein einziges Herz, c) zwei Herz und eine andere Karte?

!!!!

## Simulieren mit Zufallsziffern

Löst die Aufgaben dieser Seite in Gruppen und stellt die Ergebnisse sowie die Lösungswege in der Klasse vor.

Angenommen, die Zwerge wurden gleich oft „zufällig“ in Schoko-Eier gesteckt.

**TIPP**
- Jedem Zwerg eine Ziffer zuordnen
- Für jeden Kauf eine Ziffer „ziehen“

**1.** Wie viele Schoko-Eier muss man im Durchschnitt kaufen, bis man jeden Zwerg in der Sammlung hat?

**2.** Jemand hat alle Zwerge außer Guido. Wie viele Schoko-Eier muss er im Durchschnitt noch kaufen, bis er auch Guido hat?

**3.** Arno kauft 20 Schoko-Eier. Um festzustellen, wie oft dabei alle 10 Zwerge vertreten sind, muss man sehr oft jeweils 20 Zufallsziffern „ziehen“.

**Neu:**
In jedem Schoko-Ei ein Saurier

**4.** Wie viele Schoko-Eier muss man im Durchschnitt kaufen, bis man alle Saurier hat?

**5.** Jemand hat alle außer Stego. Wie viele Schoko-Eier muss er im Durchschnitt noch kaufen, bis er auch Stego hat?

**6.** Britta kauft 10 Schoko-Eier. Mit welcher Wahrscheinlichkeit hat sie damit alle Saurier zusammen?

Zufallsziffern, wie sie z.B. mit einem Tabellenkalkulationsprogramm gewonnen werden können

| | | | | | | | | | | | |
|---|---|---|---|---|---|---|---|---|---|---|---|
| 07440 | 28217 | 26149 | 58908 | 22688 | 57226 | 59976 | 80010 | 54181 | 32251 | 53483 | 76091 |
| 10765 | 48111 | 19540 | 90126 | 21240 | 86053 | 79934 | 44522 | 66564 | 64413 | 15358 | 45367 |
| 42102 | 84321 | 08695 | 69409 | 30353 | 99771 | 44818 | 89025 | 44226 | 84292 | 84746 | 81378 |
| 07002 | 80150 | 70062 | 47668 | 48051 | 84102 | 65922 | 80589 | 09075 | 81932 | 64999 | 19220 |
| 85844 | 44746 | 86228 | 13932 | 20194 | 44950 | 58878 | 81911 | 86588 | 73399 | 61301 | 47540 |
| 20801 | 15449 | 00129 | 86405 | 57356 | 05928 | 95828 | 84589 | 41631 | 17315 | 85962 | 77183 |
| 15304 | 62528 | 69532 | 76291 | 32831 | 08969 | 04824 | 30258 | 60392 | 25058 | 71058 | 98284 |
| 88798 | 19758 | 61190 | 91197 | 96671 | 81456 | 77311 | 40791 | 69385 | 50046 | 23903 | 89081 |
| 58636 | 94083 | 29767 | 19201 | 12338 | 86249 | 83367 | 71756 | 24452 | 70219 | 02576 | 63778 |
| 28392 | 28334 | 32390 | 37155 | 06424 | 95434 | 53890 | 53523 | 22768 | 14311 | 76558 | 94892 |

**1.** Ordne die Laufzeiten für 100 m vom kürzesten bis zum längsten Wert und bestimme Median und arithmetisches Mittel.

| | | | | |
|---|---|---|---|---|
| 16,8 s | 14,3 s | 15,0 s | 16,2 s | 14,8 s |
| 15,4 s | 14,9 s | 15,0 s | 15,5 s | 15,8 s |

**2.** Martin hat seine Handykosten im vergangenen Jahr für jeden Monat aufgeschrieben. Wie viel Geld hat er durchschnittlich pro Monat für die Nutzung des Handys ausgegeben?

| | | | | | | | |
|---|---|---|---|---|---|---|---|
| Jan. | 24,37 € | April | 29,74 € | Juli | 19,14 € | Okt. | 38,54 € |
| Febr. | 41,18 € | Mai | 44,73 € | Aug. | 48,31 € | Nov. | 35,69 € |
| März | 36,95 € | Juni | 39,51 € | Sept. | 35,74 € | Dez. | 52,73 € |

**3.** Frau Weber hat sich vor 25 Monaten ein neues Auto gekauft. In der Tabelle sind die gefahrenen Kilometer pro Monat notiert.

| | | | | | |
|---|---|---|---|---|---|
| 1. | 1417 km | 10. | 1194 km | 19. | 1093 km |
| 2. | 1643 km | 11. | 1731 km | 20. | 874 km |
| 3. | 1165 km | 12. | 1965 km | 21. | 916 km |
| 4. | 2271 km | 13. | 1643 km | 22. | 2133 km |
| 5. | 1263 km | 14. | 1885 km | 23. | 1364 km |
| 6. | 958 km | 15. | 2561 km | 24. | 1419 km |
| 7. | 882 km | 16. | 1284 km | 25. | 1569 km |
| 8. | 917 km | 17. | 1319 km | | |
| 9. | 1058 km | 18. | 1261 km | | |

a) Wie viel Kilometer ist Frau Weber mit diesem Auto insgesamt, wie viel durchschnittlich pro Monat gefahren?

b) Bestimme den Median der Daten und teile sie in zwei Klassen ein (Werte über bzw. unter dem Median).

c) Bestimme in den beiden Klassen von Teilaufgabe b) jeweils den Median, also das untere und das obere Quartil.

d) Notiere den kleinsten und den größten Wert. Stelle die Daten in einem Boxplot dar.

**4.** Wie groß ist die Wahrscheinlichkeit, mit einem Würfel weder eine Primzahl noch eine ungerade Zahl zu werfen?

**5.** Ein Glücksrad hat 12 gleich große Felder (Sektoren); davon sind 4 rot und 8 blau gefärbt. Wie groß ist die Wahrscheinlichkeit, bei zwei Drehungen beide Male ein blau gefärbtes Feld zu treffen?

Das **arithmetische Mittel** von Daten wird auch *Mittelwert* oder *Durchschnitt* genannt und in zwei Schritten berechnet:

① Man addiert alle Daten.

② Man dividiert die Summe der Daten durch die Anzahl der Daten.

Der **Median** von Daten wird auch *Zentralwert* genannt und steht in der Mitte einer Rangliste von Daten, die der Größe nach geordnet sind.

① Bei ungerader Anzahl von Daten ist der Median der Wert in der Mitte.

② Bei gerader Anzahl von Daten ist der Median das arithmetische Mittel der beiden Daten links und rechts der Mitte.

Bei einer Menge von Daten, die der Größe nach geordnet sind, gibt es drei **Quartile:**

Das mittlere Quartil ist der Median aller Daten.

Das untere Quartil ist der Median der unteren Datenhälfte.

Das obere Quartil ist der Median der oberen Datenhälfte.

Die Quartile teilen die Daten in vier Bereiche.

Werden in der entsprechenden grafischen Darstellung die Bereiche links und rechts vom Median als „Kästen" (Boxen) hervorgehoben, nennt man die Darstellung Kastendiagramm oder **Boxplot**.

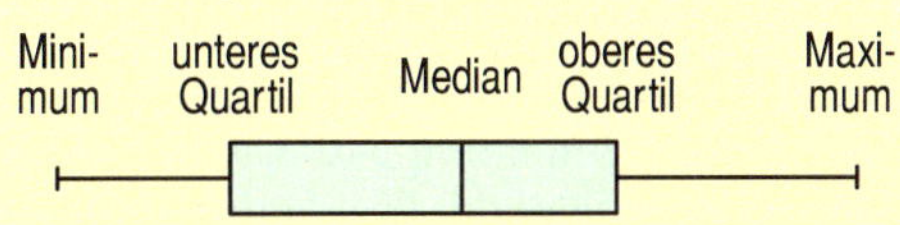


Die Differenz zwischen Maximum und Minimum nennt man **Spannweite**.

**Wahrscheinlichkeit p** für ein Ereignis:

$$p(\text{Ereignis}) = \frac{\text{Anzahl der günstigen Ergebnisse}}{\text{Anzahl der möglichen Ergebnisse}}$$

**Produktregel**

Die Wahrscheinlichkeit eines Ereignisses ist das Produkt der Wahrscheinlichkeiten längs des zugehörigen Pfades im Baumdiagramm.

## Basiswissen

**1.** Berechne: a) $1 + 3 \cdot (6 - 4)$  b) $10 - 3 \cdot (21 - 6)$  c) $1 + 2 \cdot \sqrt{3^2 + 4^2}$

**2.** Ergänze: a) $9^2 = \square$  b) $\square^2 = 49$  c) $\sqrt{\square} = 20$  d) $2^{\square} = 16$

**3.** Vereinfache den Term so weit wie möglich.

a) $3 \cdot (4 + 2x) - 5 + 4x$

b) $\frac{4x - 5\frac{1}{2}}{0,5} - 7x$

**4.** Ordne, beginne mit der kleinsten Zahl. $\frac{1}{2}$; $-1$; $-\frac{3}{4}$; $\frac{1}{3}$; $0,3$; $-3,4$; $1,2$; $1\frac{2}{5}$

**5.** Wie erklärst du Mitschülern, die im Unterricht fehlten, die Bedeutung von $10^1$, $10^0$, $10^{-1}$?

**6.** In Andrea's Heft steht: $\sqrt{25 + x^2} = 5 + x$. Ist das richtig? Begründe deine Antwort.

**7.** Alexa ist 14 Jahre alt. Sie überlegt, wie oft bisher ihr Herz geschlagen hat.

a) Wie viele Herzschläge pro Minute hatte sie durchschnittlich: 20, 40, 80 oder 160?

b) Wie oft hat dann Alexas Herz bisher geschlagen? Rechne mit deinem Schätzwert aus a).

**8.** Ein Auto braucht auf 450 km etwa 36 *l* Kraftstoff. Wie hoch ist der Verbrauch auf 100 km?

**9.** Von München nach Dortmund brauchte eine Autofahrerin $7\frac{1}{2}$ Stunden. Die Durchschnittsgeschwindigkeit betrug $80\,\frac{\text{km}}{\text{h}}$.

a) Wie viel Kilometer fuhr die Frau von München nach Dortmund?

b) Wie lange wäre sie bei einer Durchschnittsgeschwindigkeit von $100\,\frac{\text{km}}{\text{h}}$ gefahren?

**10.** In einer Schule reicht der Vorrat an Kopierpapier für 20 Tage, wenn täglich 12 Pakete gebraucht werden. Wie lange reicht der Vorrat, wenn jeden Tag 15 Pakete gebraucht werden?

**11.** a) Welches Jogurt-Angebot ist vergleichsweise billiger?

b) Bea kauft 600 g Jogurt. Wie viel zahlt sie mindestens?

c) Im Sonderangebot ist der 200-g-Becher um 20% billiger. Was kostet er nun?

**12.** In einer Schule sind 540 Schülerinnen und Schüler. Zwei Drittel kommen mit dem Bus zur Schule, $\frac{2}{9}$ mit dem Rad, der Rest kommt zu Fuß.

a) Wie viele Schülerinnen und Schüler kommen zu Fuß zur Schule?

b) Zeichne ein Kreisdiagramm, das zeigt, wie die Schülerinnen und Schüler zur Schule kommen.

**13.** Zehn Schüler (A bis J) nahmen an einem Leistungstest teil.

a) Erstelle eine Rangliste für die erreichten Punkte.

b) Berechne den Mittelwert und den Median.

c) Wie viel Prozent der Schüler erreichten mindestens 75% der maximalen Punktzahl 25?

| Punkte im Leistungstest | | | | |
|---|---|---|---|---|
| A | B | C | D | E |
| 21 | 22 | 25 | 20 | 17 |
| F | G | H | I | J |
| 15 | 14 | 14 | 18 | 20 |

**14.** Es gibt Rechtecke mit einem Flächeninhalt von 36 $m^2$, deren Länge und Breite (in Meter) „ganze" Zahlen sind. Welchen Umfang haben diese Rechtecke? Gib alle Möglichkeiten an.

**15.** Ein Würfel hat eine Oberfläche von 150 $cm^2$. Wie groß ist sein Volumen?

**16.** In einer Fabrik werden Glasflaschen hergestellt. Manche haben Fehler. Stelle zu jeder Aufgabe eine Frage und beantworte sie.

a) Von 8 000 Flaschen waren an einem Tag 2% fehlerhaft.

b) An einem Tag hatten 270 Flaschen einen Fehler, das waren 3% der Tagesproduktion.

c) Durchschnittlich werden am Tag 8 000 Flaschen hergestellt, von denen 240 fehlerhaft sind.

**17.** Ein rechteckiges Zimmer (Länge 3,50 m, Breite 4 m) erhält einen neuen Teppichboden.

a) Wie viele quadratische Teppichfliesen (50 cm Kantenlänge) braucht man dazu?

b) Wie viel Meter Fußleisten werden ringsherum für das Zimmer benötigt? Beachte, dass man in der Türöffnung (0,90 m) keine Leiste braucht.

**18.** Bei der Programmierung seines Fahrrad-Computers muss Eric den Umfang des Rades in Millimeter eingeben. Der Durchmesser des Rades ist 68 cm.

**19.** Metin zeichnet einen Kreis in den Sand. Er benutzt dazu einen Stock und ein 5 m langes Seil.

a) Zeichne einen solchen Kreis mit deinem Zirkel. Welchen Maßstab wählst du dafür?

b) Bestimme den Flächeninhalt von Metins Kreis. Runde auf zehntel Quadratmeter.

**20.** Berechne den Flächeninhalt der Figur.

a)

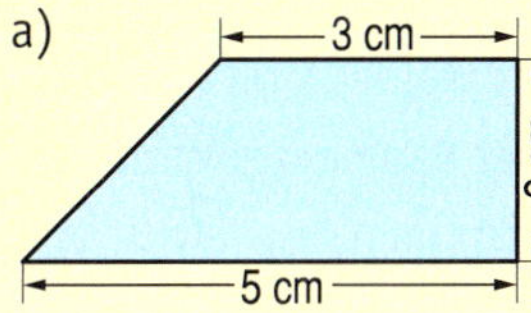


b)

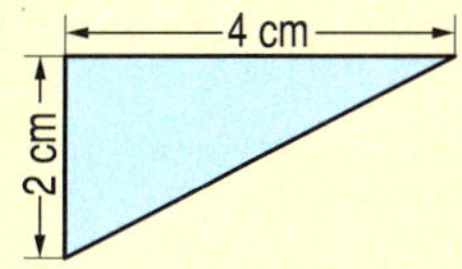


**21.** Ein zylinderförmiger Wassertank ist 1,50 m hoch. Sein Durchmesser beträgt 70 cm. Er ist randvoll mit Wasser gefüllt. Wie viel Liter Wasser sind im Tank?

**22.** In einem rechtwinkligen Dreieck sind die beiden kürzeren Seiten 10 cm und 24 cm lang.

a) Berechne die längste Seite des Dreiecks.

b) Berechne Flächeninhalt und Umfang des Dreiecks.

**23.** a) Wie viel $m^3$ umbauten Raum hat das Haus?

b) Wie groß sind die beiden Dachflächen zusammen?

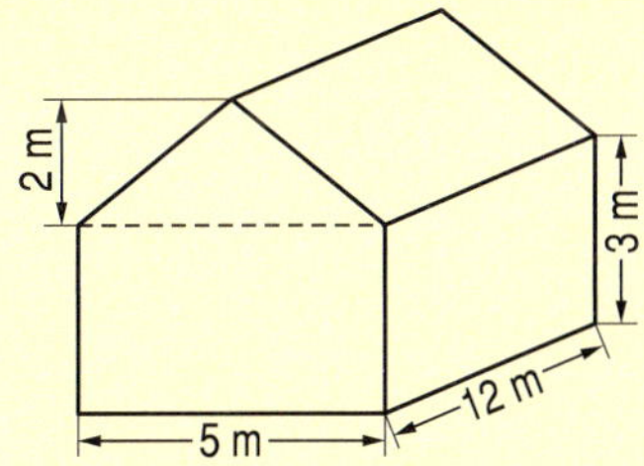


**24.** Wie viel kg wiegt das Stahlrohr (1 $cm^3$ wiegt 7,8 g)?

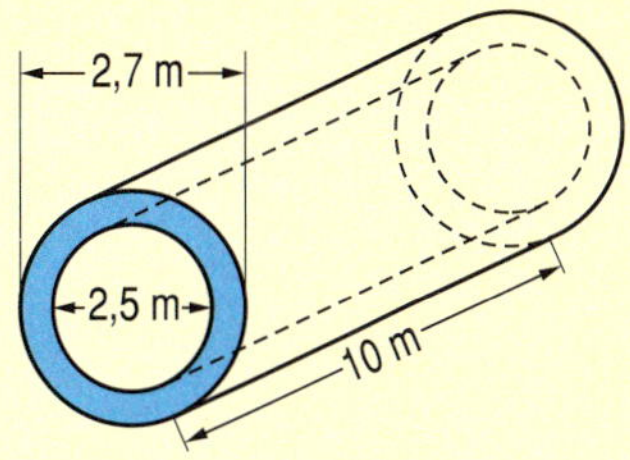


**25.** a) Welche Steigung hat die Gerade im Koordinatensystem ①?

b) Schreibe die Funktionsgleichung der Geraden im Koordinatensystem ② auf.

c) Gilt für beide Geraden „Zum doppelten x-Wert gehört der doppelte y-Wert"? Begründe.

①

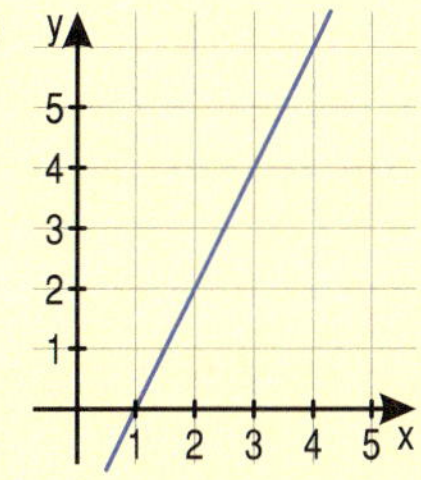


②

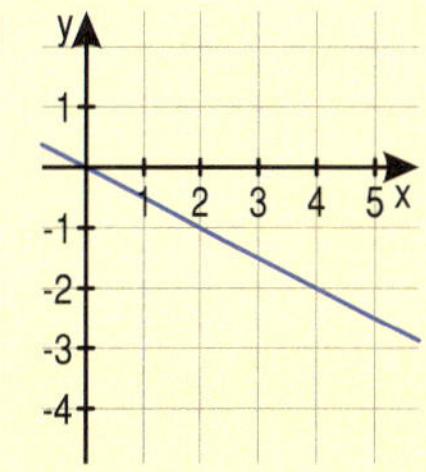


**26.** Zeichne zwei rechtwinklige Dreiecke, die beide einen Flächeninhalt von 12 $cm^2$ haben. Berechne zu jedem Dreieck den Umfang mit dem Satz des Pythagoras.

## Komplexe Aufgaben

**1.** Im Bild siehst du die Gärten der Familien Kuhn und Oertel, der eine ist rechteckig, der andere quadratisch. Vergleiche sie hinsichtlich Flächeninhalt und Umfang. Hat ein Garten einen Vorteil im Vergleich zum anderen?

**2.** Ein Altglascontainer ist annähernd würfelförmig und hat ein Volumen von 3 $m^3$.

a) Beschreibe Volumen und Oberfläche des Würfels mit der Variablen x für die Kantenlänge.

b) Berechne die Kantenlänge des Altglascontainers auf Zentimeter gerundet.

c) Wie groß ist die Standfläche und wie groß die übrige Oberfläche (ziehe 5% für die Löcher ab)?

**3.** Beschreibe Volumen und Oberfläche eines Würfels der Kantenlänge x mit zwei Termen.

a) Für welche Werte von x haben beide Terme denselben Zahlenwert?

b) Was wächst bei zunehmenden Werten für x schneller, das Volumen oder die Oberfläche?

**4.** Ein Waldbesitzer schätzt die Anzahl seiner Bäume auf ca. 600 000 Stück. Der Bestand setzt sich je zur Hälfte aus Nadel- und Laubbäumen zusammen. Von den Nadelbäumen sind 45% geschädigt, bei den Laubbäumen ist es jeder Dritte.

a) Wie viele Bäume des Waldes sind insgesamt geschädigt?

b) Wie viel Prozent aller Bäume des Waldbesitzers haben Schäden?

c) Zeichne ein Kreisdiagramm oder ein Streifendiagramm, das den Anteil der geschädigten Nadel- und Laubbäume darstellt.

**5.** In den Schloss-Arkaden wird am verkaufsoffenen Sonntag der Preis eines leistungsfähigen MP3-Players um 12% gesenkt. Bisher hat der Elektronikmarkt dieses Gerät erst 12-mal zum alten Preis von jeweils 124,90 € verkauft. Ina entschließt sich zum Kauf dieses MP3-Players und bezahlt mit drei Fünfzig-Euro-Scheinen. Wie viel Euro bekommt sie zurück?

**6.** Zwischen B und C gibt es eine Fährverbindung.

a) Zeichne das Dreieck ABC im Maßstab 1:10 000.

b) Wie lang ist die Fährverbindung? Runde sinnvoll.

c) Unter welchem Winkel erscheint von C aus die Strecke $\overline{AB}$?

d) Schätze die Oberfläche des Sees. Schreibe auf wie du schätzt und rechnest.

e) Der See ist durchschnittlich 1,80 m tief. Wie viel $m^3$ Wasser enthält er ungefähr?

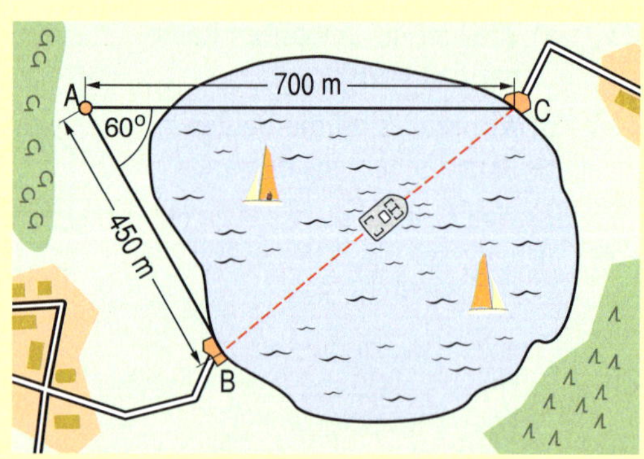


**7.** a) Zeichne zwei Dreiecke, die beide einen Flächeninhalt von 50 $cm^2$ haben.

b) Zeichne zwei Trapeze mit dem Flächeninhalt 100 $cm^2$.

**8.** a) Zeichne einen Kreis und ein Quadrat, beide sollen einen Umfang von 20 cm haben.

b) Um wie viel Prozent unterscheiden sich die Flächeninhalte der beiden Figuren?

**9.** Im Diagramm sind die Schulden Deutschlands dargestellt.

a) Wie hoch waren die Schulden im Jahr 1990?

b) Wann waren die Schulden zum ersten Mal höher als 1 Billion Euro?

c) In welchem Jahr stiegen die Schulden um mehr als 100 Mrd. Euro?

d) Die „Schulden Deutschlands" will Kevin anders darstellen. Würdest du ein Koordinatensystem oder ein Kreisdiagramm empfehlen? Begründe deine Empfehlung.

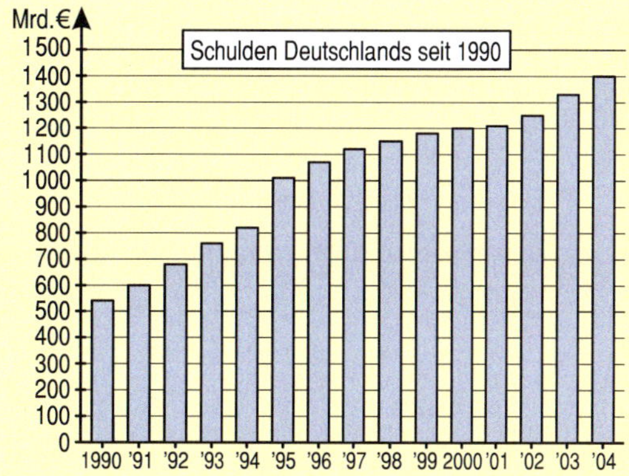


**10.** Ein DIN-A-4-Blatt ist etwa 21 cm breit und 30 cm hoch. Es wird mit einem Klebeband so zusammengeklebt, dass eine zylindrische Rolle mit 21 cm Umfang entsteht.

a) Skizziere die Rolle. Trage ein, wie hoch die Rolle ist.

b) Welchen Radius hat die zylindrische Rolle (gerundet auf mm)? Wähle ein passendes Maß:
2,7 cm  3,1 cm  3,3 cm  4,8 cm  oder  6,7 cm

c) Berechne das Volumen der zylindrischen Rolle mit deinem Wert aus b).

d) Karel behauptet: „Wenn du das DIN-A4-Blatt mit den kürzeren Seiten (ohne Überlappung und ohne Klebespalt) zusammenklebst, dann entsteht ein viel größerer Zylinder." Hat Karel Recht? Begründe deine Antwort mit einer Rechnung.

**11.** Eine Zeitung berichtet über Unfälle von Schülerinnen und Schülern auf dem Schulweg.

a) Die Zeitung meldet: „Von allen, die auf dem Schulweg mit dem Rad verunglückten, sind 70% Jungen." Stimmt das mit den Angaben in der Tabelle überein? Begründe.

b) Die Zeitung meldet auch: „Jungen sind beim Radfahren gefährdeter als Mädchen!" Stimmt das? Begründe deine Antwort.

| | Schulweg mit Fahrrad | davon verunglückten |
|---|---|---|
| Jungen | 1000 | 140 |
| Mädchen | 300 | 60 |
| Insgesamt | 1300 | 200 |

**12.** Mira hat eine Fahrradtour gemacht. Die Kurve zeigt, wie viel Kilometer Mira nach dem Start gefahren ist.

a) Wie weit ist sie nach 20 Minuten gefahren?

b) Fuhr Mira in den nächsten 20 Minuten schneller oder langsamer als vorher? Begründe deine Antwort.

c) Nach 40 Minuten Fahrzeit machte Mira eine Pause. Wie lange dauerte die Pause?

d) Vergleiche die durchschnittliche Geschwindigkeit, mit der Mira bis zur Pause fuhr, mit der Durchschnittsgeschwindigkeit nach der Pause. Schreibe auf, wie du das machst.

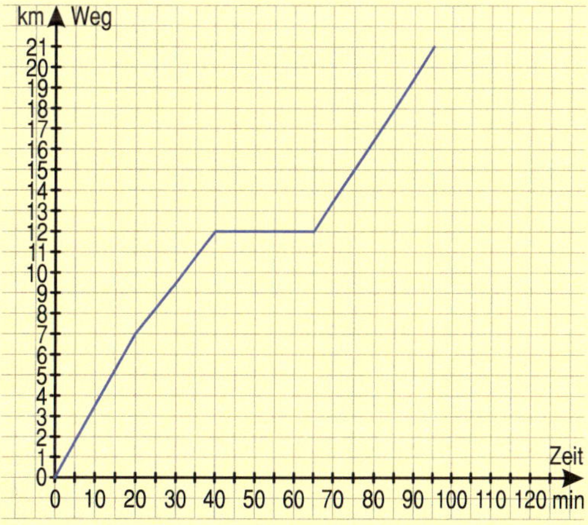


**13.** Die WULFF-AG fertigt technische Geräte, wobei 20% der Kosten in Personalkosten bestehen. Durch eine Erhöhung der Löhne und Gehälter steigen die Personalkosten um 6%. Dies dient der Firma als Grund, die Verkaufspreise zu erhöhen. Wie viel Prozent sind so gerechtfertigt?

**14.** Ein Auto befährt eine Landstraße. Jeder Punkt (x|y) der skizzierten Graphen gibt die Geschwindigkeit y des Autos zum Zeitpunkt x an. Zu welchen Situationen passt einer der Graphen?

Ⓐ Das Auto startet und steigert seine Geschwindigkeit gleichmäßig.

Ⓑ Das Auto fährt bereits eine Weile mit gleichbleibender Geschwindigkeit und dann langsamer einen steilen Berg hinauf.

Ⓒ Das Auto bremst ab und kommt zum Stehen.

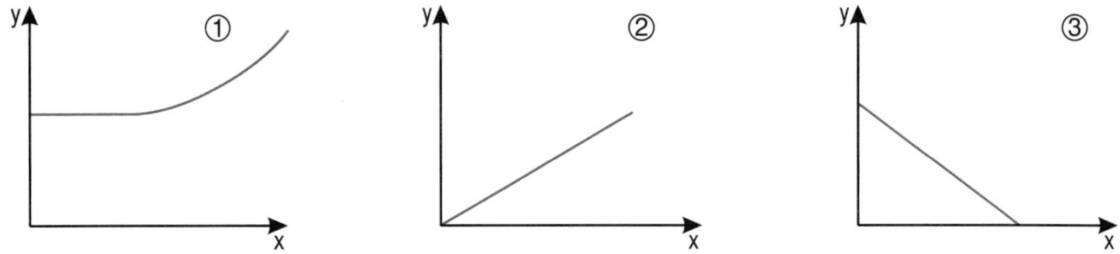


**15.** Sophie und Alan wollen nach der Schule zum Einkaufsbummel in die 10 km entfernt gelegene Stadt. Sophie fährt mit dem Fahrrad, Alan mit dem Moped los.

a) Welche Gerade zeigt Alans Fahrt mit dem Moped? Begründe deine Entscheidung.

b) Wo und wann treffen sich Sophie und Alan?

c) Wie viel Kilometer muss der zuletzt ankommende Fahrer noch fahren, wenn der erste schon sein Ziel erreicht hat?

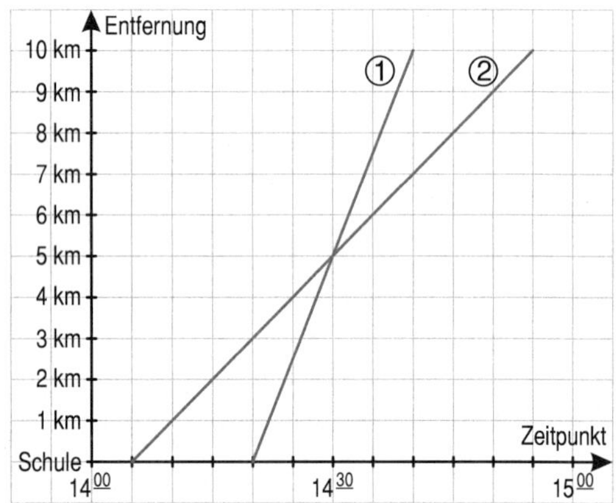


**16.** Aus den Pralinensorten A (10 € pro kg) und B (12 € pro kg) werden 50 kg Hausmischung (10,80 € pro kg) hergestellt. Wie viel kg jeder Sorte muss man mischen?

**17.** Für einen Umzug benötigt Herr Moritz einen Kleintransporter für zwei Tage. Der Autoverleih bietet zwei verschiedene Tarife an.
Tarif A: Tagespauschale 57 € zuzüglich 0,26 € pro gefahrenen Kilometer.
Tarif B: Tagespauschale 69 € zuzüglich 0,21 € pro gefahrenen Kilometer.

a) Herr Moritz rechnet mit einer Fahrstrecke von insgesamt 630 km. Welchen Tarif sollte er wählen?

b) Bei welcher Fahrstrecke ist der Endpreis bei beiden Tarifen gleich?

**18.** Löse durch Probieren oder mit einer Gleichung und durch Umformungen:

a) Der Umfang eines Rechtecks beträgt 60 cm. Eine Seite ist 6 cm länger als die andere. Wie lang sind die Seiten?

b) Welches Zahlenpaar ist Lösung des Gleichungssystems?

**I** $x + y = 13$
**II** $3x - y = 23$

$x = 4;\ y = 9$ | $x = 9;\ y = 4$ | $x = 8;\ y = 3$

**19.** Wie verändert sich bei einem Würfel die Summe aller Kantenlängen, die Oberfläche bzw. das Volumen, wenn man die Kantenlänge

a) verdoppelt, b) verdreifacht, c) viertelt, d) um 20% verkleinert?

**20.** a) Zeichne zwei Parallelogramme, die beide einen Flächeninhalt von 50 $cm^2$ haben.

b) Zeichne zwei Rauten mit dem Flächeninhalt 100 $cm^2$.

**21.** Zwei Würfel mit der Kantenlänge 5 cm bilden nebeneinander gelegt einen Quader.

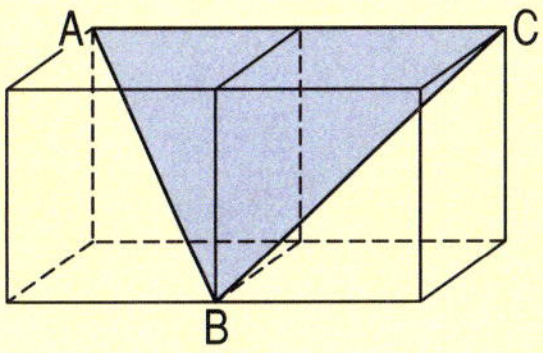


a) Berechne das Volumen des Quaders.

b) Wie groß ist die Oberfläche des Quaders?

c) Bestimme den Flächeninhalt des Dreiecks ABC.

**22.** a) Zeichne das Koordinatensystem mit den Orten A, B und C. Zwei Karobreiten sind 1 cm. Gib den Maßstab deiner Zeichnung an.

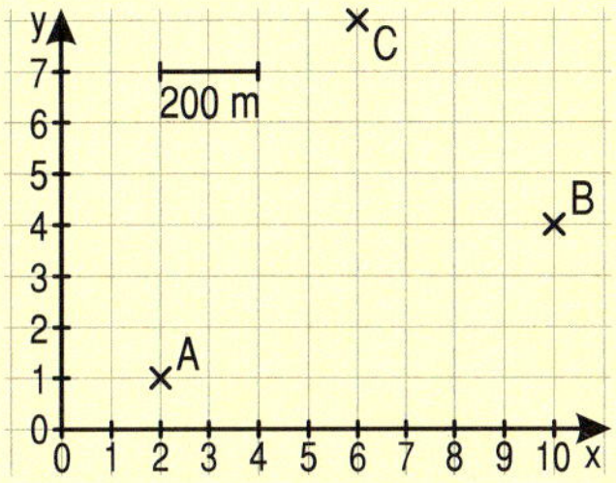


b) Bestimme durch Messen und Rechnen die Entfernungen der 3 Orte voneinander. Überprüfe mit dem Satz des Pythagoras dein Messergebnis für die Entfernung von A nach B.

c) Welchen Abstand hat C von einer Straße, die geradlinig durch A und B verläuft?

**23.** Der griechische Mathematiker Hippokrates behauptete schon ca. 450 v. Chr.: Die beiden Möndchen (blau) über den Katheten haben zusammen den gleichen Flächeninhalt wie das rechtwinklige Dreieck (rot).

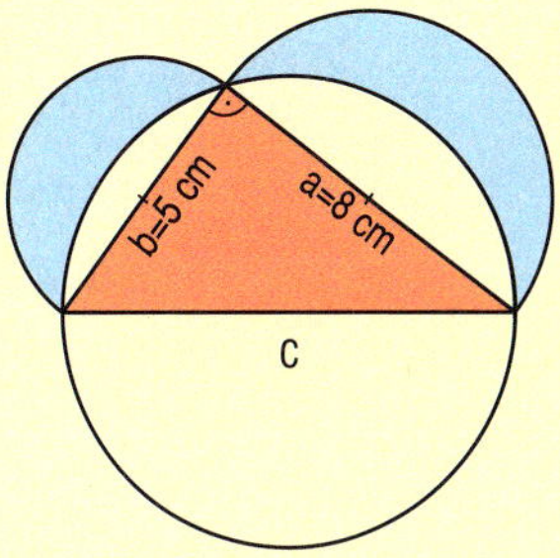


a) Begründe die Behauptung. Rechne mit den angegebenen Maßen, benutze den Satz des Pythagoras.

b) Begründe unabhängig von den Maßen für die Katheten a und b und die Hypotenuse c die Behauptung von Hippokrates.

**24.** Die Gepäckrückgabe erfolgt auf Flughäfen über Transportbänder. Das abgebildete Band ist 80 cm breit.

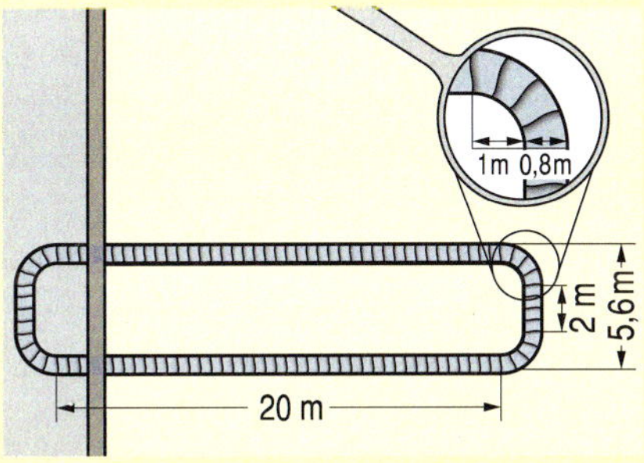


a) Wie groß ist die Bandfläche? Runde auf zehntel Quadratmeter.

b) Wie viele Koffer etwa können auf dem Band flach neben- und hintereinander liegen? Rechne mit folgenden durchschnittlichen Koffermaßen: 40 cm x 60 cm x 25 cm und gehe davon aus, dass 30% Leerfläche auf dem Transportband bleibt.

**25.** Auf jeder Kante eines Würfels sind gleich viele Kugeln, davon an jeder Ecke 1 Kugel. Wie viele Kugeln sind es insgesamt

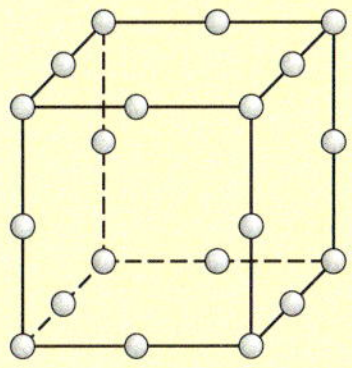

a) auf dem nebenstehenden Bild?

b) wenn auf jeder Kante des Würfels 4 Kugeln sind?

c) bei 100 Kugeln auf jeder Kante des Würfels?

**26.** Auf einer Rolle Toilettenpapier sind 200 Blätter (12 cm lang und 9 cm breit). Das Loch in der Mitte hat einen Durchmesser von 4 cm, die ganze Rolle 13 cm. Wie dick ist eine Papierschicht?

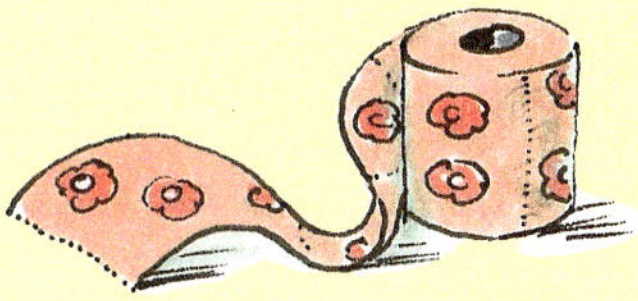

**27.**

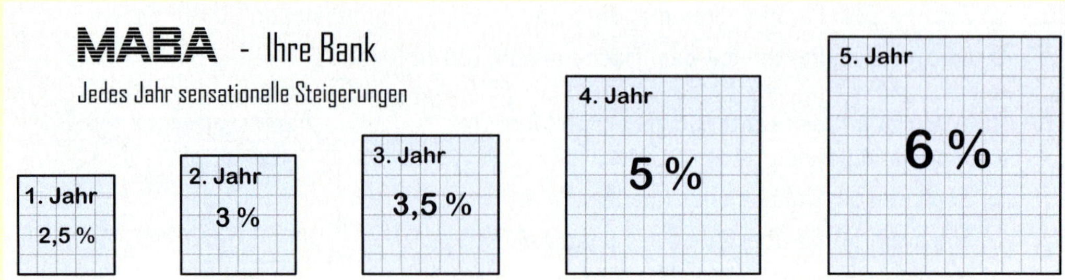


Sabrinas Eltern finden das Angebot verlockend und wollen 5 000 € bei der Bank sparen.

a) Berechne die Zinsen, die nach einem Jahr für 5 000 € von der Bank zu erwarten sind.

b) Wie viel Geld wird nach 2 Jahren auf das Konto von Sabrinas Eltern sein?

c) Sabrina warnt ihre Eltern: „Die Zinssätze sind in der Grafik ganz falsch dargestellt." Hat Sabrina recht? Begründe deine Meinung.

d) Entscheide und begründe, ob die Aussagen ① bis ④ stimmen.
① Nach 5 Jahren sind bei der Bank 5 000 € auf 6 080 € angewachsen.
② Bei dieser Bank wächst das Kapital in 5 Jahren um 20%.
③ Bei jährlich 4% Zinsen hätte man nach 5 Jahren bei eingezahlten 5 000 € mehr als 120% des eingezahlten Kapitals.
④ Wer mit der Hälfte der Zinsen zufrieden ist, lässt sich sein Geld nach 3 Jahren zurückzahlen.

**28.** Das Bild zeigt den Antrieb einer Windkraftanlage.

a) Schätze den Durchmesser des Zahnrades, an dem der Monteur arbeitet. Ist er etwa 10 cm, 20 cm, 30 cm oder 40 cm?

b) Wie viele Zähne hat etwa das große äußere Zahnrad? Beschreibe wie du schätzt, zählst oder rechnest.

c) Wie oft dreht sich das Zahnrad, an dem der Monteur arbeitet, wenn sich das große einmal ganz dreht? Schreibe auf, wie du rechnest.

**29.** Das Glücksrad hat abwechselnd weiße und blaue Felder gleicher Größe. Es wird zwei Mal nacheinander gedreht. Wie groß ist die Wahrscheinlichkeit für das genannte Ereignis?

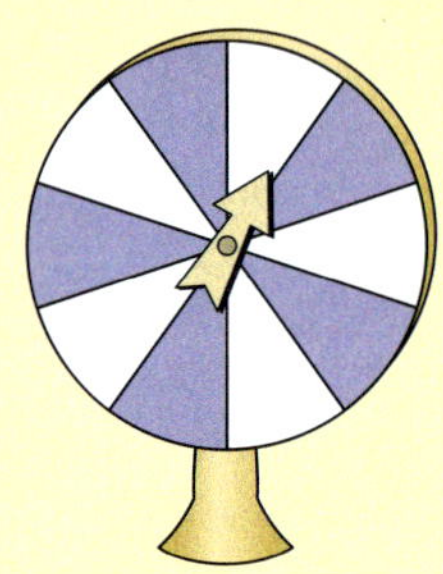

a) Es wird einmal „Weiß" und einmal „Blau" erzielt.

b) Beide Drehungen führen jeweils zu „Blau".

c) Die Farbe „Weiß" tritt mindestens einmal auf.

**30.** Das Landesjugendamt gibt nebenstehende Orientierung für die Höhe des Taschengeldes.

a) Was ist mit „Orientierung" gemeint? Wonach richtet sich das Taschengeld für Jugendliche?

b) Zeichne ein geeignetes Diagramm für die Zuordnung Alter → Taschengeld.

c) Ist die Zuordnung Alter → Taschengeld proportional? Begründe.

**Orientierung für Taschengeld**

| | | |
|---|---|---|
| Unter 6 Jahre | 0,50 € | wöchentlich |
| 6 bis 7 Jahre | 1,50 € | wöchentlich |
| 8 bis 9 Jahre | 2,50 € | wöchentlich |
| 10 bis 11 Jahre | 15 € | monatlich |
| 12 bis 13 Jahre | 20 € | monatlich |
| 14 bis 15 Jahre | 25 € | monatlich |
| 16 bis 17 Jahre | 40 € | monatlich |
| 18 Jahre | bis 60 € | monatlich |

## Lösungen der TÜV-Seiten

### Seite 25

**1.** a) $7^4$ b) $5^5$ c) $3^3$ **2.** a) $3 \cdot 3 \cdot 3 \cdot 3 = 81$ b) $4 \cdot 4 \cdot 4 = 64$ c) $2 \cdot 2 \cdot 2 \cdot 2 \cdot 2 = 32$ d) $\frac{1}{2} \cdot \frac{1}{2} \cdot \frac{1}{2} = \frac{1}{8}$

**3.** a) $32 = 2^5$ b) $3^4 = 81$ c) $1^5 = 1$ d) $10^6 = 1$ Mio. e) $10^{10} = 10$ Mrd. f) $10^1 = 10$

**4.** a) $10^4$ b) $10^8$ c) $10^7$

**5.** a) $10^{-3} = \frac{1}{1000}$, $10^{-6} = \frac{1}{1000000}$, $10^{-9} = \frac{1}{1000000000}$

**6.** a) $\frac{1}{100} = 10^{-2}$ b) $\frac{1}{100000} = 10^{-5}$ c) $\frac{1}{10000000} = 10^{-7}$

**7.** a) $\frac{1}{10000} = 0{,}0001$ b) $\frac{1}{100000} = 0{,}00001$ c) $\frac{1}{10} = 0{,}1$ d) $\frac{1}{100000000} = 0{,}00000001$

**8.** a) 780 MB = 0,78 GB b) 3 USB-Sticks haben ungefähr den gleichen Speicherplatz wie eine CD.

**9.** 2 h 47 min

**10.** a) $2 \cdot 10^{-4}$ mm ($\frac{1}{5000} = 0{,}0002 = 2 \cdot 10^{-4}$) b) 50000 Stück

**11.** a) 9 b) 11 c) 0,2 d) 0,8

**12.** a) 38,026 cm ≈ 38 cm b) 25,96 cm ≈ 26 cm c) 12,49 cm ≈ 12 cm

**13.** a) 8 b) 1 c) 11 d) 0,3

**14.** a) 20 cm b) 0,9 cm

### Seite 39

**1.** a) c = 10,5 cm b) b = 7,5 cm c) a = 2,5 cm d) b = 8 cm e) a = 14,4 cm f) c = 6 cm

**2.** a) 5,8 cm b) 3,6 cm c) 4,8 cm

**3.** ca. 5,12 m

**4.** ca. 7,2 cm

**5.** a) nicht rechtwinklig b) rechtwinklig c) rechtwinklig

**6.** a) p = 5,9 cm; h ≈ 4 cm; b ≈ 4,8 cm; a ≈ 7,1 cm
b) h ≈ 6,3 cm; q ≈ 7,3 cm; c ≈ 12,8 cm; b ≈ 9,7 cm
c) c ≈ 7,8 cm; p ≈ 2,6 cm; q ≈ 5,2 cm; h ≈ 3,7 cm
d) h ≈ 9,3 cm; p ≈ 13,0 cm; c ≈ 19,7 cm; a ≈ 16,0 cm

**7.** a) d = 6,5 cm b) a ≈ 8,5 cm c) a ≈ 8,5 cm d) f ≈ 11,4 cm
e) d = 17,3 cm f) c ≈ 12,3 cm g) e ≈ 12,0 cm; c ≈ 5,0 cm h) e ≈ 8,5 cm; a ≈ 6,0 cm

### Seite 55

**1.** a) und d) sind Funktionen, b) und c) nicht (einem x-Wert, werden mehr als ein y-Wert zugeordnet).

**2.** –

**3.**

| x | 1 | 1,5 | 2 | 2,5 | 3 | 4 | 5 | 6 | 7,5 | 8 | 10 | 12 |
|---|---|---|---|---|---|---|---|---|---|---|---|---|
| y | 12 | 8 | 6 | 4,8 | 4 | 3 | 2,4 | 2 | 1,6 | 1,5 | 1,2 | 1 |

Der Graph ist eine Hyperbel.

**4.** a) $-\frac{3}{2}$ b) $\frac{1}{2}$ **5.** – **6.** y = −4x + 7

**7.** Ⓐ → ④; Ⓑ → ③; Ⓒ → ①; Ⓓ → ② **8.** y = 2x

**Seite 71**

1. Auch hier sind zu jeder Aufgabe je 4 von unendlich vielen Möglichkeiten angegeben.
   a) $y = -x + 3$; (0 | 3); (−4 | 7); (2 | 1); (3 | 0)   b) $y = -3x + 6$; (1 | 3); (2 | 0); (5 | −9); (−1 | 9)
   c) $y = -x + 6$; (2 | 4); (0 | 6); (−4 | 10); (6 | 0)

2. a) $4x + 6y = 60$   b) $y = -\frac{2}{3}x + 10$   c) (0 | 10), (3 | 8), (6 | 6), (9 | 4), (12 | 2), (15 | 0)

3. a) $x = 3, y = 7$   b) $x = 0, y = 2$   c) $x = -3, y = 2$

4. $x + y = 11$
   $x - y = 3$
   $x = 7, y = 4$

5. a) $x = 4, y = 2$   b) $x = 1, y = 3$   c) $x = -2, y = -3$   d) $x = 3, y = -4$   e) $x = 3, y = -3$   f) $x = -2, y = 3$

6. a) $x = 2, y = 1$   b) $x = 3, y = 2$   c) $x = 3, y = -1$   d) $x = 4, y = 1$   e) $x = 3, y = -2$   f) $x = -3, y = -4$

7. a) $x = 1, y = 2$   b) $x = 4, y = -2$   c) $x = -3, y = 4$   d) $x = 2, y = 3$   e) $x = 2, y = -1$   f) $x = -3, y = 4$

8. Herr Grundmeier hat 20 Cuttermesser und 16 Schraubendreher eingekauft.

9. ab 5 Stück

10. $\alpha = \beta = 68°$; $\gamma = 44°$

**Seite 89**

1. a) 1 km   b) 3 km   c) 5 km   d) 1,5 km

2. 1 : 60 000

3. a) 2 : 3   b) 1 : 5   c) 3 : 2   d) 3 : 7

4. a) 20 cm   b) 14 cm

5. –

6. a) Der Flächeninhalt vergrößert sich mit dem Faktor 9.
   b) Der Flächeninhalt wird auf 25% = $\frac{1}{4}$ verkleinert.

7. a) Die Rechtecke sind nicht zueinander ähnlich, da die Verhältnisse entsprechender Seiten nicht gleich sind.
   b) Alle Quadrate sind zueinander ähnlich, da sie sowohl in den Seitenverhältnissen als auch in allen Winkeln übereinstimmen.

8. Die Dreiecke (1) und (3) sind zueinander ähnlich, da sie in allen Winkeln übereinstimmen.

9. a) 21,6 m   b) 5,7 cm

**Seite 105**

1. a) 10,340 kg   b) 486,31 €   c) 8,9%   **2.** 35,4%   **3.** a) 675 €   b) 1,2‰

4.

| | a) | b) | c) |
|---|---|---|---|
| Rabatt | 13,10 € | 1,69 € | 63,20 € |
| zu zahlen | 423,40 € | 82,81 € | 726,80 € |

5. a) 841,72 €   b) 282,14 €   **6.** 1 446,98 €   **7.** a) 1 620 €   b) 8%

8. a) 62,18 €   b) 1 025 €   c) 2,5%

9. a) 7 908,24 €   b) 1 762,72 €   c) 37 595,23 €   **10.** a) 7 000 €   b) nach 14 Jahren

**Seite 121**

1. a) bis zur 2. Stelle b), c), d) bis zur 1. Stelle

2. a) 35,8 cm b) 30,8 cm c) 2,98 m

3. a) $r = 1{,}59$ m b) $r = 1{,}75$ m

4. a) 27,7 cm b) 58,9 cm c) 17,5 cm

5. a) 98,5 $cm^2$ b) 24,6 $m^2$ c) 98,5 $km^2$

6. a) $u = 18{,}8$ m; $A = 28{,}27$ $cm^2$ b) 78,5% c) 78,5%

7. a) $r = 5$ m $\longrightarrow u \approx 31{,}4$ m; $r = 10$ m $\longrightarrow u \approx 62{,}8$ m; $r = 15$ m $\longrightarrow u \approx 94{,}2$ m
   b) Die Zuordnung ist proportional, denn es gilt $u = 2 \cdot \pi \cdot r$, oder umgeformt $\frac{u}{r} = 2 \cdot \pi$. Dieser Quotient ist also stets gleich.

8. a) $r = 5$ m $\longrightarrow A \approx 78{,}5$ $m^2$; $r = 20$ m $\longrightarrow A \approx 1256$ $m^2$
   b) Die Zuordnung ist weder proportional, noch antiproportional. Der halbe Radius führt weder zum doppelten, noch zum halben Flächeninhalt.

9. a) Die Fahrbahn ist etwa 15,9 m breit.
   b) Die Fahrbahn hat einen Flächeninhalt von ca. 3 979 $m^2$.

10. $A \approx 2{,}61$ $m^2$ b) 5 880 $cm^2$

**Seite 137**

1. –

2. a) $M = 622$ $cm^2$; $O = 1382{,}3$ $cm^2$ b) $M = 48{,}8$ $cm^2$; $O = 76{,}5$ $cm^2$
   c) $M = 226{,}2$ $mm^2$; $O = 353{,}4$ $mm^2$ d) $M = 2{,}2$ $m^2$; $O = 3{,}8$ $m^2$

3. a) 62,8 $cm^3$ b) 338 $cm^3$ c) 351,9 $cm^3$ d) 508,9 $mm^3$

4. a) $V = 1005{,}3$ $cm^3$; $O = 653{,}5$ $cm^2$ b) $V = 3279{,}8$ $mm^3$; $O = 1319{,}5$ $mm^2$

5. a) $V = 301{,}6$ $cm^3$; $M = 150{,}8$ $cm^2$; $O = 251{,}3$ $cm^2$ b) $h = 1{,}4$ cm; $M = 17$ $cm^2$; $O = 42$ $cm^2$
   c) $r = 2{,}1$ cm; $M = 66$ $cm^2$; $O = 93{,}7$ $cm^2$ d) $r = 3{,}4$ cm; $V = 145{,}3$ $cm^3$; $O = 158$ $cm^2$
   e) $h = 0{,}98$ m; $V = 6{,}9$ $m^3$; $O = 23{,}3$ $m^2$ f) $h \approx 1{,}83$ m; $M \approx 34{,}5$ $m^2$; $V \approx 51{,}7$ $m^3$

6. 11,2 $m^2$

7. 131,7 $cm^3$

8. a) $V = 18032{,}8$ $mm^3$; $O = 4737{,}5$ $mm^2$ b) $V = 48957{,}1$ $mm^3$; $O = 8455{,}8$ $mm^2$
   c) $V = 5916{,}7$ $mm^3$; $O = 2288{,}2$ $mm^2$ d) $V = 1231{,}5$ $mm^3$; $O = 1431{,}5$ $mm^2$

9. a) 1,176 kg b) 1,423 t c) 61,426 kg

**Seite 155**

1. Rangliste: 14,3 s 14,8 s 14,9 s 15,0 s 15,0 s 15,4 s 15,5 s 15,8 s 16,2 s 16,8 s
   Median: 15,2 s; arithmetisches Mittel: 15,37 s

2. 37,22 €

3. a) insgesamt 35 785 km; durchschnittlich 1431,4 km pro Monat
   b) Median: 1 319 km
   c) oberes Quartil: 1643 km; unteres Quartil: 1093 km
   d) Minimum: 874 km; Maximum: 2 561 km

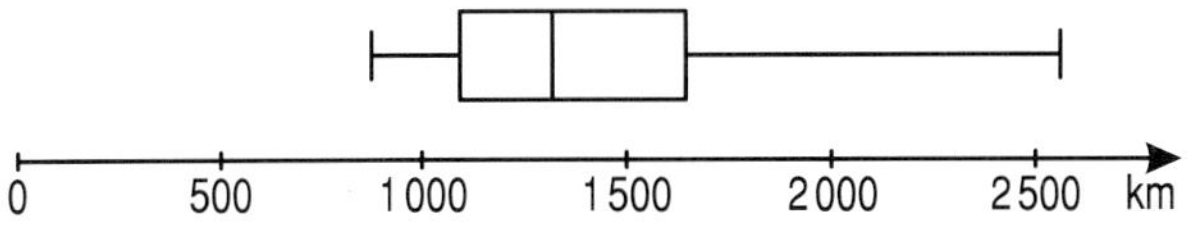


4. Die Wahrscheinlichkeit ist $\frac{1}{3}$, denn $p(4 \text{ oder } 6) = \frac{1}{3}$.

5. $p(\text{blau, blau}) = \frac{4}{9}$

## Lösungen der Diagnosetests

**Seite 26**
**Grundaufgaben**

**1.** a) 0,75 b) 3,2 c) 9 d) −72

**2.** a) 32 b) 0,125 c) 10 000 d) 9 + 49 = 58

**3.** a) 3 + 9 = 12 b) 0,6 c) 3 d) 1000 − 5 = 995

**4.** a) 14 m b) 7 m

**5.** a) 23 000 b) $9{,}84 \cdot 10^{7}$ c) 0,00000135 d) $6{,}275 \cdot 10^{-2}$

**Wahlaufgaben**

**1.** a) $10^{-4}$ b) $10^{-6}$

**2.** a) 500 Bilder b) 200 000 Folien

**3.** a) $10^5 = 100\,000$ b) $10^{-3} = 0{,}001$ c) $10^2 = 100$ d) 11 000

**4.** a) $1{,}42 \cdot 10^{12}$; $1{,}60 \cdot 10^{-23}$ b) $7{,}67 \cdot 10^{11}$; $3{,}6 \cdot 10^{-10}$

**5.** a) 4; 12,649...; 40 b) 0,632...; 0,2; 0,0632...

**6.** $4{,}05 \cdot 10^5 : (2{,}5 \cdot 10^3) = 1{,}62 \cdot 10^2 = 162$

**7.** $\sqrt[3]{1000} = 10 < \sqrt{200}$ b) $\sqrt[3]{0{,}99} < 1$; $1 < \sqrt{1{,}1}$, also $\sqrt[3]{0{,}99} < \sqrt{1{,}1}$ c) $\sqrt{4} = 2 = \sqrt[3]{8}$ d) $\sqrt[3]{64} = 4 < 5 = \sqrt{25}$

**8.** a) Seite a = 4 m, $O = 6 \cdot 16\ m^2 = 96\ m^2$ b) Grundfläche $A = \frac{V}{h} = 121\ cm^2$, Seite a = 11 cm

**9.** a) $10^5 - 10^4 = 100\,000 - 10\,000 = 90\,000$ b) $5^{19} : 5^{20} = 5^{-1} = \frac{1}{5}$

**Seite 40**
**Grundaufgaben**

**1.** a) $r^2 + s^2 = t^2$ b) $u^2 + v^2 = w^2$ **2.** a) c = 5,5 cm b) c = 8,6 cm

**3.** $45^2 + 20^2 = x^2$; Ein Seil ist 49,24 m lang.

**4.** a) $3{,}6^2 + 2{,}7^2 = 4{,}5^2$, Dreieck ist rechtwinklig. b) $2{,}5^2 + 1^2 = 7{,}25$; $2{,}7^2 = 7{,}29$; Das Dreieck ist fast rechtwinklig.

**5.** $d^2 = 7{,}5^2 + 10^2$; d = 12,5 cm

**Wahlaufgaben**

**1.** links: $l^2 = 75^2 + 95^2$; l = 121,04 m
rechts: $k^2 = 150^2 + 95^2$; k = 177,55 m

**2.** $x^2 = 75^2 + 100^2$; x = 125 cm

**3.** h ≈ 13,9 cm

**4.** a) Grundseite x; $(\frac{x}{2})^2 = 6{,}35^2 - 3{,}90^2$; $\frac{x}{2} = 5{,}01$ m; x = 10,02 m; $A = 19{,}54\ m^2$ b) 4 *l* Farbe

**5.** e ≈ 9,6 cm; x ≈ 2 cm

**6.** s ≈ 17,4 cm (Bodendiagonale ca. 17,7 cm)

**7.** Bodendiagonale f: $f^2 = 9^2 + 6^2 = 117$; Raumdiagonale d: $d^2 = f^2 + c^2 = 117 + 9 = 126$; d = 11,2 m

**8.** a) $x^2 = 1\,240^2 - 220^2$; x = 1 220 m

**Seite 56**
**Grundaufgaben**

**1.** a) 25 b) 10

**2.**

| x | 0 | −1 | −2 | 3 | 4 |
|---|---|---|---|---|---|
| y | 3 | 1 | −1 | 9 | 11 |

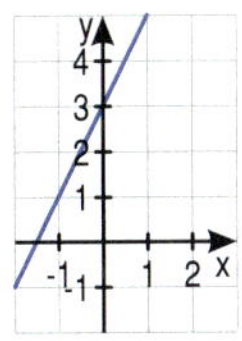

**3.** a)

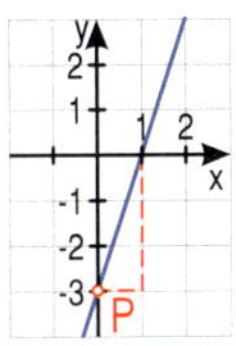


$y = 3x - 3$

b)

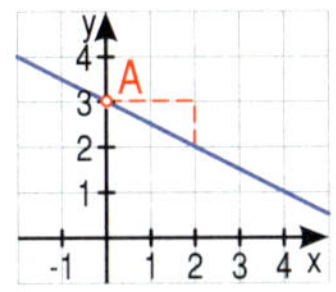


$y = -\frac{1}{2}x + 3$

**4.** a) $y = 40 + 0{,}3\,x$ b) für $x = 285$: $y = 125{,}50$ €

**5.**

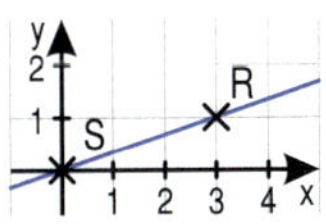


$y = \frac{1}{3}x$

**Wahlaufgaben**

**1.** a) –

b) Der Einheimische ist 20 min vor den Touristen auf dem Gipfel.

**2.** a)

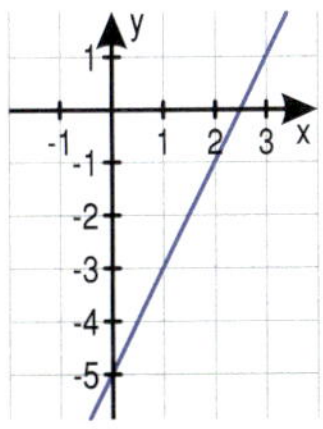

b)

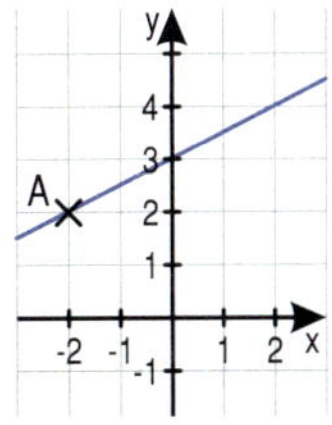


**3.** ① → $g_2$; ② → $g_1$; ③ → $g_4$; ④ → $g_3$

**4.**

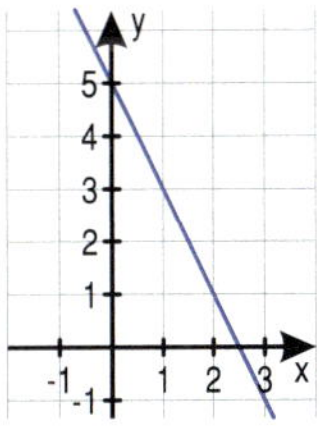

$m = -2$
$b = 5$
$y = -2x + 5$

**5.** Bereich $0 \le x \le 3 \rightarrow y = x$; Bereich $x > 3 \rightarrow y = -\frac{1}{2}x + 4{,}5$

**6.** 25,50 € Restguthaben

**Seite 72**
**Grundaufgaben**

**1.** a) $x = 2;\ y = 5$ b) $x = 1{,}5;\ y = 3$

**2.** a) I $2x + 3y = 18$
II $x + y = 8$

b) Es gibt 6 Zweibett- und 2 Dreibettzimmer.

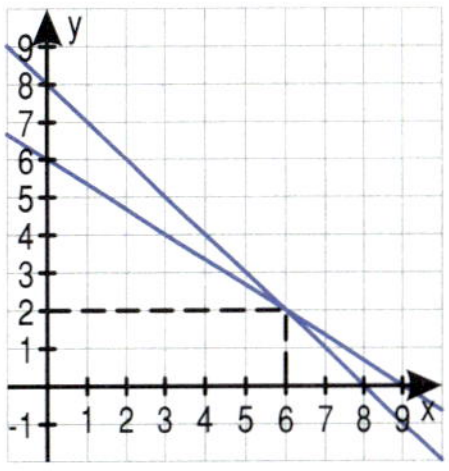

**3.** $x = 4;\quad y = -2$

**4.** $x = 6;\quad y = -1$

**5.** Die Seiten sind 12 cm und 20 cm lang.

**zu Seite 72**
**Wahlaufgaben**

**1.** a) $x = 3$; $y = 2$ b) $x = 5$; $y = 2$

**2.** a) Gleichung I ⟶ Graph ④; Gleichung II ⟶ Graph ① b) $x = 4$; $y = 3$

**3.** $x = 16$; $y = 9$ (Gleichungen: I $3x + 2y = 66$; II $3x - 2y = 30$)

**4.** Die Zahl heißt 39.

**5.** Die Schenkel sind 11 cm lang, die Basis ist 4 cm lang.

**6.** Das Rechteck ist 8 cm lang und 6 cm breit. (Gleichungen: I $x + y = 14$; II $(x - 3)(y - 2) = xy - 28$)

**7.** Max und Julia kaufen 15 Flaschen Mineralwasser und 10 Flaschen Apfelsaft.

**8.** Der Sohn ist heute 15 Jahre alt, der Vater ist 51 Jahre alt. (Gleichungen: I $5 \cdot (x - 6) = y - 6$; II $3 \cdot (x + 3) = y + 3$)

**9.** Bei 75 km zahlt man gleich viel.

**10.** Der Goldschmied hat 160 g Silber des Feingehalts 600 und 240 g vom 850er Silber verwendet.
(Gleichungen: I $0{,}6\,x + 0{,}85\,y = 0{,}75 \cdot 400$; II $x + y = 400$)

**Seite 90**
**Grundaufgaben**

**1.** a) 3,675 km b) 1:5 000 000

**2.** –

**3.** a) 2:3 b) 6:5

**4.** $x = 28{,}8$ cm

**5.** $y = 7{,}5$ cm

**Wahlaufgaben**

**1.** Maßstab 1:200000; Luftlinienentfernung 12 km

**2.** $a' = 31$ cm; $\beta' = \beta = 65°$; $c' = 17{,}5$ cm

**3.** –

**4.** ① und ③ sind zueinander ähnlich.

**5.** $x = 350$ m

**6.** $x \approx 49{,}23$ m

**7.** Die Tanne ist 12,19 m hoch.

**Seite 106**
**Grundaufgaben**

**1.** Es wurden 86 Lkws untersucht.

**2.** 248,32 €

**3.** 87,02 €

**4.** 17,50 €

**5.** 14 407,55 €

**Wahlaufgaben**

**1.** a) 34,1% b) 203,67 € c) 21%

**2.** 1067,48 €

**3.** 236,12 €

**4.** a) 14‰ b) 1,4%

**5.** a)

| Angebot über 35 Stühle | |
|---|---|
| Stückpreis 64 € | 2 240,00 € |
| Zuzüglich 19% MwSt. | 425,60 € |
| Zwischensumme: | 2 665,60 € |
| Mengenrabatt 6% | 159,94 € |
| Endpreis | 2 505,66 € |

b)

| Angebot über Installationsarbeiten | |
|---|---|
| ca. 5 Stunden à 27,30 € | 136,50 € |
| Zuzüglich 19% MwSt. | 25,94 € |
| Zwischensumme: | 162,44 € |
| Kundenrabatt 4% | 6,50 € |
| Endpreis | 155,94 € |

**6.** 948,35 €

**7.** a) 1 338,23 € b) 12 Jahre

**8.** ① ergibt insgesamt 8,16% mehr; ② ergibt nur 8,12% mehr; ① ergibt also das höhere Kapital.

**Seite 122**
**Grundaufgaben**

1. $u \approx 25,1$ cm; $A \approx 50,3$ cm²

2. $A \approx 41,7$ cm²

3. a) $d \approx 32$ cm b) $d \approx 1,13$ m

4. a) $A \approx 1,37$ m² b) Die Umrandung ist ca. 11 m lang.

5. a) $u_1 \approx 37,7$ cm; $u_2 \approx 18,8$ cm; $A_1 \approx 113$ cm²; $A_2 \approx 28$ cm²
   b) Die Zuordnung $r \longrightarrow u$ ist proportional, denn $2 \cdot \pi$ ist der Proportionalitätsfaktor.

**Wahlaufgaben**

1. 1326 Umdrehungen

2. a) $d \approx 4,7$ cm b) C kann irgendwo auf der Geraden $y = 5,5$ liegen, z.B. $(3 | 5,5)$.

3. a) ca. 5,89 m b) ca. 1,47 m

4. a) $u \approx 42,4$ m; $A \approx 143,1$ m² b) $d \approx 6,75$ m; $A \approx 35,8$ m²

5. $u \approx 25,4$ cm; $A \approx 44$ cm²

6. $u \approx 39,7$ cm; $A \approx 60$ cm²

7. $u \approx 14,9$ cm; $A \approx 16$ cm²

8. $d \approx 31,9$ m (Damit die Personen am Rand auch noch vor Regen oder Sonne geschützt sind, müsste man ca. 3 m hinzugeben, so erhält man $d \approx 35$ m.)

**Seite 138**
**Grundaufgaben**

1. Hier ohne Zeichnung. Das Schrägbild unterscheidet sich nur durch die verdeckte Kante, der hintere Halbkreis des Bodens.

2. $V \approx 44,3$ cm³

3. $M \approx 42,2$ cm²; $O \approx 69,9$ cm²

4. $h \approx 2,5$ cm

5. $m \approx 27,9$ g

**Wahlaufgaben**

1. Hier ohne Zeichnung; zur Kontrolle: zwei Kreise mit $r = 2$ cm und ein Rechteck mit den Seitenlängen 5 cm und 12,6 cm

2. a) Man braucht mindestens ca. 320 cm² Blech. b) $A = 214$ cm²

3. $r \approx 2,9$ cm

4. $V \approx 29,1$ cm³ ($h \approx 7,65$ cm)

5. $V \approx 29,1$ cm³

6. $O \approx 66$ cm²

7. 10 Münzen wiegen ca. 94,5 g

8. $V \approx 175$ cm³

9. $O \approx 200$ cm²

10. ca. 13,7 cm³ Restabfall

11. Das Volumen vergrößert sich um 237,5 %.

12. a) $V \approx 140\,991$ cm³ b) $V \approx 1070$ cm³

## Lösungen „Schon fit für eine Abschlussprüfung“

**Seiten 156 und 157**
**Basiswissen**

**1.** a) 7 b) −35 c) 11

**2.** a) 81 b) 7 oder −7 c) 400 d) 4

**3.** a) 10x + 7 b) x − 11

**4.** $-3{,}4;\ -1;\ -\frac{3}{4};\ 0{,}3;\ \frac{1}{3};\ \frac{1}{2};\ 1{,}2;\ 1\frac{2}{5}$

**5.** $10^1 = 10;\ 10^0 = 1;\ 10^{-1} = \frac{1}{10}$.

$10^1$ und $10^0$ sind so festgelegt, damit auch hier gilt:
wird der Exponent um 1 vermindert, so ist das Ergebnis um den Faktor 10 kleiner:

$10^2 \rightarrow 10^1 \rightarrow 10^0 \rightarrow 10^{-1}$
$100 \rightarrow 10 \rightarrow 1 \rightarrow \frac{1}{10}$

**6.** Die Umformung ist falsch, denn wäre sie richtig, müsste gelten: $25 + x^2 = (5 + x)^2 = 25 + 10x + x^2$.
Dies ist falsch, also ist die Umformung falsch.

**7.** a) 80 Herzschläge pro Minute b) ungefähr 590 Millionen Mal.

**8.** 8 Liter pro 100 km

**9.** 600 km b) 6 h

**10.** 16 Tage

**11.** a) kleiner Becher: 3 $\frac{€}{kg}$. Dies ist billiger als beim großen Becher: 3,90 $\frac{€}{kg}$. b) 1,80 € c) 62 Cent

**12.** a) 60 Schülerinnen und Schüler b) zur Kontrolle: Innenwinkel im Kreis: 240° (Bus); 80° (Rad); 40° (zu Fuß)

**13.** a) 14 14 15 17 18 20 20 21 22 25
b) Mittelwert: 18,6; Median: 19 c) 50% der Schüler

**14.** Mögliche Umfänge: 74 m; 40 m; 30 m; 26 m; 24 m

**15.** 125 $cm^3$

**16.** a) z.B.: 160 Flaschen waren fehlerhaft. b) Die Tagesproduktion waren 9 000 Flaschen.
c) Durchschnittlich sind 3% fehlerhaft.

**17.** a) 56 Fliesen b) 14,1 m Fußleisten

**18.** 2 136 mm Umfang

**19.** a) z.B. Maßstab 1:100 b) 78,5 $m^2$

**20.** a) 8 $cm^2$ b) 4 $cm^2$

**21.** ca. 577 Liter

**22.** a) 26 cm (Hypotenuse) b) A = 120 $cm^2$; u = 60 cm

**23.** a) 240 $m^3$ b) ca 76,84 $m^2$

**24.** ca. 63,7 t

**25.** a) Steigung 2 b) $y = -\frac{1}{2}x$ c) Dies gilt nur für Gerade 2, denn nur sie verläuft durch den Koordinatenursprung.

**26.**

| Beispiele: | Rechteck (1) | Rechteck (2) | Rechteck (3) | Rechteck (4) |
|---|---|---|---|---|
| Maße der Katheten | 1 cm; 24 cm | 2 cm; 12 cm | 3 cm; 8 cm | 4 cm; 6 cm |
| Umfang | 49 cm | 26,2 cm | 19,5 cm | 17,2 cm |

**Seiten 158 bis 162**
**Komplexe Aufgaben**

**1.** a) 16 m b) 20 m
c) Kuhn: A = 324 $m^2$, u = 75 m; Oertel: A = 324 $m^2$, u = 72 m
Die Flächen sind gleich groß, der quadratische Garten hat den kleineren Umfang.

**2.** a) $V = x^3;\ 0 = 6\,x^2$ b) Kantenlänge x = 1,44 m c) Standfläche: 2,08 $m^2$; übrige Fläche: 9,88 $m^2$

**3.** $V = x^3;\ 0 = 6\,x^2$ a) Die Terme haben den gleichen Wert für x = 6. b) Das Volumen wächst schneller.

**zu Seiten 158 bis 162**

**4.** a) 235 000 Bäume b) ca. 39,2% c) zur Kontrolle:

| | gesunde Nadelbäume | geschädigte Nadelbäume | gesunde Laubbäume | geschädigte Laubbäume |
|---|---|---|---|---|
| Länge im 10 cm Streifendiagramm | 2,75 cm | 2,25 cm | 3,33 cm | 1,67 cm |
| Winkel im Kreisdiagramm | 99° | 81° | 120° | 60° |

**5.** Ina bekommt 40,01 € zurück.

**6.** a) hier ohne Zeichnung b) ca. 610 m c) ca. 39°
d) Der See ist ungefähr doppelt so groß wie das Dreieck, also ungefähr 27 ha groß.
Dreiecksfläche z.B.: $700\text{ m} \cdot 390\text{ m} : 2 = 136\,500\text{ m}^2$.
e) ca. $490\,000\text{ m}^3$

**7.** a) z.B. h = 10 cm; g = 10 cm b) z.B. a = 4 cm, c = 16 cm, h = 10 cm

**8.** a) hier keine Zeichnung; zur Kontrolle: Kreisradius ca. 3,2 cm; Seitenlänge des Quadrats 5 cm.
b) Der Flächeninhalt des Kreises ist um ca. 27% größer als der Flächeninhalt des Quadrats. Der Flächeninhalt des Quadrats ist um ca. 21% kleiner als der des Kreises.

**9.** a) ca. 530 Mrd. € b) 1995 c) 1995
d) Kreisdiagramme sind ungeeignet, um Entwicklungen darzustellen.

**10.** a) hier ohne Skizze; Höhe: 30 cm b) 3,3 cm c) ca. $1026\text{ cm}^3$
d) $V \approx 1504\text{ cm}^3$, Karel hat recht.

**11.** a) Es stimmt, denn 140 : 200 = 0,7.
b) Dies stimmt nicht, denn von den Rad fahrenden Mädchen sind 20% verunglückt, von den Jungen „nur" 14%.

**12.** a) 7 km b) Sie fuhr langsamer, denn der Graph ist weniger steil.
c) 25 min d) Die Durchschnittsgeschwindigkeiten sind gleich: 18 $\frac{\text{km}}{\text{h}}$

**13.** Eine Steigung um 1,2% wäre gerechtfertigt ($0{,}2 \cdot 0{,}06$).

**14.** zu Ⓐ passt ②; zu Ⓒ passt ③.

**15.** a) Alan: Graph 1, denn er ist steiler.
b) Sophie trifft mit Alan um 14.30 Uhr nach 5 km Wegstrecke zusammen.
c) Sophie muss dann noch 3 km fahren.

**16.** Man muss 30 kg der Sorte A und 20 kg der Sorte B mischen.
Gleichungen z.B.: I $10x + 12y = 50 \cdot 10{,}80$; II $x + y = 50$

**17.** a) Tarif B (270,30 €) ist günstiger als Tarif A (277,80 €).
b) Der Endpreis ist gleich für 480 km.

**18.** a) 12 cm und 18 cm b) $x = 9$; $y = 4$

**19.**

| Kantenlänge | a) verdoppelt | b) verdreifacht | c) geviertelt | d) um 20% verkleinert |
|---|---|---|---|---|
| Summe aller Kantenlängen | mal 2 | mal 3 | durch 4 | mal 0,8 |
| Oberfläche | mal 4 | mal 9 | durch 16 | mal 0,64 |
| Volumen | mal 8 | mal 27 | durch 64 | mal 0,512 |

**20.** a) z.B. g = 4 cm, h = 12,5 cm b) z.B. e = 20 cm; f = 10 cm

**21.** a) $V = 250\text{ cm}^3$ b) $A = 250\text{ cm}^2$ c) $A \approx 35{,}4\text{ cm}^2$

**22.** a) 1:20 000 b) $\overline{AB} \approx 854{,}4$ m; $\overline{AC} \approx 806{,}2$ m; $\overline{BC} \approx 565{,}7$ m c) ≈ 530 m

**zu Seiten 158 bis 162**

**23.** Man erkennt:
Der Halbkreis über b, der Halbkreis über a und das Dreieck sind zusammen gleich groß wie der Halbkreis über c und die beiden Möndchen zusammen.

a) Dreieck: $A = 20\ cm^2$, Halbkreis über a: $25{,}13\ cm^2$, Halbkreis über b: $9{,}82\ cm^2$;
Hypotenuse im Dreieck $c = 9{,}43$ cm, Halbkreis über c: $34{,}95\ cm^2$
Einsetzen in der Gleichung oben ergibt die Flächengleichheit der Möndchen und des Dreiecks.

b) Mit $\frac{a^2}{4} \cdot \pi + \frac{b^2}{4} \cdot \pi + A_{Dreieck} = \frac{c^2}{4} \cdot \pi + A_{Möndchen}$
und $a^2 + b^2 + c^2$ (Pythagoras), d.h. $\frac{a^2}{4} \cdot \pi + \frac{b^2}{4} \cdot \pi = \frac{c^2}{4} \cdot \pi$, folgt $A_{Dreieck} = A_{Möndchen}$

**24.** a) Flächeninhalt: ca. $42{,}2\ m^2$ (4 Viertelkreisringe ergeben einen Kreisring: $A \approx 7{,}04\ m^2$,
44 m gerade Strecken: $A \approx 35{,}2\ m^2$)

b) ca. 123 Koffer (Fläche des Förderbandes ca. $42\ m^2$; Flächenbedarf eines Koffers ca. $0{,}24\ m^2$)

**25.** a) 20 Kugeln b) 32 Kugeln c) 1184 Kugeln

**26.** Dicke: 0,5 mm
(Die Grundfläche des Kreiszylinders beträgt ca. $120\ cm^2$. Sie ist belegt mit 2400 cm Papier.)

**27.** a) 125 € b) 5278,75 €

c) Optisch nimmt man den Flächeninhalt der Quadrate stärker wahr, dies täuscht einen stärkeren Anstieg der Zinsen vor, als die Zinssätze angeben.

d) Aussage 1 stimmt (gerundet), es sind genau 6080,88 €.
Aussage 2 stimmt (gerundet), es wächst sogar um 21,6 %.
Aussage 3 stimmt (gerundet), es wären genau 6083,26 €.
Aussage 4 ist falsch.

**28.** a) Armlänge ca. 80 cm, im Bild ca. 2 cm, 1 cm entspricht 40 cm in der Realität.
Das Zahnrad hat 8 mm Durchmesser im Bild, also in Wirklichkeit ca. 32 cm. Schätzwert: 30 cm

b) insgesamt ca. 130 Zähne

c) Es dreht sich ca. 9 bis 10 Mal.
(erste mögliche Begründung: Der Durchmesser des großen Zahnrades ist ca. 9 bis 10 Mal so groß wie der Durchmesser des kleinen Zahnrades. Der Umfang des großen Rades ist also ebenfalls ca. 9 bis 10 Mal so groß wie der des kleinen Rades.
zweite mögliche Begründung: Das kleine Zahnrad hat 14 Zähne $130 : 14 \approx 9{,}3$)

**29.** a) $\frac{1}{2}$ b) $\frac{1}{4}$ c) $\frac{3}{4}$

**30.** a) Das Taschengeld für Jugendliche richtet sich meist nach ihrem Alter, hierfür kann die Veröffentlichung als Hilfe dienen.
Die Eltern können aber auch mehr oder weniger Taschengeld geben.

b) (hier ohne Zeichnung) geeignet wäre z.B. ein Säulendiagramm

c) Die Zuordnung ist nicht proportional, da nicht zum doppelten Alter das doppelte Taschengeld gehört.

**Bildquellenverzeichnis:**

Umschlagfoto: IFA Bilderteam GmbH, Düsseldorf (Temple de la Sagrada Familia in Barcelona, Spanien)

Dieter Rixe, Braunschweig: S. 17, 22, 36, 51 (2), 58, 61 (3), 66 (2, Mehl, Konserven), 83 (2), 91 (3), 92, 96, 97, 107, 108 (5), 110 (4), 111 (Bleistift), 113 (Tisch), 123, 130 (Litfasssäule, Walze), 131, 132 (5), 133 (4), 134, 136, 152

Fototeam Freypressebild, Koblenz: S. 15 (Superhirn); Mediacolors, München: S. 23; Archiv für Kunst und Geschichte, Berlin: S. 31; Grundig Intermedia GmbH, Nürnberg: S. 33; Airbus, Hamburg: S. 46; picture-alliance/dpa, Frankfurt/M.: S. 52; picture alliance GmbH/dpa Sportreport, Hamburg: S. 66 (Pferde); Michael Fabian: S. 69, 135 (Baustelle); eigenArt, Neuwied: S. 70 (Schmuck); Mauritius images GmbH/Merten, Frankfurt/M.: S. 70 (Goldbarren); Okapia-Robert A. Tyrell, Frankfurt: S. 73; Kartografie Westermann: S. 74 (3 Karten), S. 139; Greiner + Meyer, Braunschweig: S. 75 (Marienkäfer, Elefant); Tierbildarchiv Angermeyer, Holzkirchen: S. 75 (Schmetterling); Gebr. Märklin & Cie. GmbH; Göppingen: S. 76 (2); © United Feature Syndicate Inc. 1969: S. 77; Sharp Electronics GmbH, Hamburg: S. 78; Zefa-Streichan, Düsseldorf: S. 86 (2, Schiffe); Astrofoto, Sörth: S. 88; © 1997 Mairs Geographischer Verlag: S. 90 (Kartenausschnitt aus „Die Generalkarte 1997" Nr. 8, 1:200000); Astrofoto/Van Ravenswaay, Leichlingen: S. 111 (Erde); Dr. Max Schröder, Koblenz: S. 111 (Fahrradreifen); Gardena-AG, Ulm: S. 113 (Rasensprenger); Deutsches Museum, München: S. 114 (3); Konrad Dahlmann: S. 116; Zefa-Damm, Düsseldorf: S. 122; Alami Limited – Kurihara, UK-Oxfordshire: S. 130 (Windmühle); ddp-Archiv/Ronny Hartmann, Berlin: S. 162.

# Formeln

## Algebra

Klammern auflösen:
$a + (b - c) = a + b - c$
$a - (b - c) = a - b + c$

Multiplikation von Summen:
$(a + b) \cdot (c + d) = ac + ad + bc + bd$

Binomische Formeln:
$(a + b)^2 = a^2 + 2ab + b^2$
$(a - b)^2 = a^2 - 2ab + b^2$
$(a + b)(a - b) = a^2 - b^2$

Prozentrechnung: $W = G \cdot \frac{p}{100}$

$G = W : \frac{p}{100}$

$\frac{p}{100} = W : G$

Tageszinsen: $Z = K \cdot \frac{p}{100} \cdot \frac{t}{360}$

Zinseszinsen: $K_n \approx K_o \cdot q^n$ mit $q = \frac{100 + p}{100}$

## Geometrie

| | | |
|---|---|---|
| Rechteck | 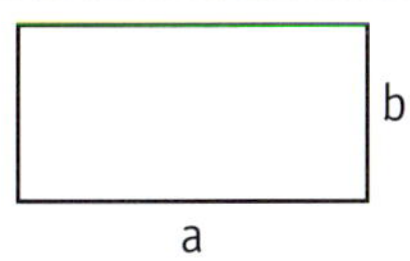 | Flächeninhalt: $A = a \cdot b$<br>Umfang: $u = 2a + 2b$ |
| Dreieck | 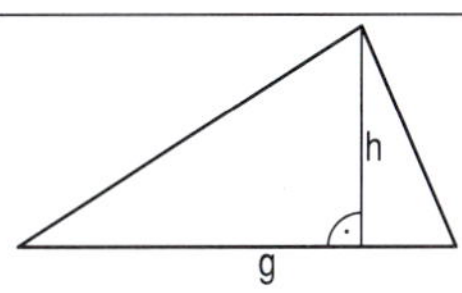 | Flächeninhalt:<br>$A = \frac{g \cdot h}{2}$ |
| Parallelogramm | 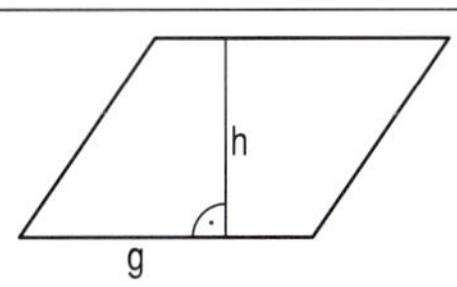 | Flächeninhalt:<br>$A = g \cdot h$ |
| Trapez | 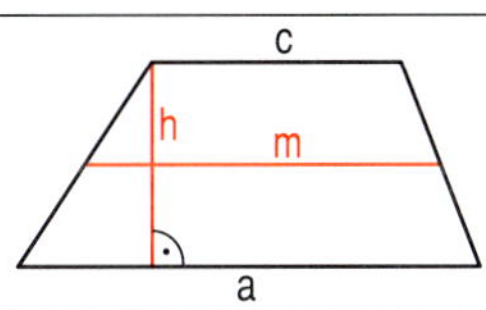 | Flächeninhalt:<br>$A = \frac{a + c}{2} \cdot h = m \cdot h$ |
| Kreis | 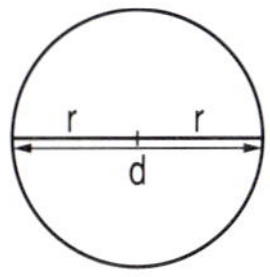 | Flächeninhalt:<br>$A = \pi \cdot r^2 = \pi \cdot \frac{d^2}{4}$<br>Umfang:<br>$u = \pi \cdot d = 2\pi \cdot r$ |
| Kreisausschnitt (Sektor) | 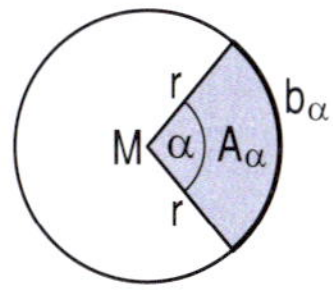 | Flächeninhalt:<br>$A_\alpha = \pi r^2 \cdot \frac{\alpha}{360°}$<br>Bogenlänge:<br>$b_\alpha = \pi r \cdot \frac{\alpha}{180°}$ |
| Kreisring | 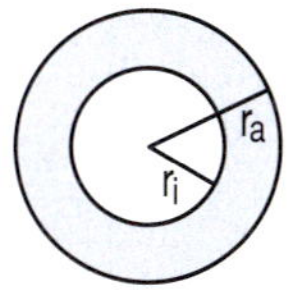 | Flächeninhalt:<br>$A = \pi \cdot (r_a^2 - r_i^2)$ |

| | | |
|---|---|---|
| Quader | 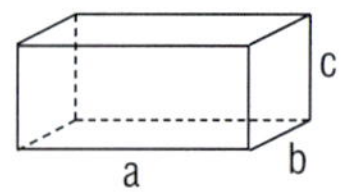 | Volumen: $V = a \cdot b \cdot c$<br>Oberfläche:<br>$O = 2ab + 2ac + 2bc$ |
| Prisma | 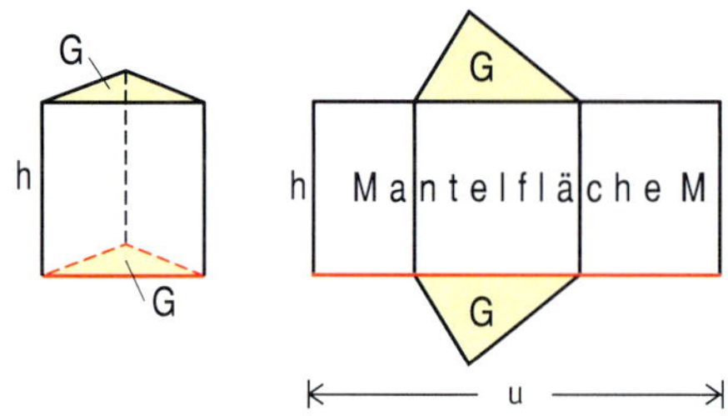 | Oberfläche:<br>$O = 2G + M$<br>Mantelfläche:<br>$M = u \cdot h$<br>Volumen:<br>$V = G \cdot h$ |
| Zylinder | 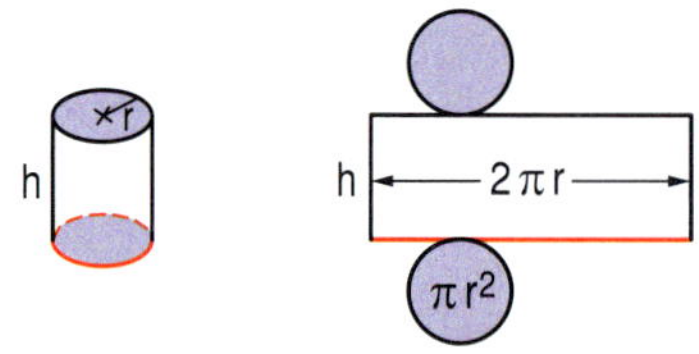 | Mantel:<br>$M = u \cdot h = 2\pi r \cdot h$<br>Oberfläche:<br>$O = M + 2G = 2\pi r \cdot h + 2\pi r^2$<br>Volumen: $V = \pi r^2 \cdot h$ |

In jedem Dreieck ist die Winkelsumme 180°. In jedem Viereck ist die Winkelsumme 360°.

| | | |
|---|---|---|
| Satz des Pythagoras | 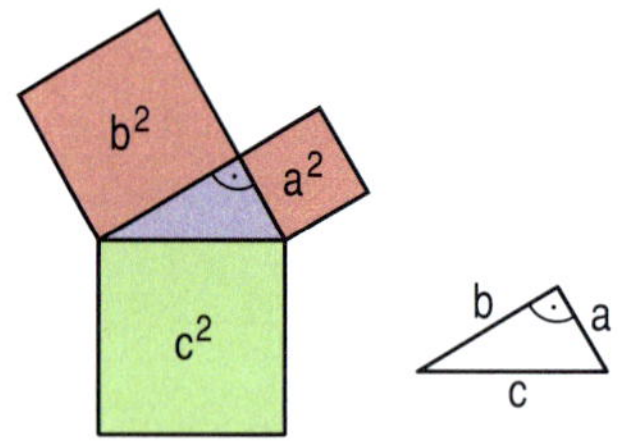 | $a^2 + b^2 = c^2$ |
| Höhen- und Kathetensatz | 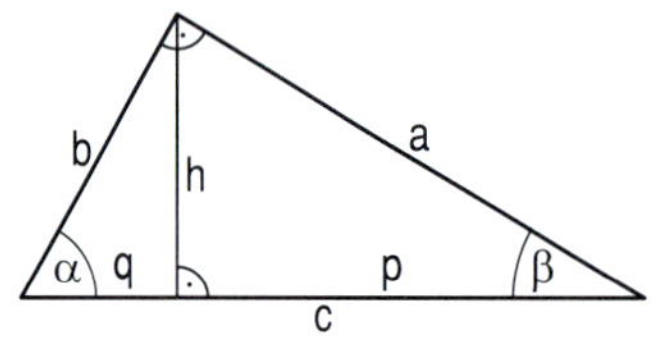 | $h^2 = p \cdot q$<br>$a^2 = c \cdot p$<br>$b^2 = c \cdot q$ |
| Satz des Thales | 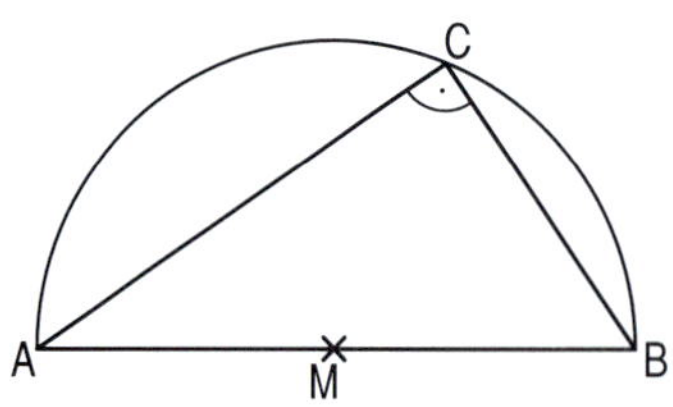 | Liegt C auf einem Kreis mit dem Durchmesser $\overline{AB}$, dann ist das Dreieck ABC bei C rechtwinklig, sonst nicht. |
| Zentrische Streckung und Ähnlichkeitsbeziehungen | 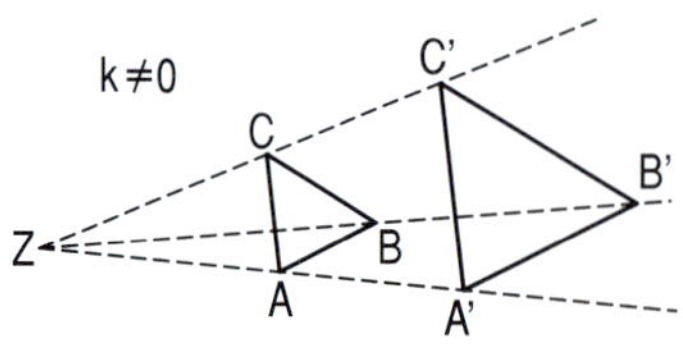 | $\frac{\overline{AB}}{\overline{AC}} = \frac{\overline{A'B'}}{\overline{A'C'}}$ usw.<br>$\frac{\overline{ZA}}{\overline{ZA'}} = \frac{\overline{AB}}{\overline{A'B'}} = \frac{1}{k}$ usw. |

## Stochastik

| | | |
|---|---|---|
| Urliste | Die ungeordnete Darstellung der Daten bezeichnet man als Urliste. | Daten:<br>14 € 17 € 19 € 17 € 16 € |
| Mittelwert (arithmetisches Mittel) | Man addiert alle Werte und dividiert anschließend durch die Anzahl der Werte. | 14 € + 17 € + 19 € + 17 € + 16 € = 83 €<br>Mittelwert: 83 € : 5 = 16,6 € |
| Median (Zentralwert) | Die Daten werden nach aufsteigender Größe geordnet. Der Median (Zentralwert) ist der Wert in der Mitte der Reihe.<br>Bei einer geraden Anzahl von Werten ist der Median der Mittelwert der beiden Werte in der Mitte der Reihe. In der Rangliste stehen rechts und links vom Median gleich viele Daten. | Rangliste:<br>14 € 16 € 17 € 17 € 19 €<br>Median: 17 €<br><br>19 g 19 g 21 g 22 g 24 g 26 g<br>Median: $\frac{21\text{ g} + 22\text{ g}}{2} = 21{,}5\text{ g}$ |

Bei einem Zufallsversuch mit gleichwahrscheinlichen Ergebnissen gilt für die Wahrscheinlichkeit p eines Ereignisses

$$p\,(\text{Ereignis}) = \frac{\text{Anzahl der günstigen Ergebnisse}}{\text{Anzahl aller möglichen Ergebnisse}}$$

Beispiel:
Mögliche Ergebnisse beim fairen 6er-Würfel: Augenzahlen 1; 2; 3; 4; 5; 6
Die Wahrscheinlichkeit, für das Ereignis „1 oder 6“: $p\,(1 \text{ oder } 6) = \frac{2}{6} = \frac{1}{3} \approx 33\%$

1. Pfadregel (Produktregel)

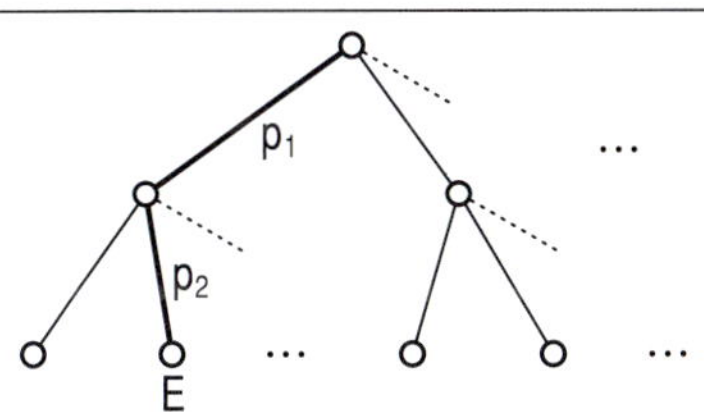


Die Wahrscheinlichkeit eines Ereignisses ergibt sich aus dem Produkt der Wahrscheinlichkeiten entlang des Pfades.

$$p\,(E) = p_1 \cdot p_2$$

## Dichte

So viel Gramm wiegt 1 $cm^3$ von diesem Material:

| | | | | | |
|---|---|---|---|---|---|
| Aluminium | 2,7 | Granit | 2,6 | Silber | 10,5 |
| Beton | 2,4 | Holz (Buche) | 0,7 | Spiritus | 0,83 |
| Blei | 11,3 | Kork | 0,5 | Stahl | 7,9 |
| Eis (bei 0 °C) | 0,92 | Kupfer | 8,9 | Styropor | 0,02 |
| Eisen | 7,9 | Marmor | 2,6 | Titan | 4,5 |
| Glas | 2,5 | Platin | 21,4 | Wasser | 1 |
| Gold | 19,3 | Sand | 1,7 | Zink | 7,1 |

## Stichwortverzeichnis